"十二五"职业教育国家规划教材
经全国职业教育教材审定委员会审定
高等职业院校精品教材系列

电气控制与PLC原理及应用(欧姆龙机型)

(第5版)

程　周　主　编
黄　琼　副主编
宋天武　主　审

U0837851

電子工業出版社
Publishing House of Electronics Industry
北京·BEIJING

内 容 简 介

本书是电子工业出版社高等职业教育机电一体化技术专业系列教材之一。

本书在第4版的基础上删除了原书“常用机床电气控制中的M7475立轴圆台平面磨床电气控制、交流桥式起重机的电气控制、可编程序控制器的组成与原理中的可编程控制器的组成与原理、人机界面及其应用”等内容。修订了原第4版的其他内容。增加了“变频调速”等内容。

本书主要内容包括低压电器及控制环节、电动机基本控制线路、直流电动机控制线路、常用机床电气控制、可编程序控制器的组成与原理、可编程序控制器技术性能和编程语言、欧姆龙CPM1A系列PLC的结构与资源、欧姆龙CPM1A系列PLC的指令系统、PLC系统的设计、可编程序控制器编程应用基础举例、编程软件OMRON OX-Programmer、实训项目与综合实训。

本书可供机电一体化技术专业、电气自动化技术专业、机电控制技术专业、电子技术及应用专业、自动化仪表专业使用，也可作为工程技术人员的参考书。

未经许可，不得以任何方式复制或抄袭本书之部分或全部内容。
版权所有，侵权必究。

图书在版编目（CIP）数据

电气控制与PLC原理及应用：欧姆龙机型/程周主编．—5版．—北京：电子工业出版社，2017.1
ISBN 978-7-121-30543-6

Ⅰ．①电…　Ⅱ．①程…　Ⅲ．①电气控制-高等职业教育-教材　②PLC技术-高等职业教育-教材　Ⅳ．①TM921.5　②TM571.6

中国版本图书馆CIP数据核字（2016）第290033号

策　　划：陈晓明
责任编辑：郭乃明　　特约编辑：范　丽
印　　刷：北京捷迅佳彩印刷有限公司
装　　订：北京捷迅佳彩印刷有限公司
出版发行：电子工业出版社
　　　　　北京市海淀区万寿路173信箱　邮编 100036
开　　本：787×1 092　1/16　印张：15.75　字数：403千字
版　　次：2004年3月第1版
　　　　　2017年1月第5版
印　　次：2021年6月第6次印刷
定　　价：48.00元

凡所购买电子工业出版社图书有缺损问题，请向购买书店调换。若书店售缺，请与本社发行部联系，联系及邮购电话：(010)88254888，88258888。

质量投诉请发邮件至zlts@phei.com.cn，盗版侵权举报请发邮件至dbqq@phei.com.cn。

本书咨询联系方式：88254561

前　言

本书是2011年8月出版的“教育部普通高等教育‘十一五’国家级规划教材”《电气控制与PLC原理及应用》（欧姆龙机型）（第4版）一书的修订本。根据教育部“关于申报普通高等教育‘十二五’国家级教材规划选题的通知”的精神修订。

本书修订目的是使其内容更加符合我国社会经济的发展。就整体而言，修订后的内容突出了工程技术应用的基础知识与中高级技能型、应用型人才应该具备的专业知识。

本书充分考虑到了技术应用的发展，补充了一定数量的实用性强的新知识与新技术。考虑到目前机电一体化技术专业及电气自动化类专业学生的实际就业情况，本书删除了原书“常用机床电气控制中的M7475立轴圆台平面磨床电气控制、交流桥式起重机的电气控制、可编程序控制器的组成与原理中的可编程控制器的组成与原理、人机界面及其应用”等内容。修订了“低压电器及控制环节、电动机基本控制线路、直流电动机控制线路、常用机床电气控制、可编程序控制器的组成与原理、可编程序控制器技术性能和编程语言、欧姆龙CPM1A系列PLC的结构与资源、PLC系统的设计、项目实训和综合实训”等内容。增加了“变频调速”等内容。

本书由程周和安徽职业技术学院黄琼修订。全书由宋天武主审。主审以高度负责的精神，认真仔细审看书稿，并提出许多宝贵的修改意见。由于编者水平有限，书中难免存在缺点和疏漏，恳请广大读者批评指正。

为了方便教师教学，本书还配有教学指南、电子教案及习题答案（电子版）。请有此需要的教师登录华信教育资源网（www. huaxin. edu. cn 或 www. hxedu. com. cn）、职业技术网（www. zyjs. net）免费注册后再进行下载，有问题时请在网站留言板留言或与电子工业出版社联系（E－mail：hxedu@ phei. com. cn）。

程　周

2016年8月

目　录

第1章　低压电器及控制环节

内容提要

低压电器分类与基本结构；电气图形符号与文字符号；电气图的分类（电气原理图、电气安装图、电气互连图）；点动与长动控制（刀开关、熔断器、空气断路器、接触器、按钮、热继电器、中间继电器所组成的线路）；正、反转控制（接触器互锁、机械互锁、双重互锁）；顺序和多点控制；时间控制（时间继电器、通电延时控制线路、断电延时控制线路）；行程控制（行程开关、往复控制线路）。

低压电器通常是指工作在交流电压小于1 200V、直流电压小于1 500V的电路中起通断、保护、控制或调节作用的电器。其基本控制环节是指由控制电器组成的简单控制线路。

1.1　低压电器与电气图的基本知识

1.1.1　低压电器的基本知识

1. 低压电器的分类

低压电器种类繁多，分类方法有很多种。

(1) 按动作方式可分为：

手控电器：依靠外力（如人工）直接操作来进行切换的电器，如刀开关、按钮开关等。

自控电器：依靠指令或物理量（如电流、电压、时间、速度等）变化而自动动作的电器，如接触器、继电器等。

(2) 按用途可分为：

低压控制电器：主要在低压配电系统及动力设备中起控制作用，如刀开关、低压断路器等。

低压保护电器：主要在低压配电系统及动力设备中起保护作用，如熔断器、热继电器等。

(3) 按种类可分为：刀开关、刀形转换开关、熔断器、低压断路器、接触器、继电器、主令电器和自动开关等。

2. 低压电器的基本结构与特点

低压电器一般都有两个基本部分：一个是感测部分，它感测外界的信号，做出有规律的反应，在自控电器中，感测部分大多由电磁机构组成在手控电器中，感测部分通常为操作手柄等；另一个是执行部分，如触点是根据指令进行电路的接通或切断的。

3. 低压电器的型号含义

我国低压电器型号是按产品种类编制的，产品型号采用汉语拼音字母和阿拉伯数字组合表示，其组合方式如下：

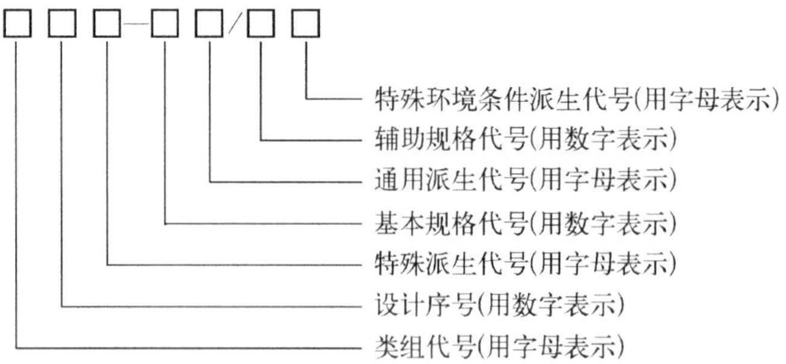

1.1.2 电气图形符号和文字符号

电气图是用电气图形绘制的图，是用来描述电气控制设备结构、工作原理和技术要求的图。它必须采用符合国家电气制图标准及国际电工委员会（IEC）颁布的有关文件要求，用统一标准的图形符号、文字符号及规定的画法绘制。

1. 电气图中的图形符号

图形符号通常是指用于图样或其他文件表示一个设备或概念的图形、标记或字符。图形符号由符号要素、一般符号及限定符号构成。

（1）符号要素。符号要素是一种具有确定意义的简单图形，必须同其他图形组合才能构成一个设备或概念的完整符号。例如，三相绕线式异步电动机是由定子、转子引线等几个符号要素构成的，这些符号要求有确切的含义，但一般不能单独使用，其布置也不一定与符号所表示设备的实际结构相一致。

（2）一般符号。用于表示同一类产品和此类产品特性的一种很简单的符号，它们是各类元器件的基本符号，例如，一般电阻器、电容器和具有一般单向导电性的二极管的符号。一般符号不但广义上代表各类元器件，也可以表示没有附加信息或功能的具体元件。

（3）限定符号。限定符号是用以提供附加信息的一种加在其他符号上的符号。例如，在电阻器一般符号的基础上，加上不同的限定符号就可组成可变电阻器、光敏电阻器、热敏电阻器等具有不同功能的电阻器。也就是说使用限定符号以后，可以使图形符号具有多样性。

限定符号一般不能单独使用。一般符号有时也可以作为限定符号。例如，电容器的一般符号加到二极管的一般符号上就构成变容二极管的符号。图形符号应注意的几点如下：

① 所有符号均应按无电压、无外力作用的正常状态。例如，按钮未按下、闸刀未合闸等。

② 在图形符号中，某些设备元件有多个图形符号，在选用时，应该尽可能选用优选

形。在能够表达其含义的情况下，尽可能采用最简单形式，在同一图中使用时，应采用同一形式。图形符号的大小和线条的粗细应基本一致。

③ 为适应不同需求，可将图形符号根据需要放大和缩小，但各符号相互间的比例应该保持不变。图形符号绘制时方位不是强制的，在不改变符号本身含义的前提下，可将图形符号根据需要旋转或成镜像放置。

④ 图形符号中导线符号可以用不同宽度的线条表示，以突出和区分某些电路或连接线。一般常将电源或主信号导线用加粗的实线表示。

2. 电气图中的文字符号

电气图中的文字符号是用于标明电气设备、装置和元器件的名称、功能、状态和特征的，可在电气设备、装置和元器件上或其近旁使用，以表明电气设备、装置和元器件种类的字母代码和功能字母代码。电气技术中的文字符号分为基本文字符号和辅助文字符号。

(1) 基本文字符号。基本文字符号分为单字母符号和双字母符号两种。

单字母符号是用拉丁字母将各种电气设备、装置和元器件划分为23大类，每一类用一个字母表示。例如，"R"代表电阻器，"M"代表电动机，"C"代表电容器等。

双字母符号是由一个表示种类的单字母符号与另一字母组成的，并且是单字母符号在前，另一字母在后。双字母中在后的字母通常选用该类设备、装置和元器件的英文名词的首位字母，这样，双字母符号可以较详细和更具体地表述电气设备、装置和元器件的名称。例如，"RP"代表电位器，"RT"代表热敏电阻，"MD"代表直流电动机，"MC"代表笼型异步电动机。

(2) 辅助文字符号。辅助文字符号是用以表示电气设备、装置和元器件以及线路的功能、状态和特征的，通常也是由英文单词的前一两个字母构成的。例如，"DC"代表直流（Direct Current），"IN"代表输入（Input），"S"代表信号（Signal）。

辅助文字符号一般放在单字母文字符号后面，构成组合双字母符号。例如，"Y"是电气操作机械装置的单字母符号，"B"是代表制动的辅助文字符号，"YB"代表制动电磁铁的组合符号。辅助文字符号也可单独使用，例如，"ON"代表闭合，"N"代表中性线。

1.1.3 电气图的分类与作用

电气图包括电气原理图、电气安装图、电气互连图等。

1. 电气原理图

电气原理图是说明电气设备工作原理的线路图。在电气原理图中并不考虑电气元件的实际安装位置和实际连线情况，只是把各元件按接线顺序用符号展开在平面图上，用直线将各元件连接起来。图1.1所示为三相笼型异步电动机控制电气原理图。

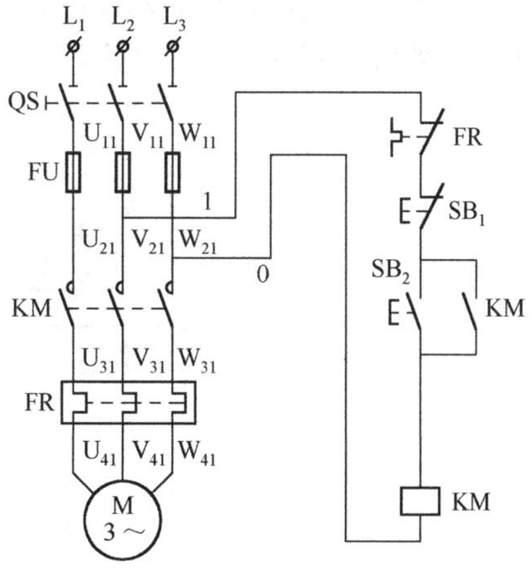

图1.1 三相笼型异步电动机控制电气原理图

在阅读和绘制电气原理图时应注意以下几点：

(1) 电气原理图中各元器件的文字符号和图形符号必须按标准绘制和标注。同一电器的所有元件必须用同一文字符号标注。

(2) 电气原理图应按功能来组合，同一功能的电气相关元件应画在一起，但同一电器的各部件不一定画在一起。电路应按动作顺序和信号流程自上而下或自左向右排列。

(3) 电气原理图分主电路和控制电路，一般主电路在左侧，控制电路在右侧。

(4) 电气原理图中各电器应该是未通电或未动作的状态，二进制逻辑元件应是置零的状态，机械开关应是循环开始的状态，即按电路“常态”画出。

2. 电气安装图

电气安装图表示各种电气设备在机械设备和电气控制柜中的实际安装位置。它将提供电气设备各个单元的布局和安装工作所需数据的图样。例如，电动机要和被拖动的机械装置在一起，行程开关应画在获取信息的地方，操作手柄应画在便于操作的地方，一般电气元件应放在电气控制柜中。图 1.2 所示为三相笼型异步电动机控制线路安装图。

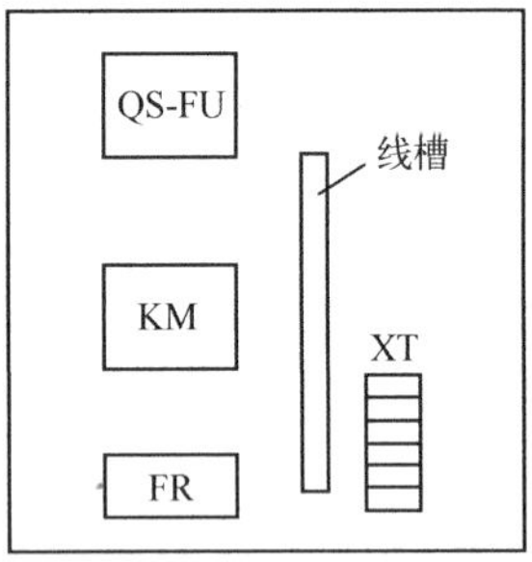

图 1.2　三相笼型异步电动机控制线路安装图

在阅读和绘制电气安装图时应注意以下几点：

(1) 按电气原理图要求，应将动力、控制和信号电路分开布置，并各自安装在相应的位置上，以便于操作和维护。

(2) 电气控制柜中各元件之间，上、下、左、右之间的连线应保持一定间距，并且应考虑器件的发热和散热因素，应便于布线、接线和检修。

(3) 给出部分元器件型号和参数。

(4) 图中的文字符号应与电气原理图和电气设备清单一致。

3. 电气互连图

电气互连图是用来表明电气设备各单元之间的接线关系的，一般不包括单元内部的连接，着重表明电气设备外部元件的相对位置及它们之间的电气连接。图 1.3 所示为三相笼型异步电动机控制线路电气互连图。

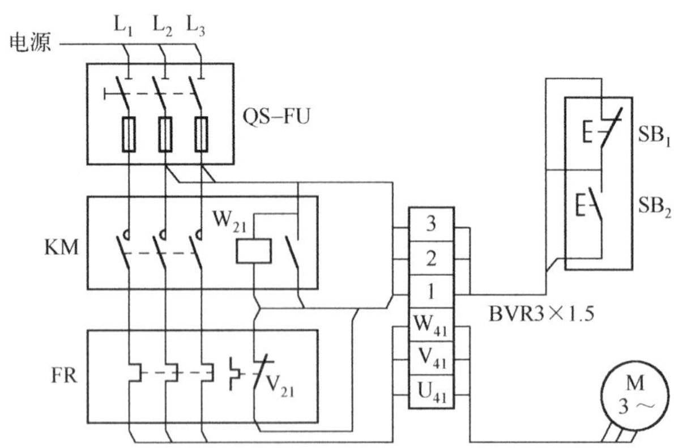

图 1.3　三相笼型异步电动机控制线路电气互连图

在阅读和绘制电气互连图时应注意以下几点：

（1）外部单元同一电器的各部件画在一起，其布置应该尽量符合电器的实际情况。

（2）不在同一控制柜或同一配电屏上的各电气元件的连接，必须经过接线端子板进行。图中文字符号、图形符号及接线端子板编号，应与电气原理图相一致。

（3）电气设备的外部连接应标明电源的引入点。

1.2 手动启、停控制

1.2.1 刀开关

刀开关也称闸刀开关，主要作为电源引入开关或不频繁接通与分断容量不太大的负载。

1. 刀开关的外形结构及符号

根据工作原理、使用条件和结构形式的不同，刀开关可分为刀开关、刀形转换开关、开启式负荷开关（胶盖瓷底刀开关）、封闭式负荷开关（铁壳开关）、熔断器式刀开关和组合开关等。根据刀的极数和操作方式，刀开关可分为单极、双极和三极。常用的三极开关额定电流有100A，200A，400A，600A，1 000A 等。通常，除特殊的大电流刀开关由电动机操作外，一般都采用手动操作方式。

刀开关的外形结构分别如图 1.4（a）和（b）所示，图 1.4（c）为刀开关的符号，其文字符号为 QS。

（a）开启式负荷开关　（b）封闭式负荷开关　（c）符号

图 1.4　刀开关外形结构及符号

接通操作是用手握住手柄，使触刀绕铰链支座转动，推入插座内即完成。分断操作与接通操作相反，即向外拉动手柄，使触刀脱离静插座。

刀开关可靠工作的关键之一是触刀与静插座之间有着良好的接触，这就要求它们之间有一定的接触压力。对于额定电流较小的刀开关，静插座使用硬紫铜制成，利用材料的弹性来产生所需的接触压力；对于额定电流较大的刀开关，可用另外在静插座两侧加弹簧的方法进一步增大接触压力。

刀开关安装时，手柄要向上，不得倒装或平装。如果倒装，则拉闸后手柄可能因自重下落引起误合闸而造成人身和设备安全事故。接线时，应将电源进线接在刀开关的上端，负载出线接在刀开关的下端。

2. 刀开关的型号含义

刀开关有 HD（单投）系列和 HS（双投）系列，它们都适用于交流 50Hz、额定电压至 500V，直流额定电压至 440V、额定电流至 1 500A 的成套配电装置中，作为非频繁地手动接通和分断电路使用，或作为隔离开关使用，其型号含义如下：

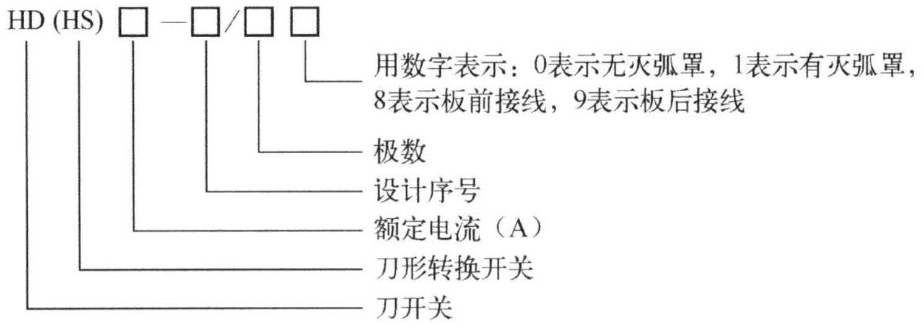

3. 组合开关

组合开关（转换开关）实质上也是一种刀开关，只不过一般刀开关的操作手柄是在垂直于其安装面的平面内向上或向下转动，而组合开关的操作手柄则是在平行于其安装面的平面内向左或向右转动而已。组合开关一般用于电气设备中作为非频繁地接通和分断电路、换接电源和负载、测量三相电压以及控制小容量异步电动机的正反转和星形－三角形降压启动等用。组合开关结构如图 1.5 所示。

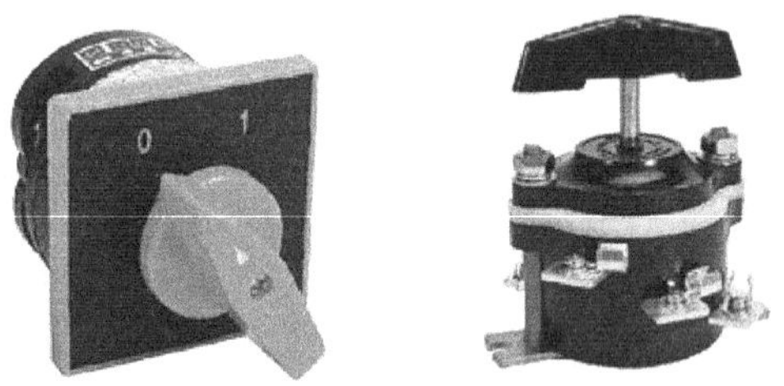

图 1.5　组合开关

这种开关用三副静触片，每一静触片的一端固定在绝缘垫板上，另一端伸出盒外，并附有接线柱，以便和电源线及用电设备的导线相连。三个动触片装在另外的绝缘垫板上，垫板套装在附有绝缘手柄的绝缘杆上，手柄能沿任何方向每次旋转 90°，带动三个动触片分别与三个静触片接通或断开。为了使开关在切断负荷电流时所产生的电弧能迅速熄灭，在开关的转轴上都装有弹簧储能机构，使开关能快速闭合与分断，其分断与闭合速度与手柄旋转速度无关。

组合开关的各触点状态可用文字叙述法、闭合表法和图示法三种方式表达。

组合开关的型号含义如下：

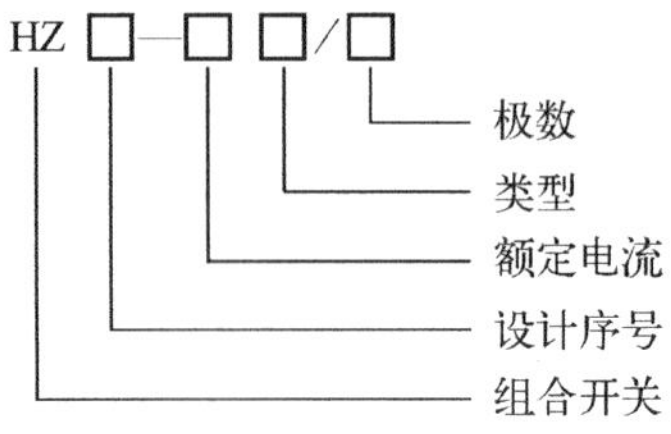

其中，类型是指凡不标出类型代号（拼音字母）者，是同时通断或交替通断的产品；有 P 代号者，是两位转换的产品；有 S 代号者，是三位转换的产品；有 Z 代号者，是供转接电阻用的产品；有 X 代号者，是控制电动机作星形－三角形降压启动用的产品。

交替通断的产品，其极数标志部分有两位数字：前一位表示在起始位置上接通的电路数；第二位表示总的通断电路数。两位转换的产品，其极数标志前无字母代号者，是有一位断路的产品；极数标志前有字母代号 B 者，是有两位断路的产品；极数标志前有数字代号 0 者，是无断路的产品。

1.2.2 熔断器

熔断器是一种应用广泛的简单而有效的保护电器。在使用中，熔断器中的熔体（也称为保险丝）串联在被保护的电路中，当该电路发生过载或短路故障时，如果通过熔体的电流达到或超过了某一定值，则在熔体上产生的热量便会使其温度升高到熔体的熔点，导致熔体自行熔断，达到保护的目的。

1. 熔断器外形结构与符号

瓷插式熔断器、螺旋式熔断器外形结构如图 1.6（a）、（b）所示。图 1.6（c）所示为熔断器的符号，其文字符号为 FU。

（a）瓷插式熔断器外形　（b）螺旋式熔断器外形　（c）熔断器符号

图 1.6　熔断器外形结构及符号

瓷插式熔断器的电源线和负载连接线分别接在瓷底座两端静触点的接线柱上，瓷盖中间凸起部分的作用是将熔体熔断产生的电弧隔开，使其迅速熄灭。较大容量熔断器的灭弧室中还垫有熄灭电弧用的石棉织物。

螺旋式熔断器电源线应当接在瓷底座的下接线端，负载线接到金属螺纹壳的上接线端。

熔体一般由熔点低、易于熔断、导电性能良好的合金材料制成。在小电流的电路中，常用铅合金或锌做成的熔体（熔丝）。对大电流的电路，常用铜或银做成片状的熔体。

2. 熔断器的型号含义

熔断器型号表示方法及含义如下：

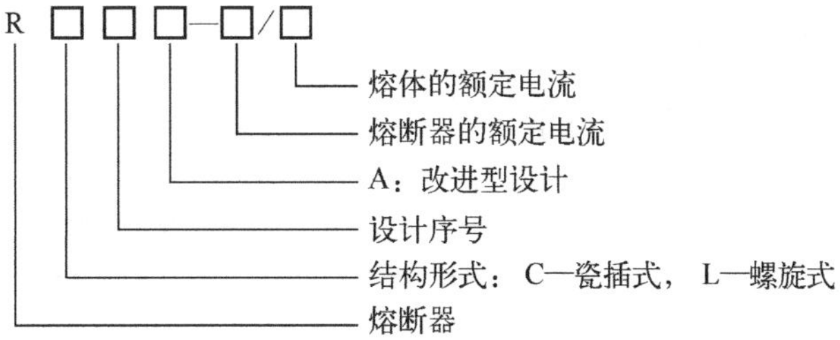

1.2.3 空气断路器

空气断路器又称空气开关或自动开关，其作用不仅可以不频繁接通或断开负载电路，而且当电路发生过载、短路或失压等故障时，能自动跳闸切断故障电路。

1. 空气断路器的外形结构与符号

空气断路器外形结构如图1.7（a）所示。图1.7（b）为空气断路器的符号，其文字符号为QF。

（a）空气断路器外形结构　　（b）符号

图1.7　空气断路器外形结构及符号

2. 空气断路器的动作原理

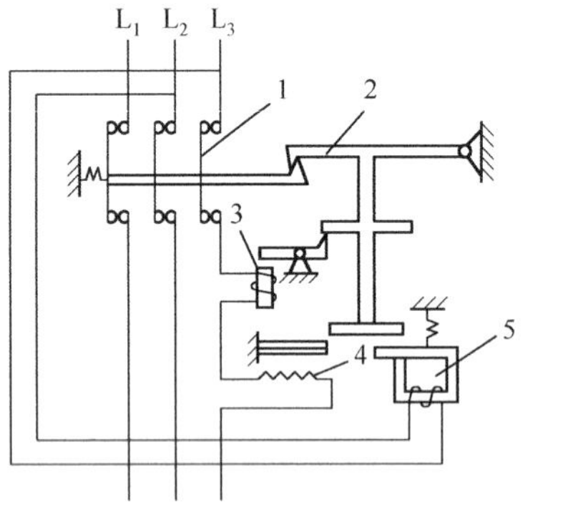

1—主触点；2—自由脱扣机构；3—过电流脱扣器；4—热脱扣器；5—失压脱扣器

图1.8　空气断路器动作原理示意图

空气断路器的动作原理示意图如图1.8所示。

开关的主触点是靠操作机构手动或电动合闸的，由自由脱扣机构将主触点锁在合闸位置上。如果电路发生故障，自由脱扣机构在有关脱扣器的推动下动作，使钩子脱开。于是主触点在弹簧作用下迅速分断。过电流脱扣器的线圈和热脱扣器的热元件与主电路串联，失压脱扣器的线圈与电路并联。当电路发生短路或严重过载时，过电流脱扣器的衔铁被吸合，使自由脱扣机构动作。当电路过载时，热脱扣器的热元件产生的热量增加，使双金属片向上弯曲，推动自由脱扣机构动作。当电路失压时，失压脱扣器的衔铁释放，也使自由脱扣机构动作。

3. 空气断路器的型号含义

空气断路器的型号含义如下：

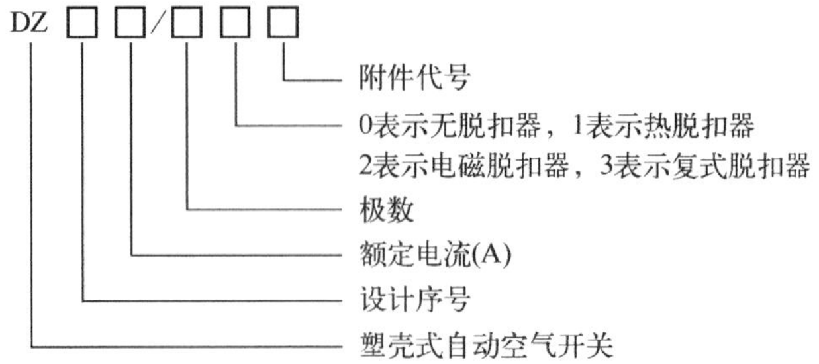

1.2.4 手动直接启动控制线路

利用刀开关直接启动电动机的控制线路如图 1.9 所示。线路的动作原理为：闭合刀开关 QS，电动机 M 启动旋转；断开刀开关 QS，电动机 M 断电减速直至停转。

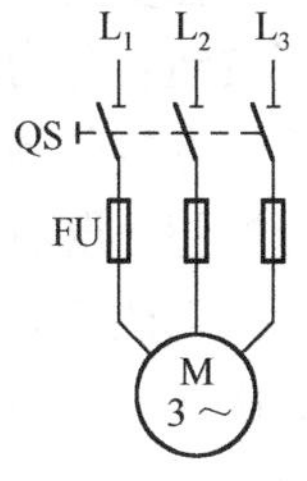

图 1.9 刀开关直接启动电动机的控制线路

线路只用一个刀开关和一个熔断器，是最简单的电动机启、停控制线路，有以下几点不足：

(1) 只适用于不需要频繁启、停的小容量电动机。

(2) 只能就地操作，不便于远距离控制。

(3) 无失压保护和欠压保护的功能。

所谓失压保护或欠压保护是指电动机运行后，由于外界原因突然断电或电压下降太多后又重新恢复正常供电，电动机不会自行运转。

1.3 点动与长动控制

1.3.1 按钮

按钮也称控制按钮或按钮开关。它是一种典型的主令电器，其作用通常用来短时间地接通或断开小电流的控制电路，从而控制电动机或其他电气设备的运行。

1. 按钮的外形结构与符号

常用按钮外形结构如图 1.10 (a)、(b)、(c) 所示。其中图 1.10 (a) 为 LA10 系列，图 1.10 (b) 为 LA18 系列，图 (c) 为 LA19 系列，图 (d) 为按钮的符号，其文字符号为 SB。

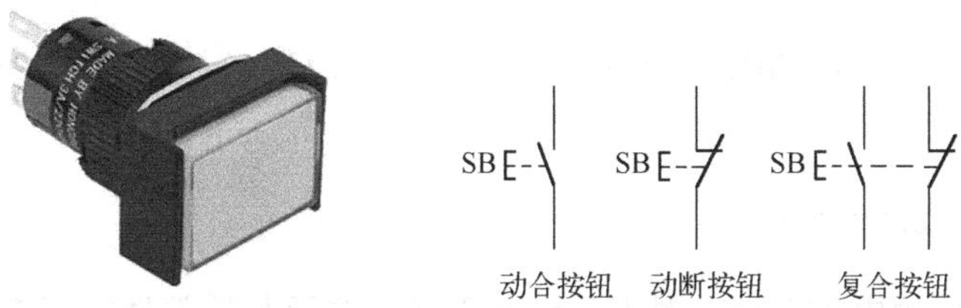

(a) 按钮外形结构　　(b) 符号

图 1.10 按钮外形结构及符号

2. 按钮的种类及动作原理

按钮有不同的分类方法，一般的分类方法如下。

(1) 按结构形式可分为：

旋钮式：用手动旋钮进行操作。

指示灯式：按钮内装入信号灯显示信号。

紧急式：装有蘑菇形钮帽，以示紧急动作。

（2）按触点形式可分为：

动合按钮：外力未作用时（手未按下），触点是断开的，外力作用时，触点闭合，但外力消失后，在复位弹簧作用下自动恢复原来的断开状态。

动断按钮：外力未作用时（手未按下），触点是闭合的，外力作用时，触点断开，但外力消失后，在复位弹簧作用下自动恢复原来的闭合状态。

复合按钮：既有动合按钮，又有动断按钮的按钮组，称为复合按钮。按下复合按钮时，所有的触点都改变状态，即动合触点要闭合，动断触点要断开。但是，这两对触点的变化是有先后次序的，按下按钮时，动断触点先断开，动合触点后闭合；松开按钮时，动合触点先复位（断开），动断触点后复位（闭合）。

3. 按钮的型号含义

按钮开关型号表示方法及含义如下：

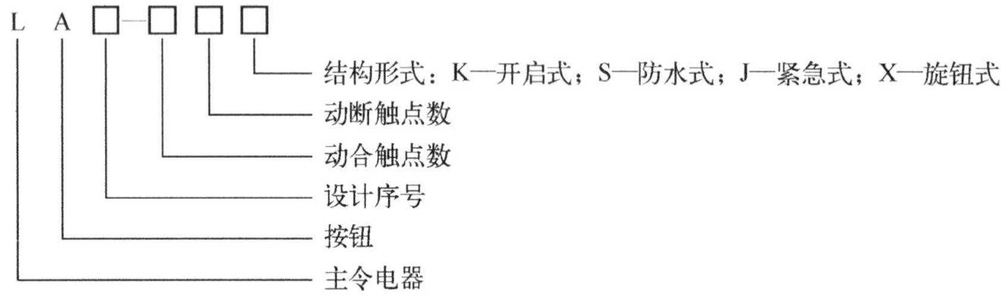

1.3.2 接触器

接触器是一种自动控制电器，它可以用来频繁地远距离接通或断开大容量的交、直流负载。接触器按其主触点通过电流的种类不同可分为直流和交流接触器两种，目前在控制电路中多数采用交流接触器。

1. 接触器的外形结构与符号

交流接触器的外形结构如图 1.11（a）所示，图 1.11（b）为接触器的图形符号，其文字符号为 KM。

2. 接触器的组成及动作原理

交流接触器主要由电磁系统、触点系统和灭弧装置及其他部件等四部分组成。

（1）电磁系统。电磁系统主要用于产生电磁吸力，它由电磁线圈（吸力线圈）、动铁芯（衔铁）和静铁芯等组成。交流接触器的电磁线圈是将绝缘铜导线绕制在铁芯上制成的。交流接触器的铁芯由硅钢片叠压而成，以减少铁芯中的涡流损耗，避免铁芯过热。在铁芯上装有一个短路铜环，其作用是减少交流接触器吸合时产生的振动和噪声，故又称减振环，其材料为铜或镍铬合金等。

（2）触点系统。触点系统主要用于通断电路或传递信号，分为主触点和辅助触点。主触点用以通断电流较大的主电路，一般由三对动合触点组成；辅助触点用以通断电流较小的控制电路，一般有动合和动断各两对触点，常在控制电路中起电气自锁或互锁作用。

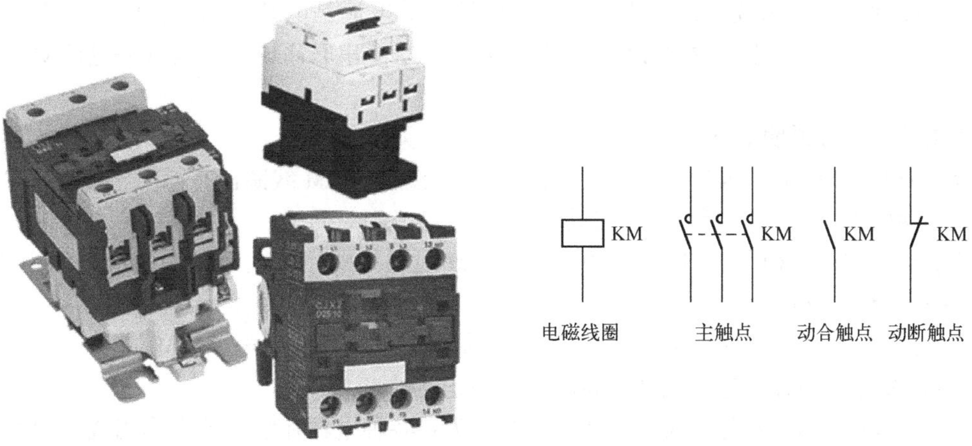

（a）交流接触器的外形结构　　　　（b）符号

图 1.11　交流接触器外形结构及符号

(3) 灭弧装置。灭弧装置用来熄灭触点在切断电路时所产生的电弧，保护触点不受电弧灼伤。在交流接触器中常采用的灭弧方法有电动力灭弧和栅片灭弧。

(4) 其他部件。包括反作用弹簧、缓冲弹簧、传动机构、接线柱和外壳等。

交流接触器动作原理如图 1. 12 所示。线圈得电以后，产生的磁场将铁芯磁化，吸引动铁芯，克服反作用弹簧的弹力向静铁芯运动，拖动触点系统运动，使得动合触点闭合、动断触点断开。一旦电源电压消失或者显著降低，以致电磁线圈没有激磁或激磁不足，动铁芯就会因电磁吸力消失或过小而在反作用弹簧的弹力作用下释放，使得动触点与静触点脱离，触点恢复线圈未通电时的状态。

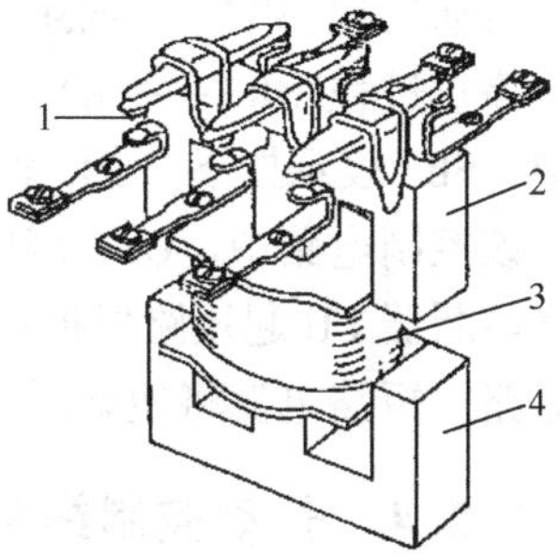

1—主触点；2—动触点；
3—电磁线圈；4—静铁芯

图 1. 12　交流接触器动作原理图

3. 接触器的型号含义

接触器的型号含义如下：

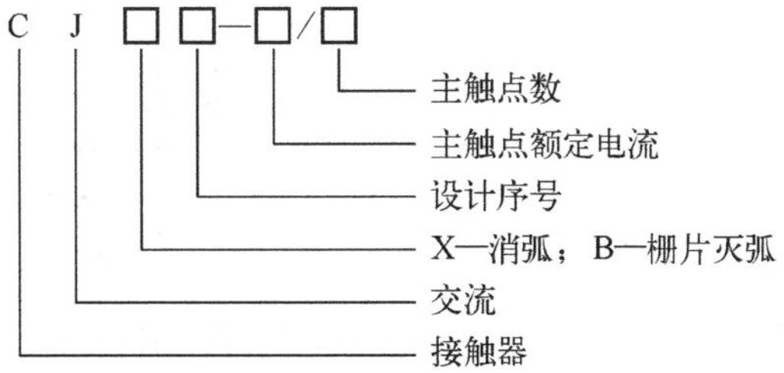

1. 3. 3　点动控制线路

点动控制是指按下按钮电动机得电启动运转，松开按钮电动机失电直至停转。点动控制线路如图 1. 13 所示。

图 1. 13 中左侧部分为主回路，三相电源经刀开关 QS、熔断器 FU 和接触器 KM 的三对

主触点，接到电动机 M 定子绕组上。主电路中流过的电流是电动机的工作电流，电流值较大。右侧部分为控制电路，由按钮 SB 和接触器线圈 KM 串联而成，控制电路电流明显小于主电路。

线路动作原理说明如下：

合上刀开关 QS 后，因没有按下点动按钮 SB，接触器 KM 线圈没有得电，KM 的主触点断开，电动机 M 不得电，所以不会启动。

按下点动按钮 SB 后，控制回路中接触器 KM 线圈得电，其主回路中的动合触点闭合，电动机得电启动运行。

松开按钮 SB，按钮在复位弹簧作用下自动复位，断开控制电路 KM 线圈，主电路中 KM 触点恢复原来断开状态，电动机断电直至停止转动。

控制过程也可以用符号来表示，其方法规定为：各种电器在没有外力作用或未通电的状态下记为“$^-$”，电器在受到外力作用或通电的状态下记为“$^+$”，并将它们相互关系用线段“—”表示，线段的左边符号表示原因，线段的右边符号表示结果，自锁状态用在接触器符号右下角写“自”表示。那么，三相异步电动机直接启动控制线路控制过程就可表示如下：

启动过程:SB^+——KM^+——M^+(启动)

停止过程:SB^-——KM^-——M^-(停止)

其中，SB^+表示按下，SB^-表示松开。

该控制电路中，QS 为刀开关，不能直接给电动机 M 供电，只起到电源引入的作用。主回路熔断器 FU 起短路保护作用，如发生三相电路的任两相电路短路，或任一相电路发生对地短路，短路电流将使熔断器迅速熔断，从而切断主电路电源，实现对电动机的短路保护。

1.3.4 长动控制线路

长动控制是指按下按钮后，电动机通电启动运转，松开按钮后，电动机仍继续运行，只有按下停止按钮，电动机才失电直至停转。长动与点动主要区别在于松开启动按钮后，电动机能否继续保持得电运转的状态。如果所设计的控制线路能满足松开启动按钮后，电动机仍然保持运转，即完成了长动控制，否则就是点动控制。长动控制线路如图 1.14 所示。

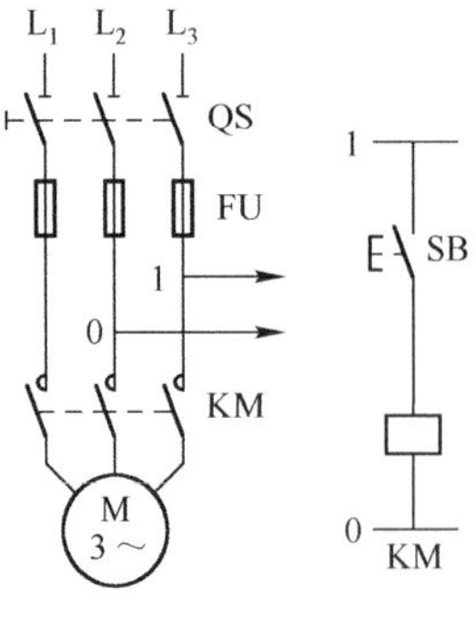

图 1.13　点动控制线路

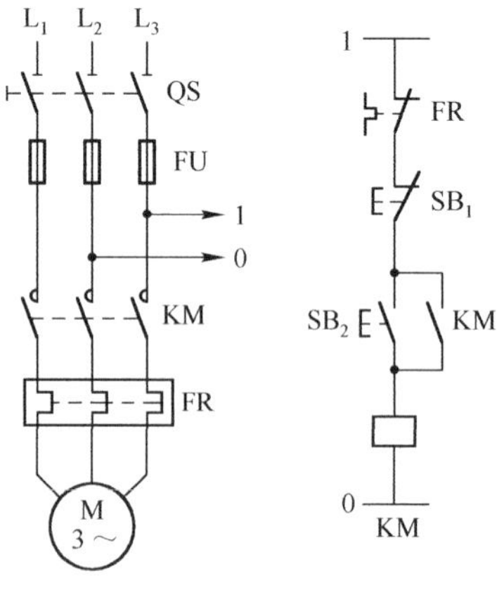

图 1.14　长动控制线路

比较如图 1.13 所示点动控制线路和如图 1.14 所示长动控制线路可见，长动控制线路是在点动控制线路的启动按钮 SB_2 两端并联一个接触器的辅助动合触点 KM，再串联一个动断（停止）按钮 SB_1 而实现的。

线路动作原理说明如下：

合上刀开关 QS。

启动：$SB_2^{\pm}$——$KM_{自}^{+}$——M^{+}（启动）

停止：$SB_1^{\pm}$——KM^{-}——M^{-}（停止）

其中，$SB^{\pm}$ 表示先按下，后松开；$KM_{自}$ 表示“自锁”。

所谓“自锁”，是依靠接触器自身的辅助动合触点来保证线圈继续通电的现象。带有“自锁”功能的控制线路具有失压（零压）和欠压保护作用。即一旦发生断电或电源电压下降到一定值（一般降低到额定值 85% 以下）时，自锁触点就会断开，接触器 KM 线圈就会断电，不重新按下启动按钮 SB_2，电动机将无法自动启动。只有在操作人员有准备的情况下再次按下启动按钮 SB_2，电动机才能重新启动，从而保证了人身和设备的安全。

1.3.5 热继电器

如图 1.14 所示，电路中串入热继电器 FR，是对电动机起过载保护作用的。电动机若遇到频繁启、停操作或运转过程中负载过重或缺相，都可能引起电动机定子绕组中的负载电流长时间超过额定工作电流，而熔断器的保护特性使得它可能暂时不会熔断，所以必须采用热继电器对电动机实行过载保护。

电动机过载时，过载电流将使热继电器中双金属片弯曲动作，使串联在控制电路的动断触点断开，从而切断接触器 KM 线圈的电路，主触点断开，电动机脱离电源而停转。

1. 热继电器的外形结构及符号

热继电器的外形结构如图 1.15（a）所示，图 1.15（b）所示为热继电器的符号，其文字符号为 FR。

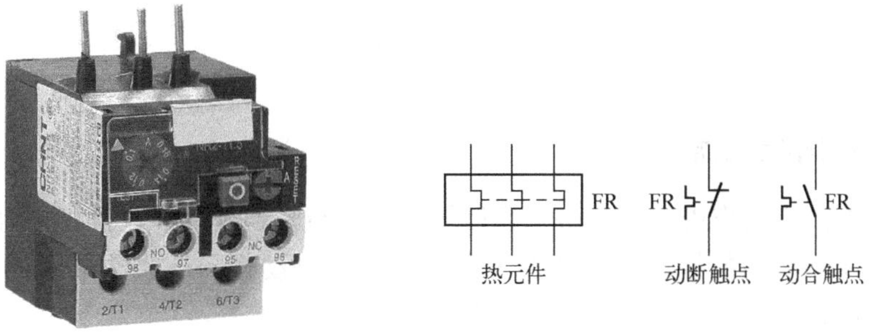

（a）热继电器的外形结构　　（b）符号

图 1.15　热继电器外形结构及符号

从结构上看，热继电器的热元件由两极（或三极）双金属片及缠绕在外面的电阻丝组成。双金属片由热膨胀系数不同的金属片压合而成，使用时，电阻丝的温度直接反映电动机的定子回路电流值的大小。复位按钮是热继电器动作后进行手动复位的按钮，可以防止热继电器动作后，因故障未被排除而电动机又启动而造成更大的事故。

2. 热继电器的动作原理

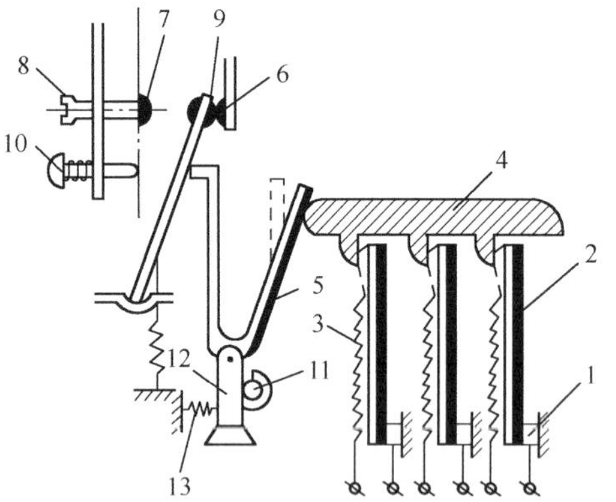

1—推杆；2—主双金属片；3—热元件；4—导板；5—补偿双金属片；6—静触点（动断）；7—静触点（动合）；8—复位调节螺钉；9—动触点；10—复位按钮；11—调节旋钮；12—支撑件；13—弹簧

图 1.16　热继电器动作原理示意图

热继电器动作原理示意图如图 1.16 所示。

当电动机过载时，流过电阻丝（热元件）的电流增大，电阻丝产生的热量使金属片弯曲，经过一定时间后，弯曲位移增大，因而脱扣，使其动断触点断开，动合触点闭合。

热继电器触点动作切断电路后，电流为零，则电阻丝不再发热，双金属片冷却到一定值时恢复原状。于是动合和动断触点可以复位。另外也可通过调节螺钉，使触点在动作后不自动复位，而必须按动复位按钮才能使触点复位。这很适用于某些要求故障未排除而防止电动机再启动的场合。不能自动复位对检修时确定故障范围也是十分有利的。

3. 热继电器的型号含义

热继电器的型号含义如下：

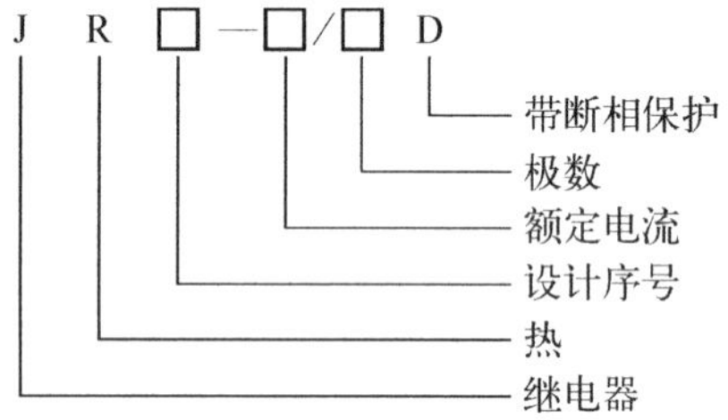

1.3.6　中间继电器

中间继电器的主要作用是在电路中起信号的传递与转换作用。中间继电器可以实现多路控制，并可将小功率的控制信号转换为大容量的触点动作，以驱动电气执行元件工作。有时也可用中间继电器控制小容量电动机的启、停。

中间继电器也可分为直流与交流两种，其结构一般由电磁机构和触点系统组成。电磁机构与接触器相似，其触点因为通过控制电路的电流容量较小，所以不须加装灭弧装置。

1. 中间继电器的外形结构与符号

中间继电器的外形结构如图 1.17（a）所示，图 1.17（b）所示为中间继电器的符号，其文字符号为 KA。

中间继电器的结构和交流接触器基本一样，其外壳一般由塑料制成，为开启式。外壳上的相间隔板将各对触点隔开，以防止因飞弧而发生短路事故。触点一般有 8 动合、6 动合 2 动断、4 动合 4 动断三种组合形式。

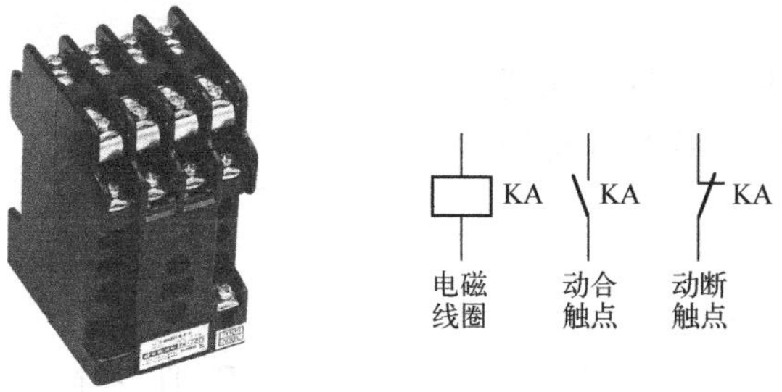

（a）中间继电器的外形结构　　（b）符号

图 1.17　中间继电器外形结构及符号

2. 中间继电器的动作原理

中间继电器与交流接触器相似，动作原理也相同，当电磁线圈得电时，铁芯被吸合，触点动作，即动合触点闭合，动断触点断开；电磁线圈断电后，铁芯释放，触点复位。

3. 中间继电器的型号含义

中间继电器的型号含义如下：

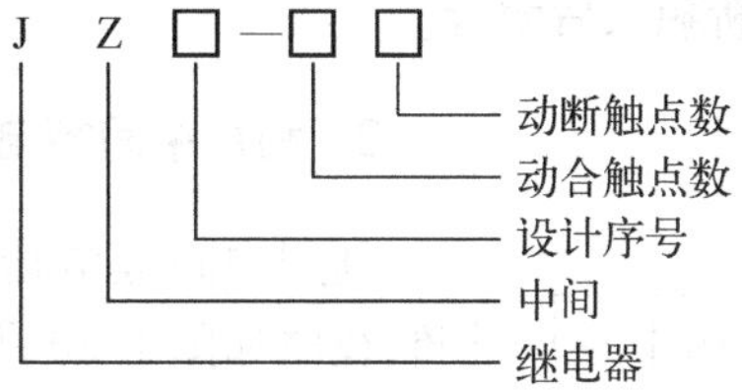

1.3.7　长动与点动控制线路

有些生产机械要求电动机既可以长动又可以点动，如一般机床在正常加工时，电动机是连续转动的，即长动，而在试车调整时，则往往需要点动。下面分别介绍几种不同的既可长动又可点动的控制线路。

1. 利用开关控制的长动和点动控制线路

利用开关控制的既能长动又能点动的控制线路如图 1.18 所示。图 1.18 中 SA 为选择开关，当 SA 断开时，按 SB_2 为点动操作；当 SA 闭合时，按 SB_2 为长动操作。线路动作原理为：

点动（SA 断开）：SB_2^+——KM^+——M^+（运转）

　　　　　　　　SB_2^-——KM^-——M^-（停车）

长动（SA 闭合）：$SB_2^\pm$——$KM^+_{自}$——M^+（运转）

　　　　　　　　$SB_1^\pm$——KM^-——M^-（停车）

2. 利用复合按钮控制的长动和点动控制线路

利用复合按钮控制的既能长动又能点动的控制线路如图 1.19 所示。图 1.19 中 SB_2为长动按钮。SB_3为点动按钮，但需注意它是一个复合按钮，使用了一对动合触点和一对动断触点。线路动作原理为：

长动：$SB_2^{\pm}$——$KM^{+}_{自}$——M^{+}（运转）

点动：$SB_3^{\pm}$——$KM^{\pm}$——$M^{\pm}$（运转、停车）

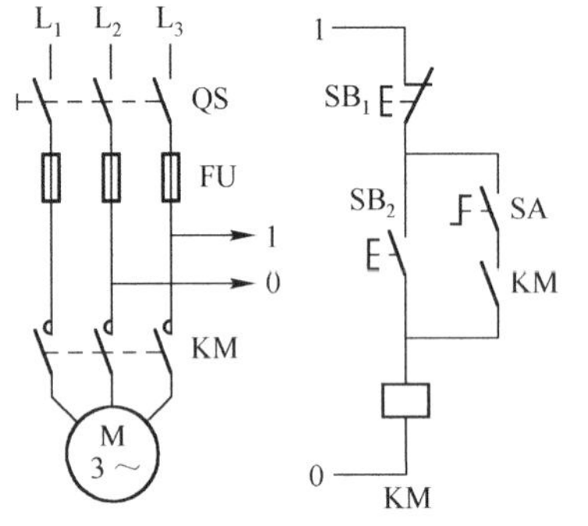

图 1.18　利用开关控制长动、点动线路

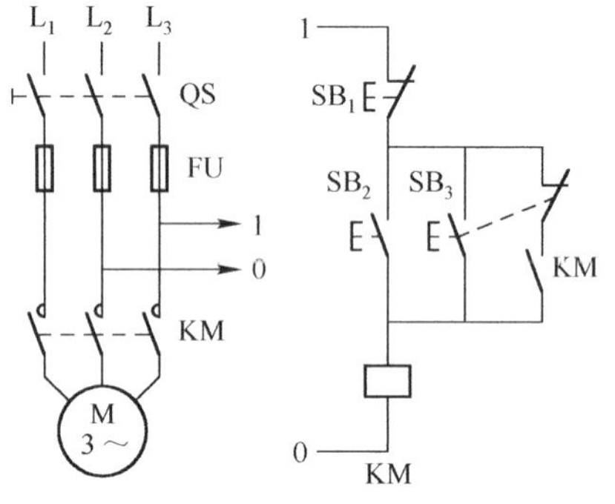

图 1.19　利用复合按钮控制长动、点动线路

在点动控制中，按下点动按钮 SB_3，它的动断触点先断开接触器的自锁电路；动合触点后闭合，接通接触器线圈。松开 SB_3按钮时，它的动合触点先恢复断开，切断了接触器线圈电源，使其断电；而 SB_3的动断触点后闭合。

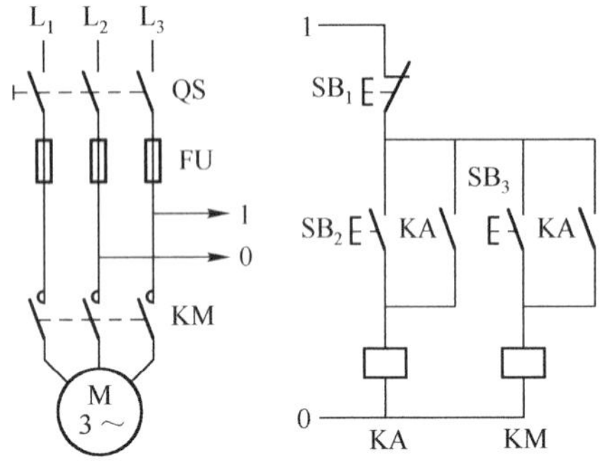

图 1.20　利用中间继电器控制长动、点动线路

3. 利用中间继电器控制的长动和点动控制线路

利用中间继电器控制的既能长动又能点动的控制线路如图 1.20 所示。图 1.20 中的 KA 为中间继电器。线路动作原理为：

长动：$SB_2^{\pm}$——$KA^{+}_{自}$——KM^{+}——M^{+}（运转）

点动：$SB_3^{\pm}$——$KM^{\pm}$——$M^{\pm}$（运转，停车）

综上所述，上述线路能够实现长动和点动控制的根本原因，在于能否保证 KM 线圈得电后，自锁支路被接通。能够接通自锁支路就可以实现长动，否则只能实现点动。

1.4　正、反转控制

正、反转控制也称可逆控制，它在生产中可实现生产部件向正、反两个方向运动。对于三相笼型异步电动机来说，实现正、反转控制只要改变电动机定子三相电源相序，即将主回路中的三相电源线任意两相对调即可。常有两种控制方式：一种是利用倒顺开关（或组合开关）改变相序，另一种是利用接触器的主触点改变相序。前者主要适用于不需要频繁正、反转的电动机，而后者则主要适用于需要频繁正、反转的电动机。

1.4.1 接触器互锁正、反转控制线路

接触器互锁正、反转控制线路如图 1.21 所示。图 1.21 中 KM_1为正转接触器，KM_2为反转接触器。显然 KM_1和 KM_2两组主触点不能同时闭合，即 KM_1和 KM_2两接触器线圈不能同时通电，否则会引起电源短路。

控制线路中，正、反转接触器 KM_1和 KM_2线圈支路都分别串联了对方的动断触点，任何一个接触器接通的条件是另一个接触器必须处于断电释放的状态。例如，正转接触器 KM_1线圈被接通得电，它的辅助动断触点被断开，将反转接触器 KM_2线圈支路切断，KM_2线圈在 KM_1接触器得电的情况下是无法接通得电的。两个接触器之间的这种相互关系称为“互锁”（连锁）。在如图 1.21 所示线路中，互锁是依靠电气元件来实现的，所以也称为电气互锁。实现电气互锁的触点称为互锁触点。

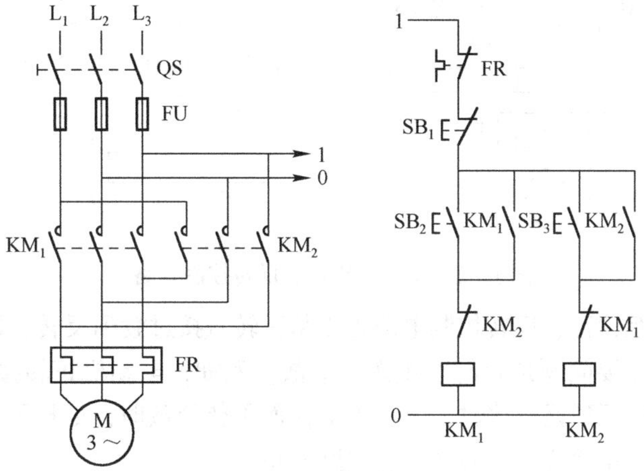

图 1.21 接触器互锁正、反转控制线路

线路动作原理为：

正转：$SB_2^{\pm}$ —— $KM_{1自}^{+}$ —— M^{+} （正转）
　　　　　　　　　　　　└ KM_2^{-}（互锁）

停止：$SB_1^{\pm}$ —— KM_1^{-} —— M^{-} （停车）

反转：$SB_3^{\pm}$ —— $KM_{2自}^{+}$ —— M^{+} （反转）
　　　　　　　　　　　　└ KM_1^{-}（互锁）

接触器互锁正、反转控制线路存在的主要问题是从一个转向过渡到另一个转向时，要先按停止按钮 SB_1，不能直接过渡，显然这是十分不方便的。

1.4.2 按钮互锁正、反转控制线路

按钮互锁正、反转控制线路如图 1.22 所示。图 1.22 中 SB_2，SB_3为复合按钮，各有一对动断触点和动合触点，其中动断触点分别串联在对方接触器线圈支路中，这样只要按下按钮，就自然切断了对方接触器线圈支路，实现互锁。这种互锁是利用按钮来实现的，所

以称为按钮互锁。线路动作原理为：

正转：$SB_2^{\pm}$ —— KM_2^{-}（互锁）

　　　　　　└ $KM_{1自}^{+}$ —— M^{+}（正转）

反转：$SB_3^{\pm}$ —— KM_1^{-}（互锁）—— M^{-}（停车）

　　　　　　└ $KM_{2自}^{+}$ —— M^{+}（反转）

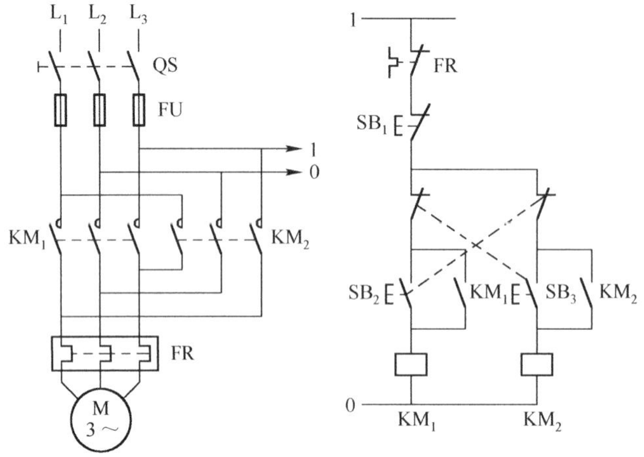

图 1.22　按钮互锁正、反转控制线路

由此可见，按钮互锁正、反转控制电路可以从正转直接过渡到反转，即可实现“正–反–停”控制。它存在的主要问题是容易产生短路事故。例如，电动机正转接触器 KM_1 主触点因弹簧老化或剩磁的原因而延迟释放时，或者被卡住而不能释放时，如按下 SB_3 反转按钮，KM_2 接触器又得电使其主触点闭合，电源会在主电路短路。

1.4.3　双重互锁正、反转控制线路

双重互锁正、反转控制线路如图 1.23 所示。该线路结合了电气互锁和按钮互锁的优点，是一种比较完善的既能实现正、反转直接启动的要求，又具有较高安全可靠性的线路。

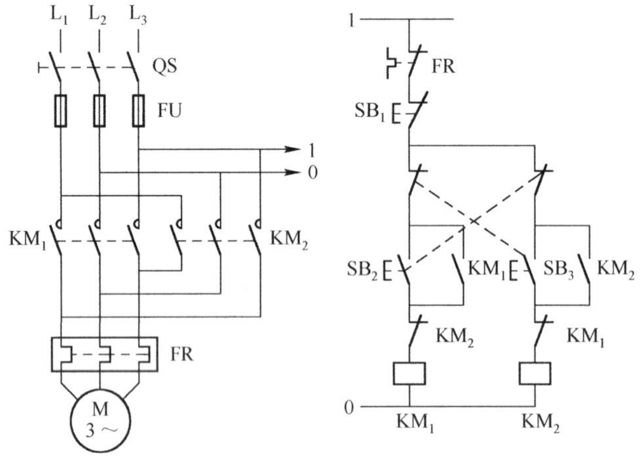

图 1.23　双重互锁正、反转控制线路

1.5 顺序和多点控制

顺序控制是指生产机械中多台电动机按预先设计好的次序先后启动或停止的控制。多点控制是指为了操作方便，在多个地点对同一台电动机进行启动或停止的控制。

1.5.1 顺序控制线路

1. 同时启动、同时停止的控制线路

同时启动、同时停止的控制线路如图 1.24 所示。

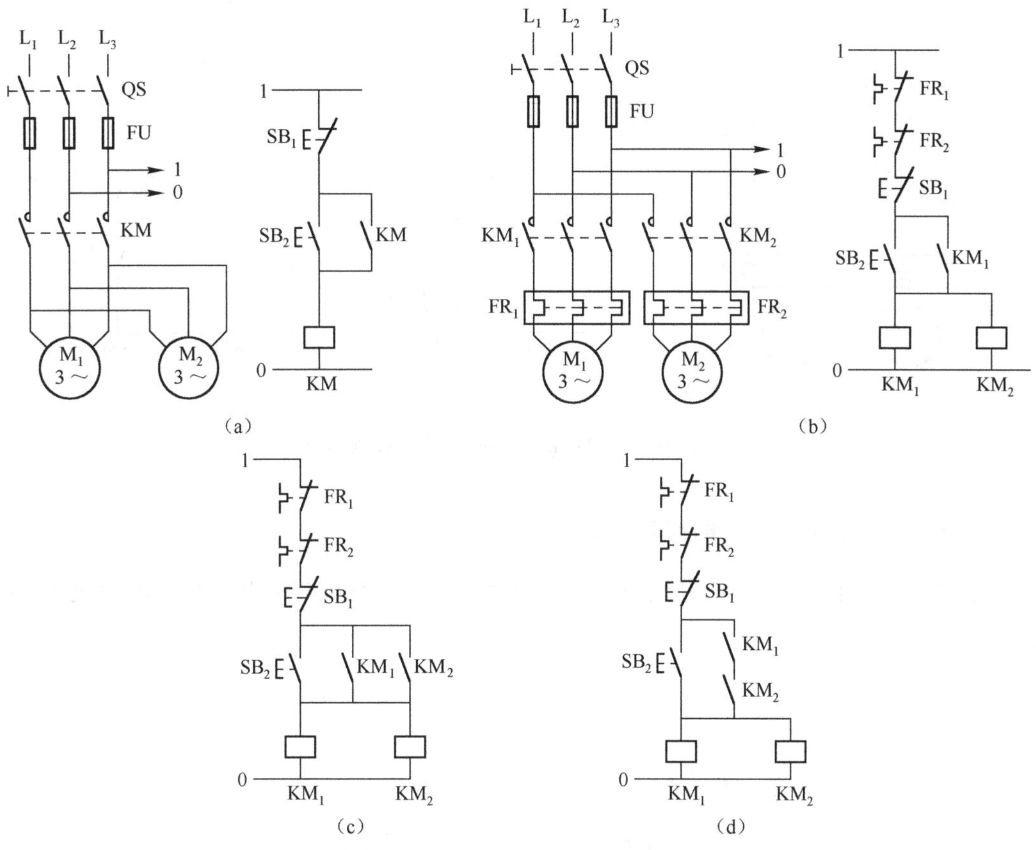

图 1.24 同时启动、同时停止的控制线路

图 1.24（a）为一个接触器控制两台（或多台）电动机的同时启动、同时停止控制线路，不足之处是接触器的主触点通过两台（或多台）电动机的定子电流，因而对其容量有一定的要求。

图 1.24（b）、（c）、（d）为两个（或多个）接触器分别控制两台（或多台）电动机的同时启动、同时停止的控制线路。其中图（b）中只用一对接触器动合触点作“自锁”，图（c）中用两对（或多对）接触器动合触点并联作“自锁”，图（d）中用两对（或多对）

接触器动合触点串联作“自锁”。

2. 顺序启动、同时停止的控制线路

顺序启动、同时停止的控制线路如图 1. 25 所示。电动机 M_1启动运行之后电动机 M_2才允许启动。

其中图 1. 25（a）控制线路是通过接触器 KM_1的“自锁”触点来制约接触器 KM_2线圈的。只有在 KM_1动作后，KM_2才允许动作。

图 1. 25（b）控制线路是通过接触器 KM_1的“互锁”触点来制约接触器 KM_2的线圈的，即只有 KM_1动作后，KM_2才允许动作。

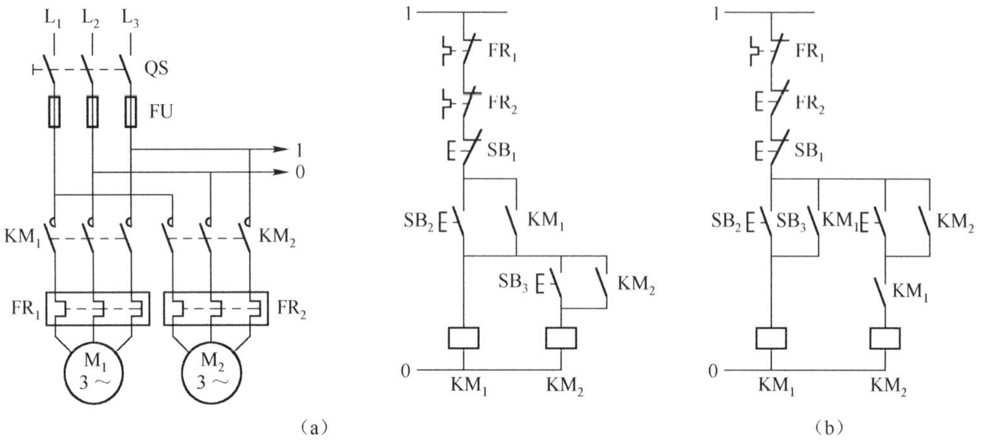

图 1. 25　顺序启动、同时停止的控制线路

3. 同时启动、顺序停止的控制线路

同时启动、顺序停止的控制线路如图 1. 26 所示。电动机 M_1断电停车后电动机 M_2才能够断电停车。

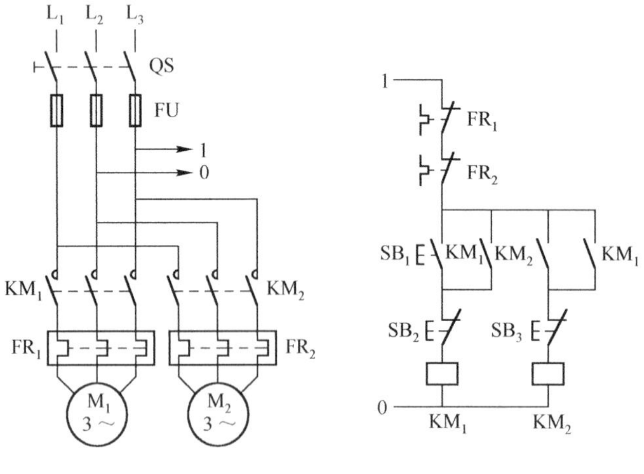

图 1. 26　同时启动、顺序停止的控制线路

图 1.26 中接触器 KM_1 的动合触点串联在接触器 KM_2 的线圈支路中，不仅使接触器 KM_1 与接触器 KM_2 同时动作，而且只有 KM_1 断电释放后，按下按钮 SB_3 才可使接触器 KM_2 断电释放。

1.5.2 多点控制线路

多点控制的特点是所有启动按钮（SB_3 和 SB_4）全部并联在自锁触点两端，按下任何一个都可以启动电动机；所有停止按钮（SB_1 和 SB_2）全部串联在接触器线圈回路，按下任何一个都可以停止电动机的工作。多点控制线路图如图 1.27 所示。

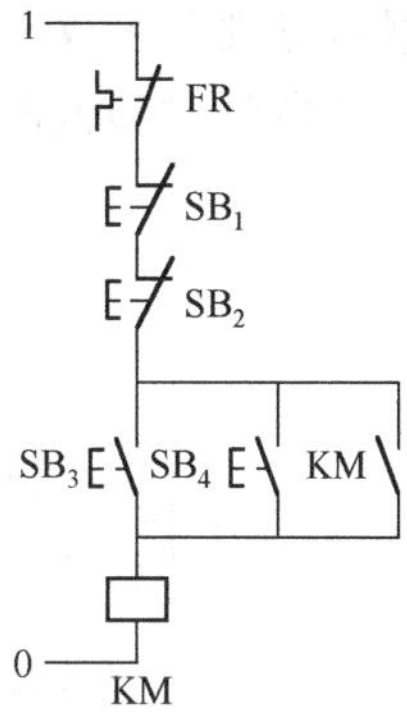

图 1.27 多点控制线路

1.6 时间控制

1.6.1 时间继电器

时间继电器也称为延时继电器，是一种用来实现触点延时接通或断开的控制电器。时间继电器种类繁多，但目前常用的时间继电器主要有空气阻尼式、电动式、晶体管式及直流电磁式等几大类。

时间继电器按延时方式可分为：通电延时型和断电延时型两种。通电延时型时间继电器在其感测部分接收到信号后开始延时，一旦延时完毕，就通过执行部分输出信号以操纵控制电路，当输入信号消失时，继电器就立即恢复到动作前的状态（复位）。断电延时型与通电延时型相反。断电延时型时间继电器在其感测部分接收输入信号后，执行部分立即动作，但当输入信号消失后，继电器必须经过一定的延时，才能恢复到原来（即动作前）的状态（复位），并且有信号输出。

1. 时间继电器的外形结构及符号

空气阻尼式时间继电器的外形结构如图 1.28（a）所示。图 1.28（b）为时间继电器的符号，其文字符号为 KT。

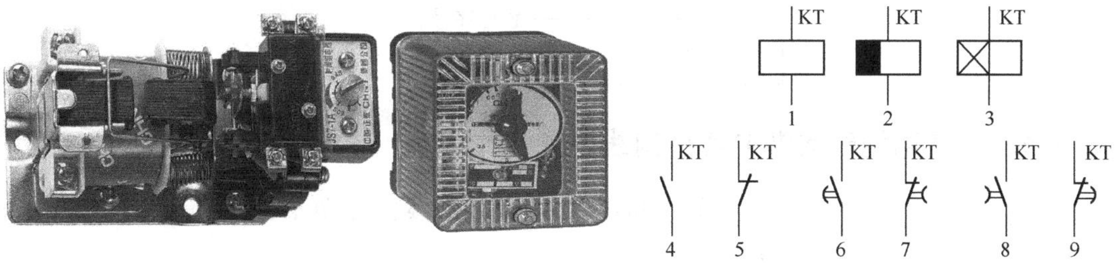

（a）时间继电器外形

（b）符号

1—线圈一般符号；2—断电延时型线圈；3—通电延时型线圈；
4—瞬动动合触点；5—瞬动动断触点；6—延时闭合动合触点；
7—延时断开动断触点；8—延时断开动合触点；
9—延时闭合动断触点

图 1.28 时间继电器外形结构及符号

2. 时间继电器的动作原理

图 1.29 所示为 JS7－A 系列时间继电器的结构示意图。它由电磁系统、延时机构和工作触点三部分组成。将电磁机构翻转 180°安装后，通电延时型可以改换成断电延时型，同样，断电延时型也可改换成通电延时型。

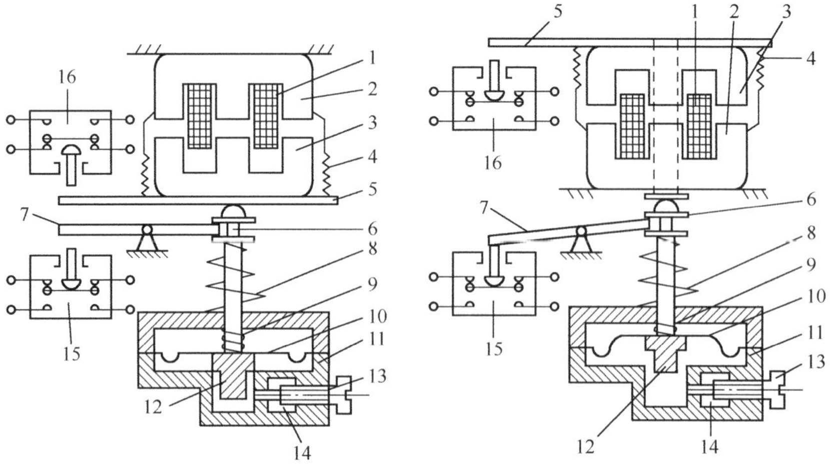

（a）通电延时型　　（b）断电延时型

1—线圈；2—铁芯；3—衔铁；4—复位弹簧；5—推板；6—活塞杆；7—杠杆；8—塔形弹簧；9—弱弹簧；10—橡皮膜；11—空气室壁；12—活塞；13—调节螺杆；14—进气孔；15，16—微动开关

图 1.29　时间继电器结构示意图

3. 时间继电器的型号含义

时间继电器的型号含义如下：

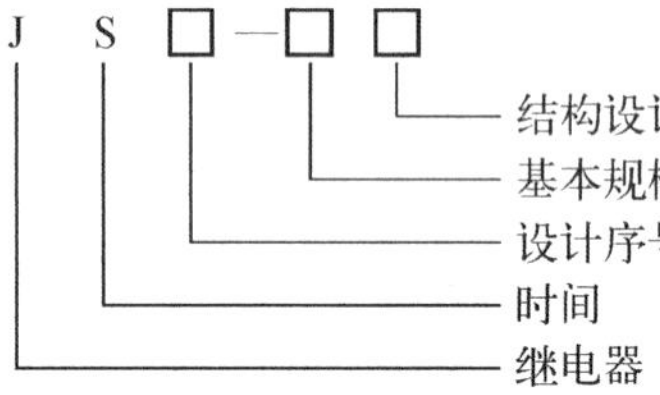

1.6.2　通电型时间继电器控制线路

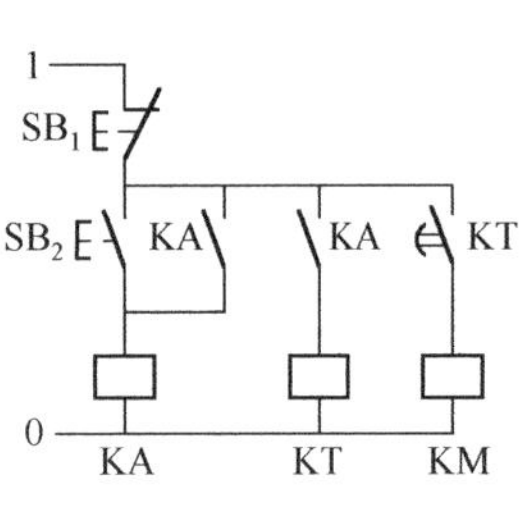

图 1.30　通电型时间继电器控制线路

通电型时间继电器控制线路如图 1.30 所示。线路动作原理是：

按下启动按钮 SB_2，中间继电器 KA 与时间继电器 KT 同时通电，经过一定的延时后，时间继电器 KT 动作，接触器 KM 通电。即：

$$SB_2^{\pm} —— KA_{自}^{+} —— KT^{+} \xrightarrow{\Delta t} KM^{+}$$

1.6.3 断电型时间继电器控制线路

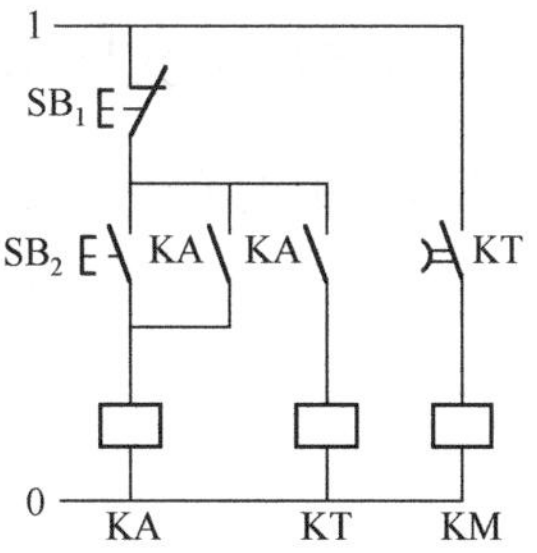

图 1.31 断电型时间继电器控制线路

断电型时间继电器控制线路如图 1.31 所示。图中时间继电器 KT 为断电延时型时间继电器，其延时断开动合触点在 KT 线圈得电时闭合，KT 线圈断电时，经延时后该触点断开。线路工作原理为：

$$SB_2^{\pm}\text{——}KA_{自}^{+}\text{——}KT^{+}\text{——}KM^{+}$$

$$SB_1^{\pm}\text{——}KA^{-}\text{——}KT^{-}\xrightarrow{\Delta t}KM^{-}$$

1.7 行程控制

某些生产机械的运动状态的转换，是靠部件运行到一定位置时由行程开关（位置开关）发出信号进行自动控制的。例如，行车运动到终端位置自动停车，工作台在指定区域内的自动往返移动，都是由运动部件运动的位置或行程来控制的，这种控制称为行程控制。

行程控制是以行程开关代替按钮用以实现对电动机的启动和停止控制，可分为限位断电、限位通电和自动往复循环等控制。

1.7.1 行程开关

行程开关又称限位开关或位置开关，它是根据运动部件的位置自动切换电路的控制电器，它可以将机械位移信号转换成电信号，常用来做程序控制、自动循环控制、定位、限位及终端保护。

行程开关有机械式、电子式两种，机械式又有按钮式和滑轮式两种。机械式行程开关与按钮相同，一般都由一对或多对动合触点、动断触点组成，但不同之处在于按钮是由人手指“按”的，而行程开关是由机械“撞”击来完成的。

1. 行程开关的外形结构及符号

机械式行程开关的外形结构如图 1.32（a）所示，图 1.32（b）为行程开关的符号，其文字符号为 SQ。

（a）行程开关外形　　（b）符号

图 1.32 机械式行程开关

2. 行程开关的型号含义

行程开关的型号含义如下：

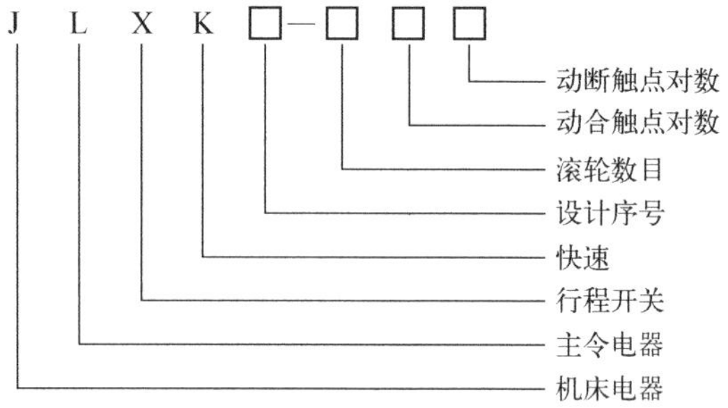

1.7.2 行程控制

1. 限位断电控制线路

限位断电控制线路如图 1.33 所示。运动部件在电动机拖动下，到达预先指定点即自动断电停车。线路动作原理为：

$$SB^{\pm}\text{——}KM^{+}_{自}\text{——}M^{+}(\text{启动}) \qquad \frac{\Delta S}{SQ^{+}}\text{——}KM^{-}\text{——}M^{-}(\text{停车})$$

其中，ΔS 是指运动一段距离，达到指定位置。

这种控制线路常使用在行车或提升设备的行程终端保护上，以防止由于故障电动机无法停车而造成事故。

2. 限位通电控制线路

限位通电控制线路如图 1.34 所示。这种线路是运动部件在电动机拖动下，达到预先指定的地点后能自动接通接触器线圈的控制线路。图 1.34（a）为限位通电的点动控制线路，图 1.34（b）为限位通电的长动控制线路。这种控制线路使用在各种运动方向或运动形式中，起到转换作用。

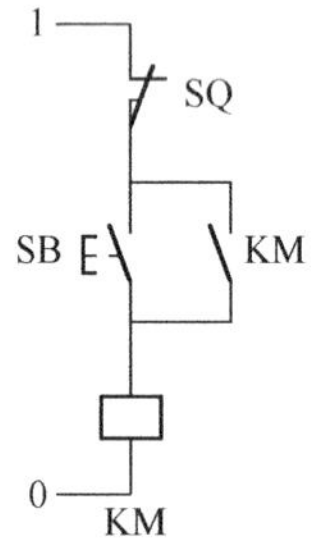

图1.33　限位断电控制线路

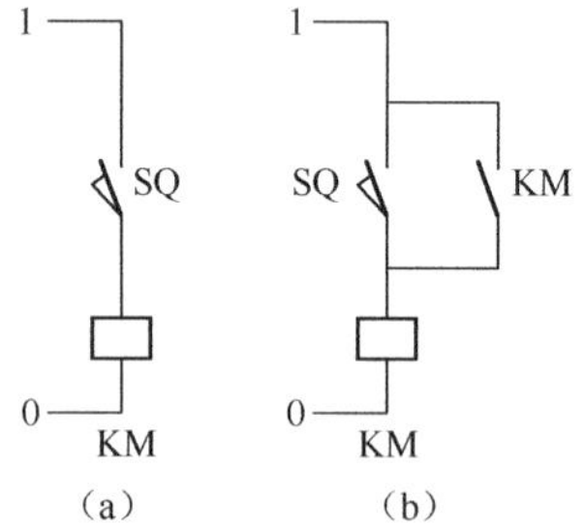

图 1.34　限位通电控制线路

3. 自动往复循环控制线路

自动往复循环控制线路如图 1.35 所示。图中工作台在行程开关 SQ_1 和 SQ_2 之间自动往复运动。图 1.35 所示的控制线路中，设 KM_1 为向左运动接触器，KM_2 为向右运动接触器，自动循环控制线路动作原理为：

$SB_2^{\pm}$ —— $KM_{1自}^{+}$ ┬ M^{+}（正转）$\xrightarrow{\Delta S}$ SQ_1^{+} ┬ KM_1^{-} —— M^{-}（停车）

└ KM_2^{-}（互锁）　　└ $KM_{2自}^{+}$ ┬ M^{+}（反转）$\xrightarrow{\Delta S}$ SQ_2^{+} ┬ KM_2^{-} ⋯

└ KM_1^{-}（互锁）　　└ $KM_{1自}^{+}$ ⋯

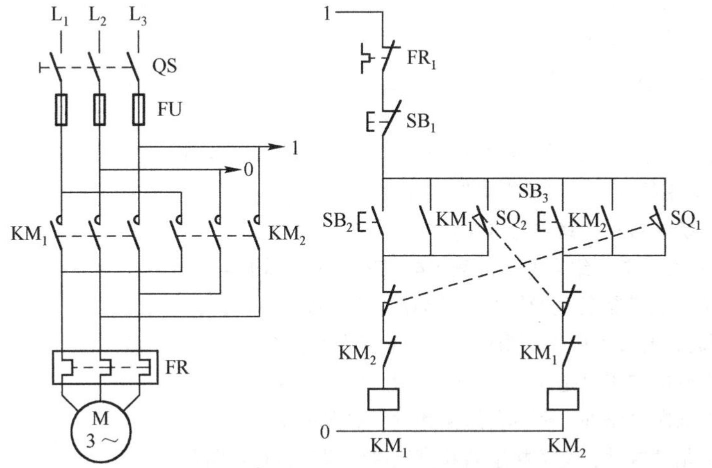

图 1.35　自动往复循环控制线路

工作台在 SQ_1 和 SQ_2 之间周而复始往复运动，直到按下停止按钮 SB_1 为止。

本 章 小 结

本章低压电器及控制环节将传统上按两章分别编写的内容合并在一章介绍，其目的是为了使读者更加注重对构成电气线路的基本控制环节的学习和掌握，要提醒读者的是在这里学习电气元件是为了更好地掌握电气线路。

按用途不同分类，低压控制电器主要起控制作用，它们是刀开关、组合开关、按钮、接触器、中间继电器、时间继电器、行程开关等。低压保护电器主要起保护作用，它们是熔断器、空气断路器、热继电器等。

利用电气元件的图形符号和文字符号绘制的，用来描述电气设备结构、工作原理和技术要求的图，即为电气图。电气图包括电气原理图、电气安装图、电气互连图等，在实际工作中，它们各有不同的作用，一般不能相互取代。

基本电气控制环节有点动控制、长动控制、正反转控制、顺序控制、多点控制、时间控制和行程控制。长动和点动控制的根本区别在于其控制线路中是否有自锁环节，有即为长动，没有即为点动。根据正、反转控制使用器件不同，有电气互锁和机械互锁的区别，如果在一个控制电路中，既有电气互锁，也有机械互锁，则称为双重互锁，这种控制电路具有很高的可靠性。顺序控制是指多台电动机按事先约定的步骤依次工作。多点控制是指在多个不同的地点可以对同一台电动机进行控制。时间（延时）控制是以时间为参量进行的控制。行程控制是根据运动部件的位置不同而进行的一种控制，常用来做程序控制、自动循环控制、限位及终端保护。

习 题 1

一、填空题

1.1　为了保证安全，铁壳开关上设有________，保证开关在________状态下开关盖不能开启，而当开关盖开启时又不能________。

1.2　螺旋式熔断器在安装使用时，电源线应接在________上，负载应接在________上。

1.3　接触器的电磁机构由________、________和________三部分组成。

1.4　交流接触器的铁芯及衔铁一般用硅钢片叠压铆成，是为了减小________在铁芯中产生的________、________，防止铁芯________。

1.5　直流接触器铁芯不会产生________和________，也不会________，因此铁芯采用整块铸钢或软铁制成。

1.6　继电器与接触器比较，继电器触点的________很小，一般不设________。

1.7　根据实际应用的要求，电流继电器可分为________和________。

二、判断题（正确的打√，错误的打×）

1.8　刀开关、铁壳开关、组合开关的额定电流要大于实际电路电流。（　　）

1.9　HK 系列刀开关若带负载操作时，其动作越慢越好。（　　）

1.10　HZ 系列转换开关可用作频繁地接通和断开电路，换接电源和负载。（　　）

1.11　熔断器熔管的作用只是作为保护熔体用。（　　）

1.12　接触器除通断电路外，还具备短路和过载的保护作用。（　　）

1.13　为了消除衔铁振动，交流接触器和直流接触器都装有短路环。（　　）

1.14　中间继电器的输入信号为触点的通电和断电。（　　）

1.15　热继电器在电路中的接线原则是热元件串联在主电路中，动合触点串联在控制电路中。（　　）

1.16　触点发热程度与流过触点的电流有关，与触点的接触电阻无关。（　　）

三、选择题

1.17　按复合按钮时，（　　）。

A. 动合先闭合　　B. 动断先断开

C. 动合、动断同时动作　　D. 动断动作，动合不动作

1.18　瞬动型位置开关的触点动作速度与操作速度（　　）。

A. 成正比　　B. 成反比　　C. 无关　　D. 有关

1.19　交流接触器线圈电压过低将导致（　　）。

A. 线圈电流显著增加　　B. 线圈电流显著减小

C. 铁芯电流显著增加　　D. 铁芯电流显著减小

1.20　热继电器中的双金属片弯曲是由于（　　）。

A. 机械强度不同　　B. 热膨胀系数不同

C. 温差效应　　D. 受到外力的作用

四、问答题

1.21　什么是电气图中的图形符号和文字符号？它们各由什么要素或符号组成？

1.22　什么是电气原理图、电气安装图和电气互连图？它们各起什么作用？

1.23　交流接触器线圈断电后，动铁芯不能立即释放，从而使电动机不能及时停止，原因何在？应如何处理？

1.24　中间继电器和接触器有何异同？在什么条件下可以用中间继电器代替接触器启动电动机？

1.25　电动机的启动电流很大，当电动机启动时，热继电器是否会动作？为什么？

1.26 JS7－A 型时间继电器触点有哪几种？画出它们的符号。

1.27 在正、反转控制线路中，已采用了按钮的互锁（也称为机械互锁），为什么还要采用电气互锁？

1.28 试设计对同一台电动机可以进行两处操作的长动和点动控制线路。

1.29 某机床主轴和润滑油泵各由一台电动机带动，试设计其控制线路，要求主轴必须在油泵开动后才能开动，主轴能正、反转并可单独停车，有短路、失压及过载保护等。

1.30 试分析如图 1.36 所示电动机具有几种工作状态？各按钮、开关、触点的作用是什么？

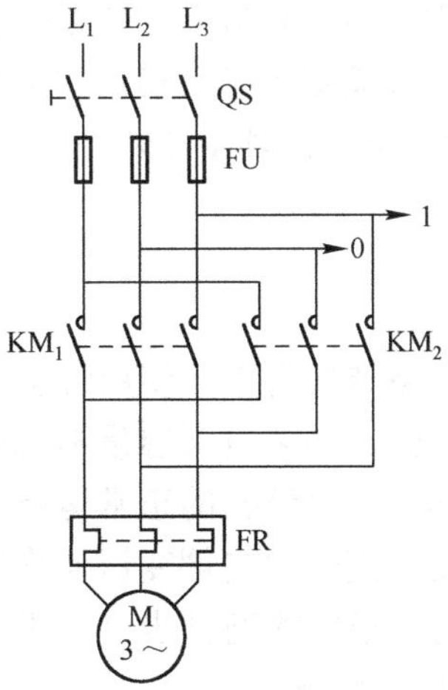

（a）主电路

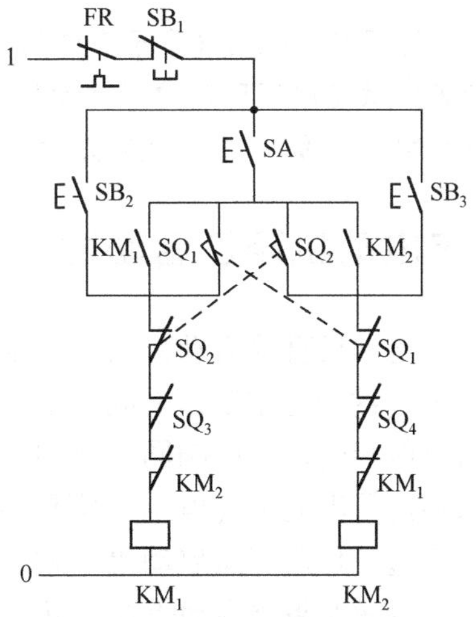

（b）控制电路

图 1.36

1.31 某机床有两台电动机，要求主电动机 M_1 启动后，辅助电动机 M_2 延迟 10s 自行启动，试用断电延时型时间继电器设计控制线路。

1.32 试设计某控制装置在两个行程开关 SQ_1 和 SQ_2 区域内自动往返循环的控制电路。

1.33 试用时间继电器、接触器等设计一个电动机自动循环正、反转的控制线路。

第 2 章　电动机基本控制线路

内容提要

三相异步电动机降压启动控制（定子串电阻、星形－三角形、自耦变压器降压启动线路，转子串电阻、转子串频敏变阻器降压启动线路）。三相笼型异步电动机制动控制（速度继电器，反接制动、能耗制动线路）。三相交流异步电动机调速控制（变极调速、变频调速线路）

2.1　三相异步电动机降压启动控制

对三相交流异步电动机直接启动，虽然控制线路结构简单，使用维护方便，但异步电动机的启动电流很大（约为正常工作电流的 4～7 倍），如果电源容量不比电动机容量大许多倍，则启动电流可能会明显地影响同一电网中其他电气设备的正常运行。因此，对于笼型异步电动机可采用定子串电阻（电抗）降压启动、定子串自耦变压器降压启动、星形－三角形降压启动、延边三角形降压启动等方式；而对于绕线型异步电动机，还可采用转子串电阻启动或转子串频敏变阻器启动等方式以限制启动电流。

2.1.1　定子串电阻降压启动控制线路

定子串电阻（电抗）降压启动是指启动时，在电动机定子绕组上串联电阻（电抗），启动电流在电阻上产生电压降，使实际加到电动机定子绕组中的电压低于额定电压，待电动机转速上升到一定值后，再将串联电阻（电抗）短接，使电动机在额定电压下运行。

1. 按钮控制线路

按钮控制电动机定子串电阻降压启动线路如图 2.1 所示。线路动作原理为：

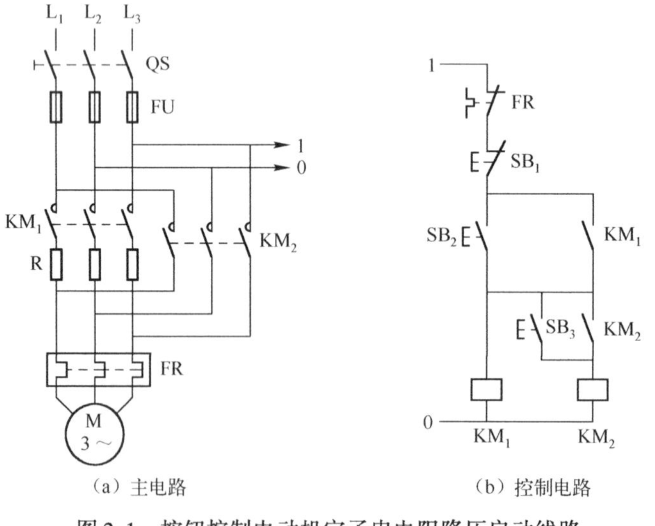

（a）主电路　　（b）控制电路

图 2.1　按钮控制电动机定子串电阻降压启动线路

$SB_2^{\pm}$——$KM_{1自}^{+}$——M^{+}(串 R 降压启动)$n_2\uparrow$—…

$SB_3^{\pm}$——$KM_{2自}^{+}$(短接降压电阻 R)——M^{+}(全压运行)

式中，$n_2\uparrow$是指转子转速的上升。该控制线路优点是结构简单，存在问题是不能实现启动全过程自动化。如果过早按下 SB_3运行按钮，电动机还没有达到额定转速附近就加全压，会引起较大的启动电流，并且启动过程要分两次按下 SB_2和 SB_3也显得很不方便。

2. 时间继电器控制线路

时间继电器控制电动机定子串电阻降压启动控制线路如图 2.2 所示。线路动作原理为：

$SB_2^{\pm}$ —┬— $KM_{1自}^{+}$——M^{+} (串R降压启动)

　　└— $KT^{+}\xrightarrow{\Delta t}KM_2^{+}$ —— M^{+} (全压运行)

由以上分析可见，按下启动按钮 SB_2后，电动机 M 先串电阻 R 降压启动，经一定延时(由时间继电器 KT 确定)，电动机 M 才全压运行。但在全压运行期间，时间继电器 KT 和接触器 KM_1线圈均通电，不仅消耗电能，而且减少了电器的使用寿命。

图 2.3 所示为另一种定子串电阻降压启动控制线路。该线路在电动机全压运行时，KT 和 KM_1线圈都断电，只有 KM_2线圈通电。线路动作原理请读者自行分析。

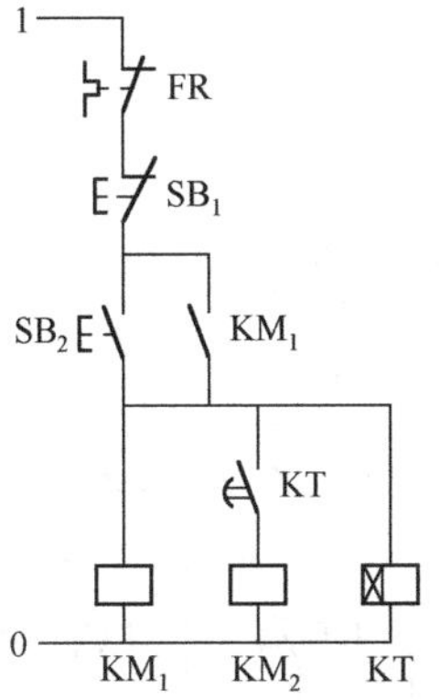

图 2.2　时间继电器控制电动机定子串电阻降压启动控制线路

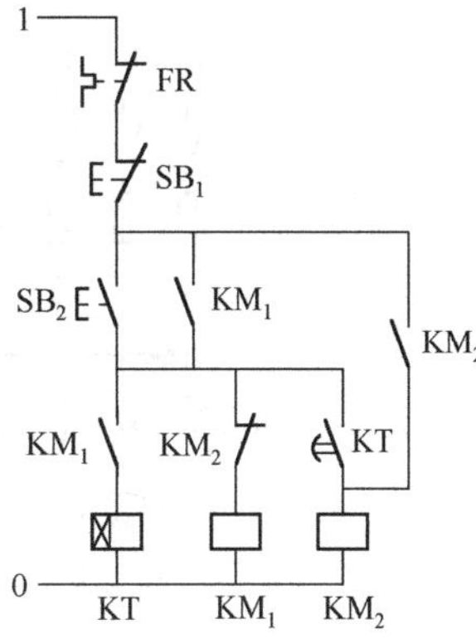

图 2.3　定子串电阻降压启动线路

2.1.2　星形－三角形降压启动控制线路

对于正常运行时电动机额定电压等于电源线电压，定子绕组为三角形连接方式的三相交流异步电动机，可以采用星形－三角形降压启动。它是指启动时，将电动机定子绕组接成星形，待电动机的转速上升到一定值时，再换成三角形连接。这样，电动机启动时每相绕组的工作电压为正常时绕组电压的 $1/\sqrt{3}$倍，启动电流为三角形直接启动时的 1/3。

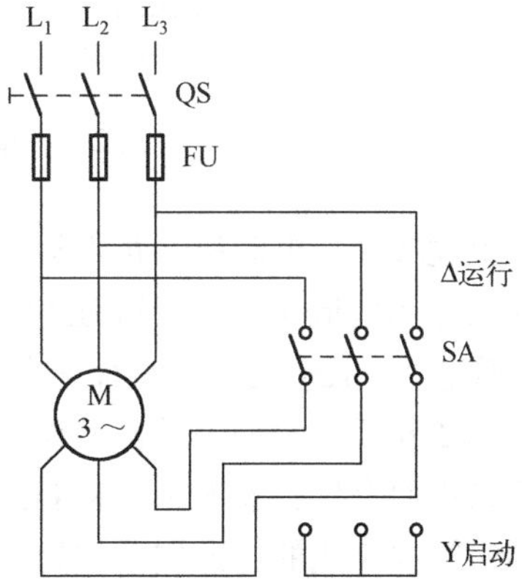

图 2.4　手动控制星形－三角形降压启动控制线路

1. 手动控制线路

手动控制电动机星形－三角形降压启动控制线路如图 2.4 所示。图中手动控制开关 SA 有两个位置，分别是电动机定子绕组星形和三角形连接。线路动作原理为：启动时，将开关 SA 置于“启动”位置，电动机定子绕组被接成星形降压启动，当电动机转速上升到一定值后，再将开关 SA 置于“运行”位置，使电动机定子绕组接成三角形，电动机全压运行。

2. 自动控制线路

采用接触器控制星形－三角形降压启动线路如图 2.5 所示。图中使用了三个接触器 KM_1，KM_2，KM_3和一个通电延时型时间继电器 KT，当接触器 KM_1，KM_3主触点闭合时，电动机星形连接；当接触器 KM_1，KM_2主触点闭合时，电动机三角形连接。线路动作原理为：

$SB_2^{\pm}$ —— KM_3^{+} —— M^{+}（Y启动）
　　├— $KM_{1自}^{+}$
　　└— KT^{+} $\xrightarrow{\Delta t}$ KM_3^{-} —— M^{-}
　　　　　　　　　└— $KM_{2自}^{+}$ —— M^{+}（Δ运行）
　　　　　　　　　　　　└— KT^{-}，KM_3^{-}

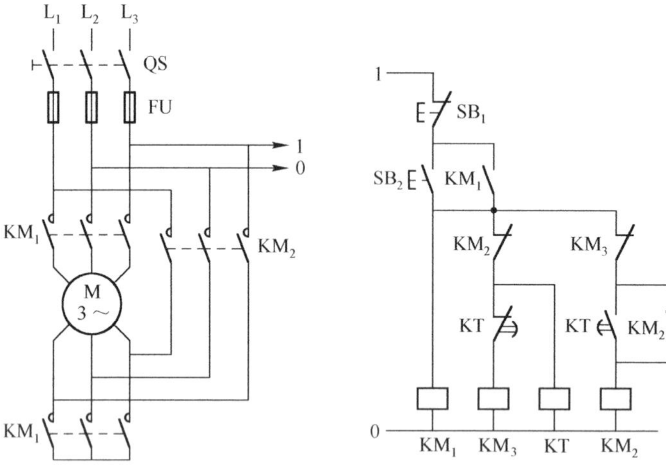

（a）主电路　　（b）控制电路

图 2.5　接触器控制星形－三角形降压启动线路

上述线路，电动机三角形运行时，时间继电器 KT 和接触器 KM_3均断电释放，这样，不仅使已完成星形－三角形降压启动任务的时间继电器 KT 不再通电，而且可以确保接触器 KM_2通电后，KM_3无电，从而避免 KM_3与 KM_2同时通电造成短路事故。

图 2.6 所示为另一种自动控制电动机星形－三角形降压启动的控制线路。图 2.6 中不仅只采用两个接触器 KM_1，KM_2，而且电动机由星形接法转为三角形接法时是在切断电源的同时间内完成的。即按下按钮 SB_2，接触器 KM_1通电，电动机接成星形启动，经一段时间后，KM_1瞬时断电，KM_2通电，电动机接成三角形，然后 KM_1再重新通电，电动机三角形全压运行。线路动作原理请读者自行分析。

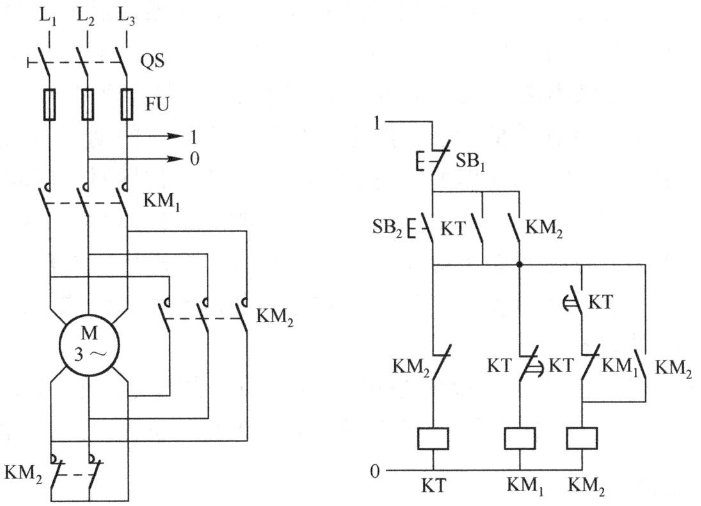

（a）主电路　　（b）控制电路

图 2.6　自动控制电动机星形 – 三角形降压启动线路

2.1.3　自耦变压器降压启动控制线路

对于容量较大的正常运行时定子绕组接成星形的笼型异步电动机，可采用自耦变压器降压启动。它是指启动时，将自耦变压器接入电动机的定子回路，待电动机的转速上升到一定值时，再切除自耦变压器，使电动机定子绕组获正常工作电压。这样，启动时电动机每相绕组电压为正常工作电压的 $1/k$ 倍（k 是自耦变压器的匝数比，$k=N_1/N_2$），启动电流也为全压启动电流的 $1/k^2$ 倍。

1. 手动控制线路

自耦变压器降压启动手动控制线路如图 2.7 所示。图中操作手柄有三个位置："停止"、"启动" 和 "运行"。操作机构中设有机械连锁机构，它使得操作手柄未经 "启动" 位置就

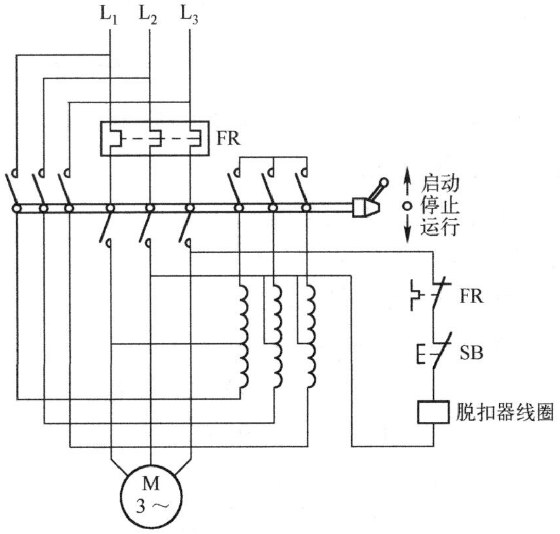

图 2.7　自耦变压器降压启动手动控制线路

不可能扳到“运行”位置，保证了电动机必须先经过启动阶段以后才能投入运行。自耦变压器备有65%和85%两挡电压抽头，出厂时接在65%抽头上，可根据电动机的负载情况选择不同的启动电压。自耦变压器只在启动过程中短时工作，在启动完毕后应从电源中断开。

线路动作原理为：当操作手柄置于“停止”位置时，所有的动、静触点都断开，电动机定子绕组断电，停止转动。当操作手柄向上推至“启动”位置时，启动触点和中性触点同时闭合，电流经启动触点流入自耦变压器，再由自耦变压器的65%（或85%）抽头处输出到电动机的定子绕组，使定子绕组降压启动。随着启动的进行，当转子转速升高到接近额定转速附近时，可将操作手柄扳到“运行”位置，此时启动工作结束，电动机定子绕组得到电网额定电压，电动机全压运行。

停止时须按下SB按钮，使失压脱扣器的线圈断电而造成衔铁释放，通过机械脱扣装置将运行触点断开，切断电源。同时也使手柄自动跳回到“停止”位置，为下一次启动作准备。

2. 自动控制线路

自耦变压器降压启动自动控制线路如图2.8所示，它是依靠接触器和时间继电器实现自动控制的。其中，信号指示电路由变压器和三个指示灯等组成，它们分别根据控制线路的工作状态显示“启动”、“运行”和“停机”。线路动作原理为：

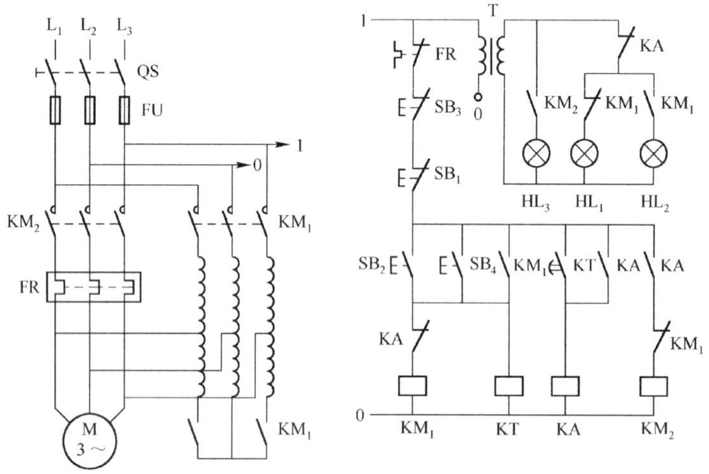

（a）主电路　　（b）控制电路

图2.8　自耦变压器降压启动自动控制线路

供电电源正常，HL_1亮（指示电源正常）。

- $SB_2^{\pm}$ — $KM_{1自}^{+}$
  - — M^{+}（利用自耦变压器降压启动）
  - — KM_2^{-}（互锁）
  - — HL_2^{+}（指示降压启动）
- — $KT^{+} \xrightarrow{\Delta t} KA_{自}^{+}$
  - — KM_1^{-}
    - — M^{-}
    - — KM_2（互锁解除）
  - — KM_2^{+} — M^{+}（全压运行）
  - — HL_2^{-}，HL_1^{-}
  - — HL_3^{+}（指示全压运行）

线路图中另外设置了 SB_3 和 SB_4 两个按钮，它们不安装在自动补偿器箱中，安装在外部，以实现远程控制。自动启动补偿箱中一般只留下四个接线端，SB_3 和 SB_4 用引线接入箱内。

图 2.9 所示为另一种自耦变压器降压启动控制线路。图 2.9 中线路由三个接触器控制，主电路增加了电流互感器 TA，它一般在容量为 100kW 以上电动机降压启动控制线路中使用，热继电器 FR 的发热元件上并联的 KA 动合触点是在启动时短接发热元件的，以防止因启动电流过大而造成误动作；而运行时，KA 触点断开，主电路经电流互感器串入发热元件，达到过载保护的目的。

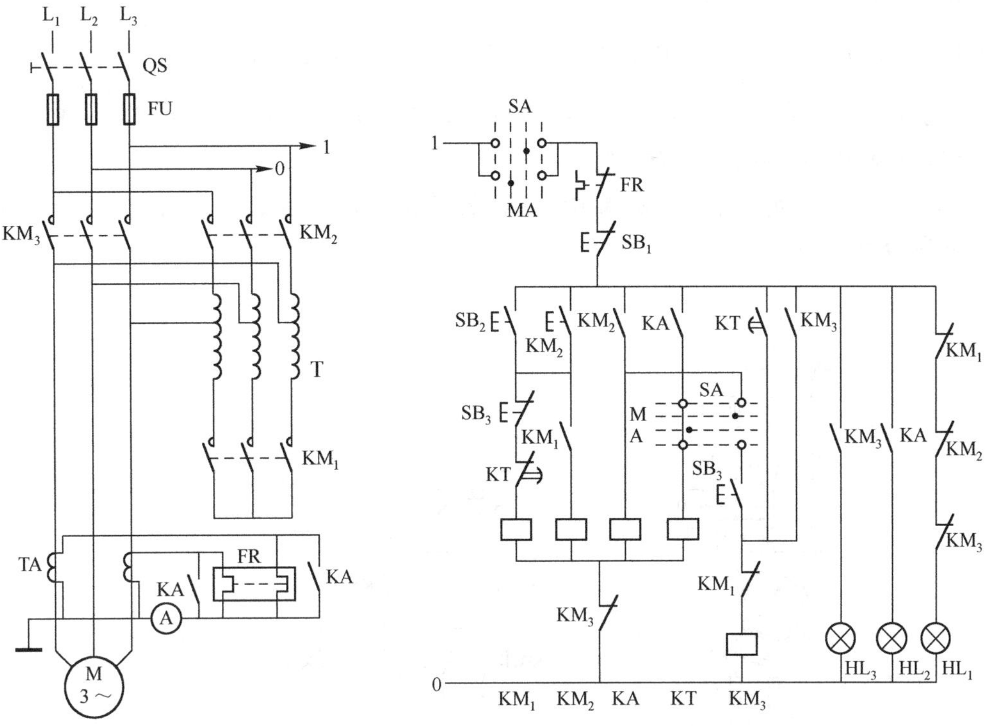

（a）主电路　　（b）控制电路

图 2.9　三个接触器控制的自耦变压器降压启动控制线路

三个指示灯 HL_1，HL_2，HL_3 分别表示停机且线路电压正常、降压启动和全压运行三种状态，SA 为选择开关，有自动（A）和手动（M）两种位置。线路动作原理请读者自行分析。

2.1.4　三相交流绕线式异步电动机的启动控制

三相交流绕线式异步电动机的转子中绕有三相绕组，通过滑环可以串入外加电阻（或电抗），从而减少启动电流，同时也可以增加转子功率因数和启动转矩。

1. 转子串电阻启动控制线路

绕线式异步电动机转子回路串电阻启动主要有两种：一种是按电流原则逐段切断转子

外加电阻，另一种是按时间原则逐段切断转子外加电阻。

（1）电流原则控制绕线式异步电动机转子串电阻启动控制线路。电流继电器控制绕线式异步电动机转子串电阻三级启动线路如图 2. 10 所示。图中，KM_1，KM_2，KM_3为短接电阻接触器，R_1，R_2，R_3为转子外加电阻，KA_1，KA_2，KA_3为电流（中间）继电器，它们的线圈串联在转子回路中，由线圈中通过的电流大小决定触点动作顺序。KA_1，KA_2，KA_3三个电流继电器的吸合电流一致，但释放电流不一致，KA_1最大，KA_2次之，KA_3最小。在启动瞬间，转子转速为零，转子电流最大，三个电流继电器同时全部吸合，随着转子转速的逐渐提高，转子电流逐渐减小，由于 KA_1整定值最大，所以最早动作，然后随转子电流进一步减小，KA_2，KA_3依次动作，完成逐级切断电阻的工作。线路动作原理为：

$$SB_2^{\pm}\text{——}KM_{4自}^{+}\text{——}M^{+}(\text{串 }R_1,\ R_2,\ R_3\text{启动,且 }KA_1^{+},\ KA_2^{+},\ KA_3^{+})\xrightarrow{n_2\uparrow,I_2\downarrow}KA_1^{-}\text{——}KM_1^{+}(\text{切断电阻 }R_1)\xrightarrow{n_2\uparrow\uparrow,I_2\downarrow\downarrow}KA_2^{-}\text{——}KM_2^{+}(\text{切断电阻 }R_2)\xrightarrow{n_2\uparrow\uparrow\uparrow,I_2\downarrow\downarrow\downarrow}KA_3^{-}\text{——}KM_3^{+}(\text{切断电阻 }R_3)\text{——}M^{+}(\text{正常运行})$$

式中，$n_2\uparrow$，$n_2\uparrow\uparrow$，$n_2\uparrow\uparrow\uparrow$分别表示转子转速逐渐提高，$I_2\downarrow$，$I_2\downarrow\downarrow$，$I_2\downarrow\downarrow\downarrow$分别表示转子电流逐渐减小。

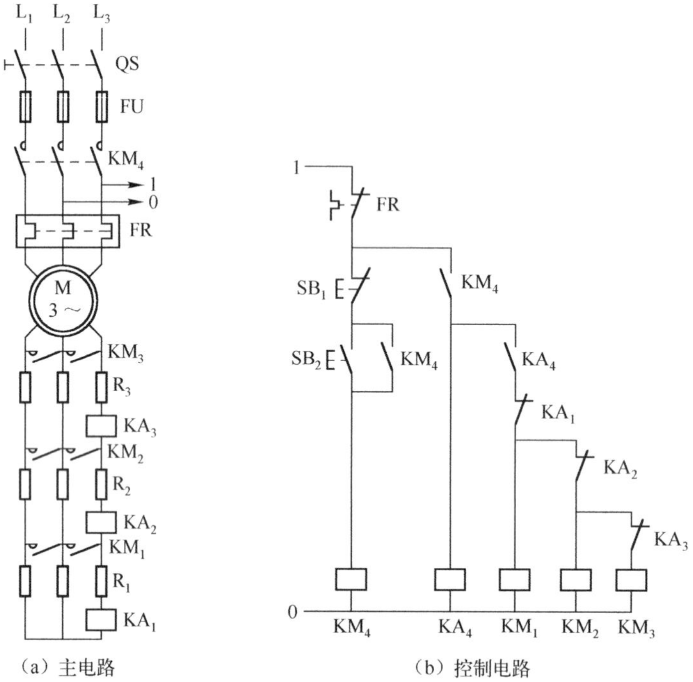

（a）主电路　　（b）控制电路

图 2. 10　电流原则控制绕线式异步电动机转子串电阻启动控制线路

（2）时间原则控制绕线式异步电动机转子串电阻启动控制线路。时间继电器控制绕线式异步电动机转子串电阻三级启动线路如图 2. 11 所示。图中，KM_1，KM_2，KM_3为短接电阻接触器，KM_4为电源接触器，KT_1，KT_2，KT_3为通电延时型时间继电器，由其延时时间的大小决定动作顺序，达到按时间原则逐段切断电阻的目的。线路动作原理请读者自行分析。

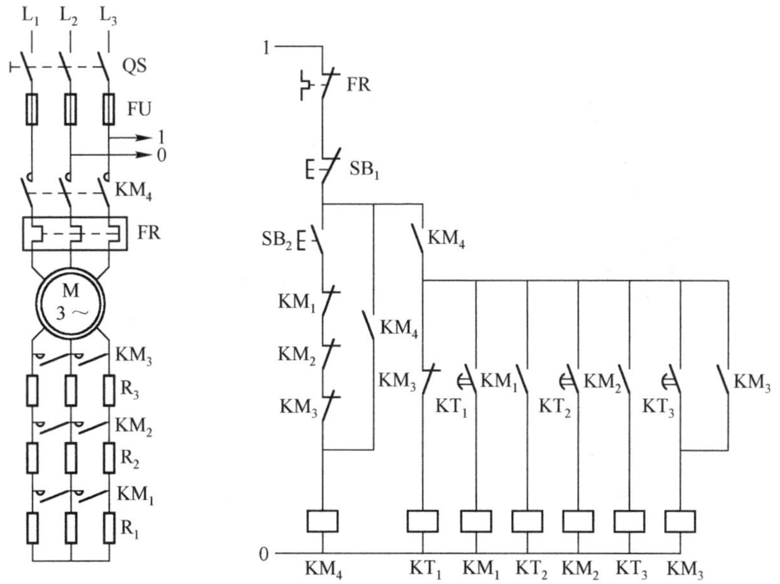

（a）主电路　　（b）控制电路

图 2.11　时间原则控制绕线式异步电动机转子串电阻三级启动线路

2. 转子串频敏变阻器启动控制线路

绕线式异步电动机转子回路串接电阻启动，不仅使用电器多，控制电路复杂，启动电阻发热消耗能量，而且启动过程中逐段切断电阻，电流和转矩变化较大，对生产机械造成较大的机械冲击。

频敏变阻器是一种静止、无触点的电磁元件，它由几块 30～50mm 厚的铸铁板或钢板叠成三柱式铁芯和装在铁芯上并接成星形的三个线圈组成。若将其接入电动机转子回路内，则随启动过程（转速升高或转子频率下降）的进行，阻抗值自动下降，这不仅不要逐段切断电阻且启动过程也能平滑进行。

绕线式异步电动机转子串频敏变阻器启动控制线路如图 2.12 所示。线路动作原理为：

$SB_2^{\pm}$ —— KT^{+} —— $KM_{1自}^{+}$ —— M^{+}（串频敏变阻器降压启动）

　　　　　　└ $\Delta t, n\uparrow$ —— KM_2^{+} —— M^{+}（全压运行）

　　　　　　　　　　　　　　　　└ KT^{-}

图 2.13 所示为绕线式异步电动机正、反转转子串频敏变阻器启动控制线路。图 2.13 中 KM_1 和 KM_2 为正、反转接触器，SA 为转换开关，它有“自动（A）”和“手动（M）”两个位置，分别可以实现自动或手动切断频敏变阻器，时间继电器 KT 的延时量决定启动时间的长短。SB_4 为手动控制按钮，信号指示电路中 HL_1 为电源指示灯，HL_2 为正转指示灯，HL_3 为反转指示灯，HL_4 为正常运转（短接频敏变阻器）指示灯。线路动作原理请读者自行分析。

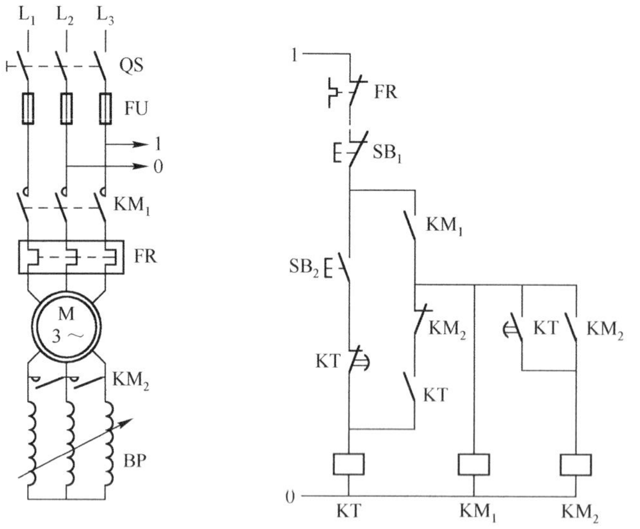

（a）主电路　　（b）控制电路

图 2.12　电动机转子串频敏变阻器启动控制线路

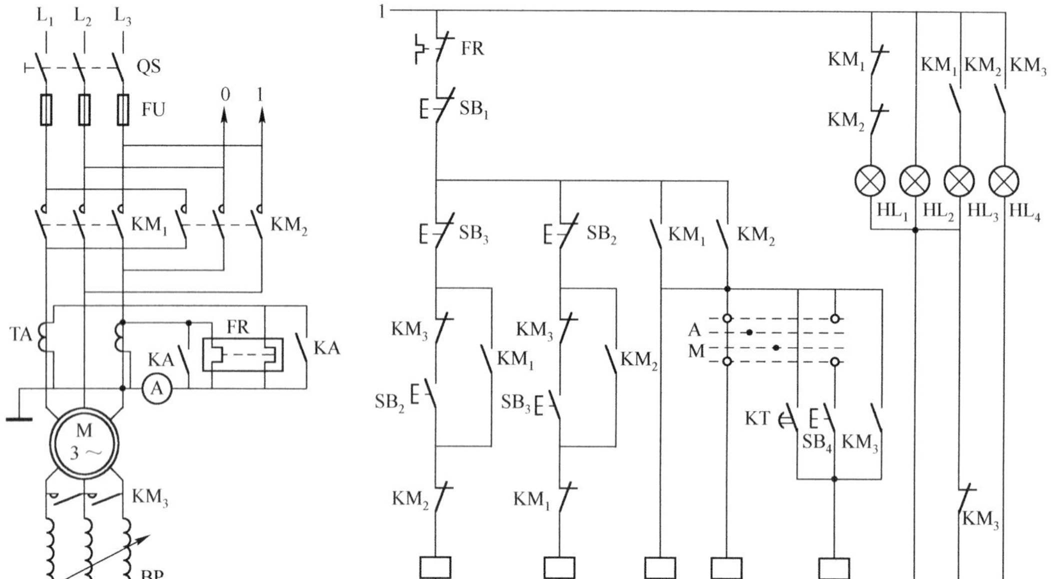

（a）主电路　　（b）控制电路

图 2.13　电动机正、反转转子串频敏变阻器启动控制线路

2.2　三相笼型异步电动机制动控制线路

在生产过程中，有些生产机械往往要求电动机快速、准确地停车，而电动机在脱离电源后由于机械惯性的存在，完全停止需要一段时间，这就要求对电动机采取有效措施进行

制动。电动机制动分两大类：机械制动和电气制动。

机械制动是在电动机断电后利用机械装置对其转轴施加相反的作用力矩（制动力矩）来进行制动。电磁抱闸就是常用方法之一，结构上电磁抱闸由制动电磁铁和闸瓦制动器组成。断电制动型电磁抱闸在电磁线圈断电时，利用闸瓦对电动机轴进行制动；电磁铁线圈得电时，松开闸瓦，电动机可以自由转动。这种制动在起重机械上被广泛采用。

电气制动是使电动机停车时产生一个与转子原来的实际旋转方向相反的电磁力矩（制动力矩）来进行制动的。常用的电气制动有反接制动和能耗制动等。

2.2.1 速度继电器

速度继电器主要用做笼型异步电动机的反接制动控制，亦称反接制动继电器。

1. 速度继电器外形结构及符号

速度继电器的外形结构如图 2.14（a）所示，图 2.14（b）为其图形符号，其文字符号为 KV。

速度继电器主要由转子、定子和触点三部分组成。转子是一个圆柱形永久磁铁，定子是一个笼型空心圆环。定子由硅钢片叠成，并装有笼型绕组。

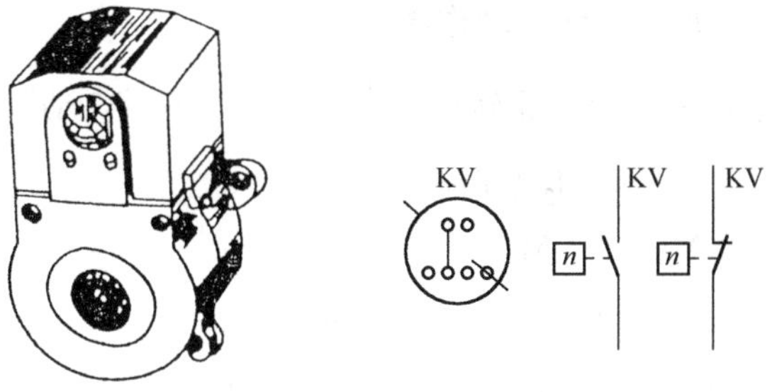

（a）外形　　（b）符号

图 2.14　速度继电器外形结构及符号

2. 速度继电器的动作原理

速度继电器的动作原理如图 2.15 所示。其转轴与电动机的轴相连接，而定子空套在转子上。当电动机转动时，速度继电器的转子（永久磁铁）随之转动，在空间产生旋转磁场，切割定子绕组，而在其中感应出电流。此电流又在旋转的转子磁场作用下产生转矩，使定子随转子转动方向而旋转，和定子装在一起的摆锤推动动触点动作，使动断触点断开，动合触点闭合。当电动机转速低于某一值时，定子产生的转矩减小，动触头复位。

一般速度继电器的动作转速为 120r/min，触头的复位转速在 100r/min 以下。

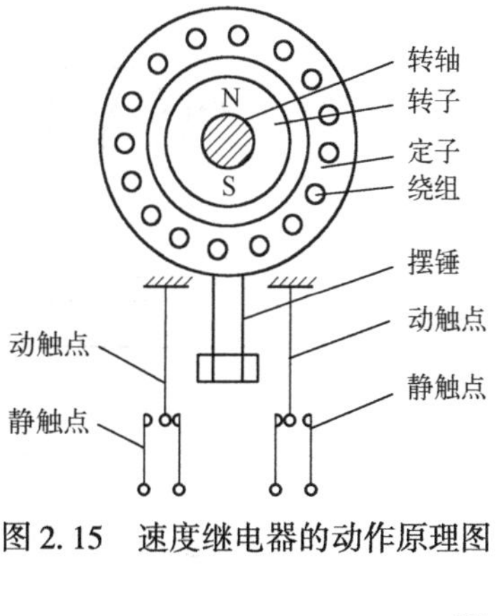

图 2.15　速度继电器的动作原理图

3. 速度继电器的型号含义

常用的速度继电器有 JY1 型和 JFZ0 型，其型号含义如下：

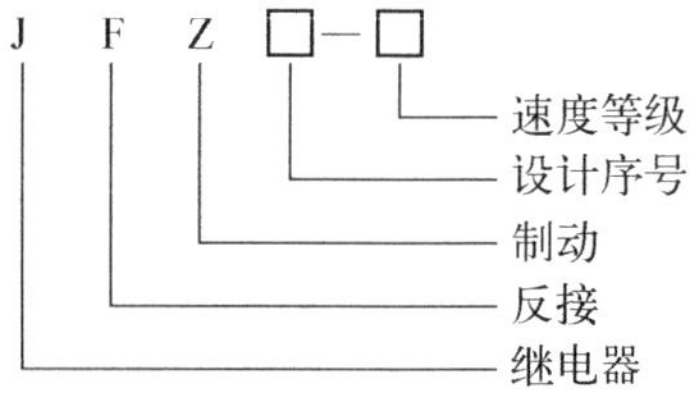

2.2.2 反接制动控制线路

反接制动是在电动机的原三相电源被切断后，立即通上与原相序相反的三相交流电源，以形成与原转向相反的电磁力矩，利用这个制动力矩使电动机迅速停止转动。这种制动方式必须在电动机转速降到接近零时切断电源，否则电动机仍有反向力矩可能会反向旋转，造成事故。

三相异步电动机单向运转反接制动控制线路如图 2.16 所示。主电路中所串电阻 R 为制动限流电阻，防止反接制动瞬间过大的电流可能损坏电动机。速度继电器 KV 与电动机同轴，当电动机转速上升到一定数值时，速度继电器的动合触点闭合，为制动做好准备。制动时转速迅速下降，当其转速下降到接近零时，速度继电器动合触点恢复断开，接触器 KM_2 线圈断电，防止电动机反转。线路动作原理为：

启动：$SB_2^{\pm}$ —— $KM_{1自}^{+}$ ┬ M^{+}（正转） $\xrightarrow{n_2\uparrow}$ KV^{+}（为反接制动做准备）
　　　　　　　　　　└ KM_2^{-}（互锁）

反接制动：$SB_1^{\pm}$ ┬ KM_1^{-} ┬ M^{-}
　　　　　　　│　　　└ KM_2（互锁解除）
　　　　　　　└ $KM_{2自}^{+}$ ┬ M^{+}（串R制动） $\xrightarrow{n_2\downarrow}$ KV^{-} —— KM_2^{-} —— M^{-}（制动完毕）
　　　　　　　　　　　　└ KM_1^{-}（互锁）

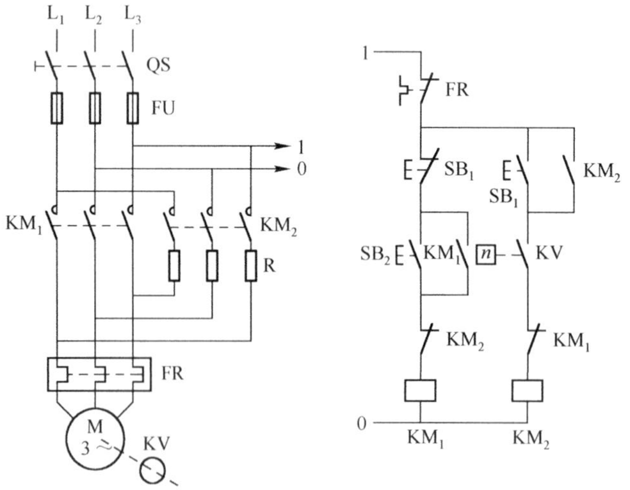

（a）主电路　　（b）控制电路

图 2.16　三相异步电动机单向运转反接制动控制线路

图 2.17 所示为可逆运行反接制动控制线路。图 2.17 中，KM_1，KM_2为正、反转接触器，KM_3为短接电阻接触器，KA_1，KA_2，KA_3为中间继电器，KV 为速度继电器，其中，KV_1为正转动合触点，KV_2为反转动合触点，R 为启动与制动电阻。线路动作的原理请读者自行分析。

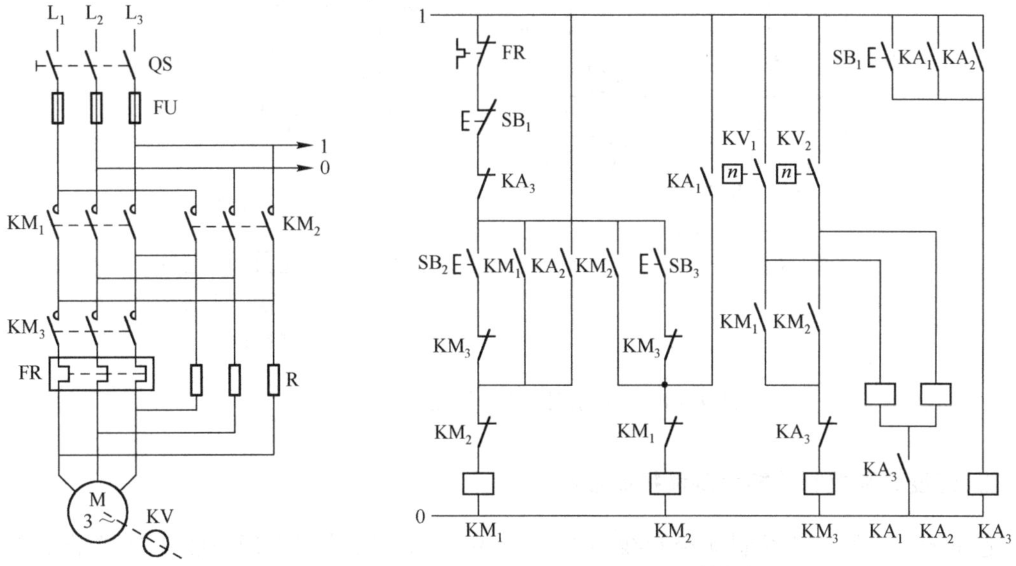

（a）主电路　　　　（b）控制电路

图 2.17　可逆运行反接制动控制线路

反接制动的优点是制动迅速，但制动冲击大，能量消耗也大。故常用于不经常启动和制动的大容量电动机。

2.2.3　能耗制动控制线路

能耗制动是将运转的电动机脱离三相交流电源的同时，给定子绕组加一直流电源，以产生一个静止磁场，利用转子感应电流与静止磁场的作用，产生反向电磁力矩而制动的。能耗制动时制动力矩大小与转速有关，转速越高，制动力矩越大，随转速的降低制动力矩也下降，当转速为零时，制动力矩消失。

1. 时间原则控制的能耗制动控制线路

时间原则控制的能耗制动控制线路如图 2.18 所示。图中主电路在进行能耗制动时所需的直流电源由四个二极管组成单相桥式整流电路通过接触器 KM_2引入，交流电源与直流电源的切换由 KM_1和 KM_2来完成，制动时间由时间继电器 KT 决定。线路动作原理为：

启动：$SB_2^{\pm}$ —— $KM_{1自}^{+}$ ┬ M^{+}（启动）
　　　　　　　　　　　　└ KM_2^{-}（互锁）

能耗制动：$SB_1^{\pm}$ ┬ KM_1^{-} —— M^{-}（自由停车）
　　　　　　　　├ $KM_{2自}^{+}$ —— M^{+}（能耗制动）
　　　　　　　　└ $KT_{自}^{+}$ $\xrightarrow{\Delta t}$ KM_2^{-} —— M^{-}（制动结束）

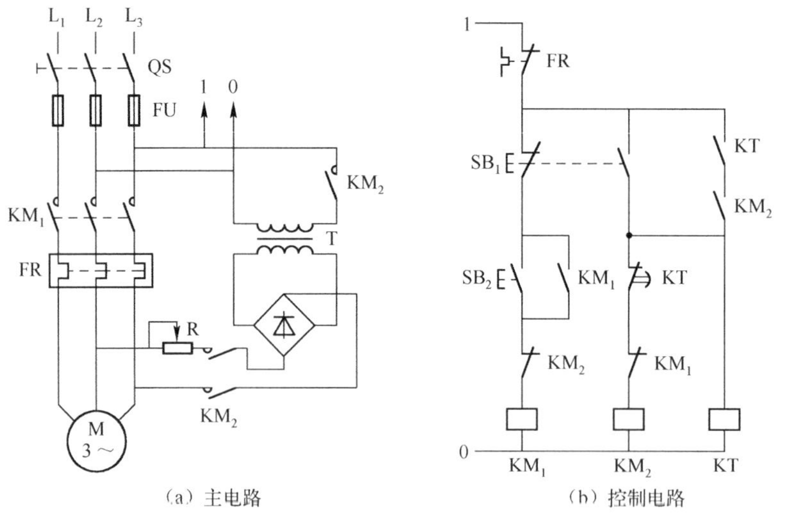

图 2.18　时间原则控制的能耗制动控制线路

2. 速度原则控制的能耗制动控制线路

速度原则控制的能耗制动控制线路如图 2.19 所示。其动作原理与图 2.16 单向运转反接制动控制线路相似，请读者自行分析。

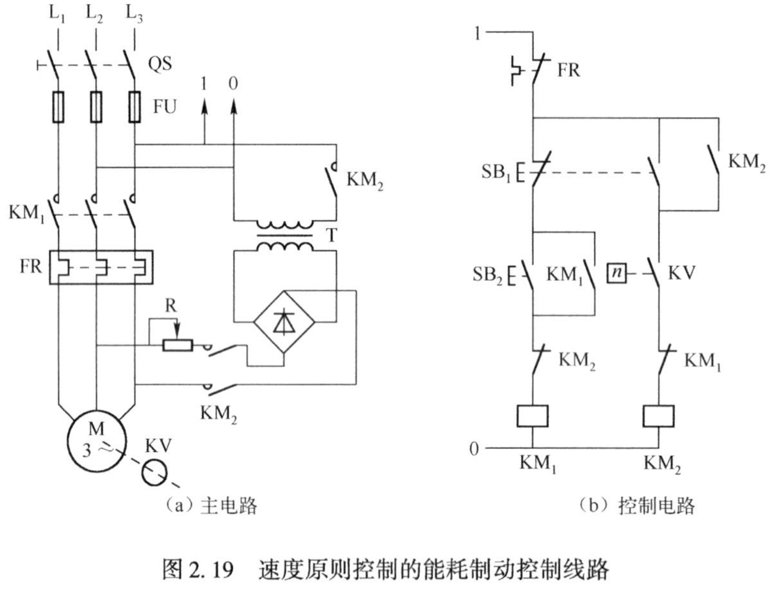

图 2.19　速度原则控制的能耗制动控制线路

能耗制动的优点是制动准确、平稳，能量消耗小，但需要整流设备。故常用于要求制动平稳、准确和启动频繁的容量较大的电动机。

2.3　三相交流异步电动机调速控制线路

异步电动机调速方法主要有变极调速、变阻调速和变频调速等几种。其中，变极调速是通过改变定子绕组的磁极对数以实现调速；变阻调速是通过改变转子电阻以实现调速；变频调速目前使用专用变频器实现异步电动机的变频调速控制。

2.3.1 变极调速控制线路

变极调速是通过改变定子空间磁极对数的方式改变同步转速，从而达到调速的目的的。在恒定频率情况下，电动机的同步转速与磁极对数成反比，磁极对数增加一倍，同步转速就下降一半，从而引起异步电动机转子转速的下降。显然，这种调速方法只能一级一级地改变转速，而不能平滑地调速。

双速电动机定子绕组的结构及接线方式如图 2.20 所示。其中，图 2.20（a）所示为定子绕组结构示意图，改变接线方法可获得两种接法：图 2.20（b）所示为三角形接法，磁极对数为 2 对极，同步转速为 1 500r/min，是一种低速接法；图 2.20（c）所示为双星形接法，磁极对数为 1 对极，同步转速为 3 000r/min，是一种高速接法。

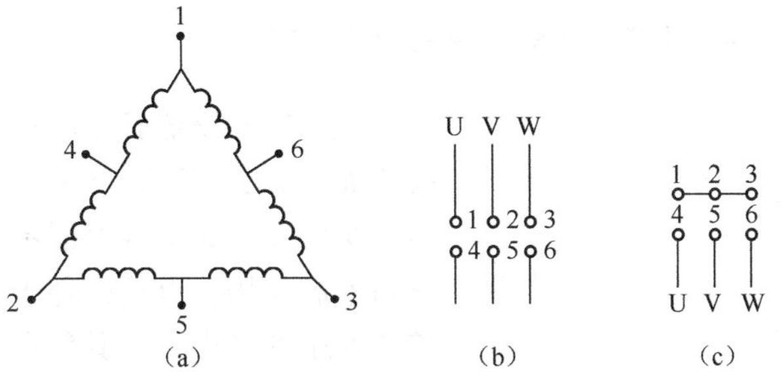

图 2.20　双速电动机定子绕组的结构及接线方式

1. 双速三相交流异步电动机手动控制变极调速线路

双速三相异步电动机的手动调速控制线路如图 2.21 所示。图 2.21 中，KM_1 主触点闭

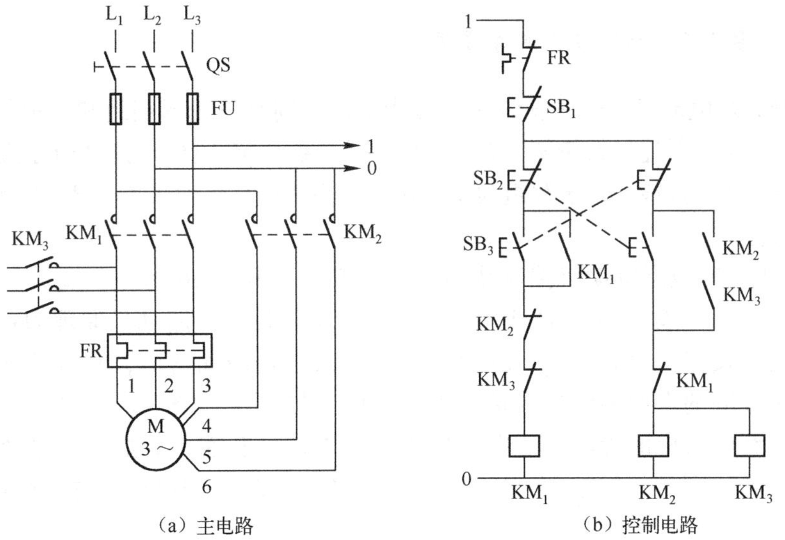

图 2.21　双速三相异步电动机的手动调速控制线路

合，电动机定子绕组连接成三角形接法，磁极对数为 2 对极，同步转速为 1 500r/min；KM_2和 KM_3主触点闭合，电动机定子绕组连接成双星形接法，磁极对数为 1 对极，同步转速为3 000r/min。

线路动作原理为：

低速控制：$SB_3^{\pm}$ —— $KM_{1自}^{+}$ ─┬─ M^{+}（Δ连接、低速）
　└─ KM_2^{-}, KM_3^{-}（互锁）

高速控制：$SB_2^{\pm}$ ─┬─ KM_1^{-}（互锁） ─┬─ M^{-}
　└─ KM_2（互锁解除）
　└─ $KM_{2自}^{+}$, $KM_{3自}^{+}$ ─┬─ M^{+}（双Y形连接、高速）
　└─ KM_1^{-}（互锁）

2. 双速三相交流异步电动机自动控制变极调速线路

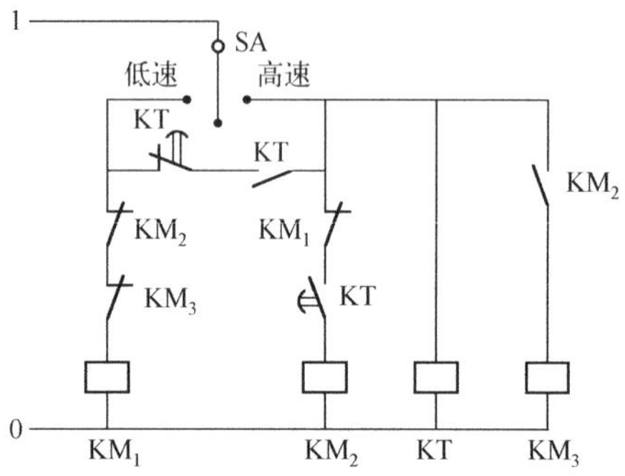

图 2. 22　双速三相交流异步电动机自动控制变极调速线路

双速三相交流异步电动机自动控制变极调速线路如图 2. 22 所示。SA 有三个位置：中间位置所有接触器和时间继电器都不接通，电动机控制电路不起作用，电动机处于停止状态；低速位置接通 KM_1线圈电路，其触点动作的结果是电动机定子绕组接成三角形，以低速运转；高速位置接通 KM_2，KM_3和 KT 线圈，电动机定子绕组接成双星形，以高速运转。但应注意的是该线路高速运转必须由低速运转过渡。

控制线路动作原理请读者自行分析。

3. 三速三相交流异步电动机调速线路

三速笼型异步电动机定子槽安装有两套绕组，分别是三角形绕组和星形绕组，结构如图 2. 23（a）所示。低速运行按图 2. 23（b）所示接线，定子绕组为三角形接法。中速运行按图 2. 23（c）所示接线，定子绕组为星形接法。高速运行按图 2. 23（d）所示接线，定子绕组为双星形接法。

图 2. 24 为三速笼型电动机控制线路，图中 SB_1，SB_2，SB_3分别为低速、中速、高速按钮，KM_1，KM_2，KM_3分别为低速、中速、高速接触器。线路动作原理为：按下任何一个速度启动控制按钮（SB_1，SB_2，SB_3），对应的接触器线圈得电，其自锁和互锁触点动作，完成对本线圈的自锁和对另外接触器线圈的互锁，主电路对应的主触点闭合，实现对电动机定子绕组对应的接法，使电动机工作在选定的转速下。显然，这套线路中从任何一种速度要转换到另一种速度时，必须先按下停止按钮，因为三个接触器之间是电气互锁的。

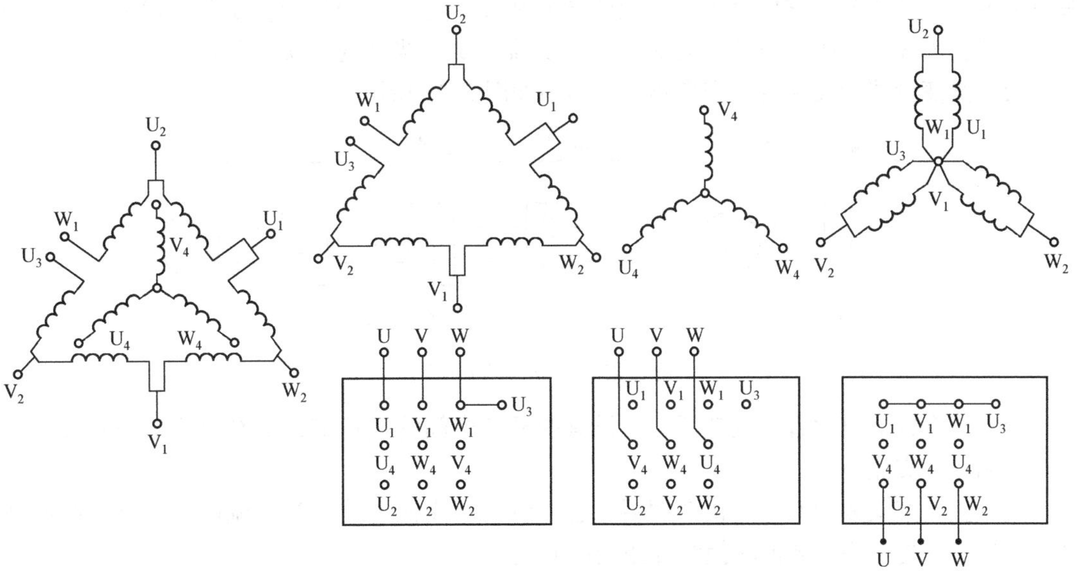

（a）　　（b）　　（c）　　（d）

图 2.23　三速笼型异步电动机的定子绕组接线图

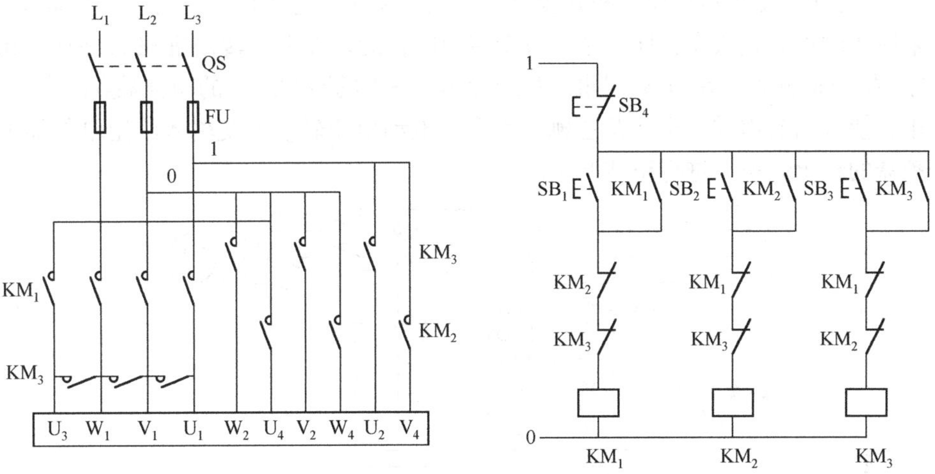

（a）主电路　　（b）控制电路

图 2.24　三速笼型电动机控制线路

2.3.2　变频调速控制线路

变频调速的功能是将电网电压提供的恒压恒频交流电变换为变压变频的交流电，它是通过平滑改变异步电动机的供电频率 f 来调节异步电动机的同步转速 n_0，从而实现异步电动机的无级调速。这种调速方法由于调节同步转速 n_0，故可以由高速到低速保持有限的转差率，效率高，调速范围大，精度高，是交流电动机一种比较理想的调速方法。

由于电动机每极气隙主磁通要受到电源频率的影响，所以实际调速控制方式中要保持定子电压与其频率为常数这一基本原则。

由于变频调速技术日趋成熟，故把实现交流电动机调速装置做成产品即变频器。按变频器的变频原理来分，它可分为交－交变频器和交－直－交变频器。随着现代电力电子技术的发展，PMW（输出电压调宽不调幅）变频器已成为当今变频器的主流。

交－交变频器和交－直－交变频器的结构如图2.25所示。

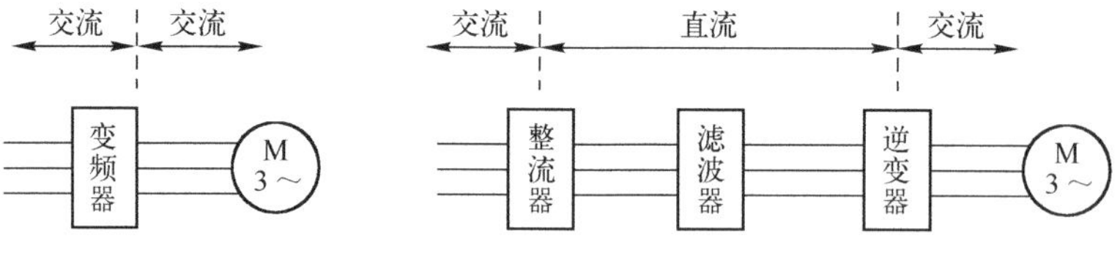

（a）交–交变频器　　（b）交–直–交变频器

图2.25　变频器的方框图

交－交变频器也称直接变频器，它没有明显的中间滤波环节，电网交流电被直接变成可调频调压的交流电。

交－直－交变频器又称间接变频器，它先将电网交流电转换为直流电，经过中间滤波环节之后，再进行逆变才能转换为变频变压的交流电。

1. 利用变频器实现三相异步电动机正、反转功能的电路

图2.26是利用变频器实现三相异步电动机正、反转的电路图。它是将变频器输出的三相电压采用接触器方式改变相序，达到改变转向的目的。按下正转按钮SB_2，使中间继电器KA_1有电，把模拟输入量端短接；同时使KT得电，KT的瞬时闭合的动合触点闭合，与KA_1共同作用，使KM_1有电并自保，其主触头闭合，电动机正转。改变输入给定电位器R_P就可改变变频器的输出频率，进行正转调速。

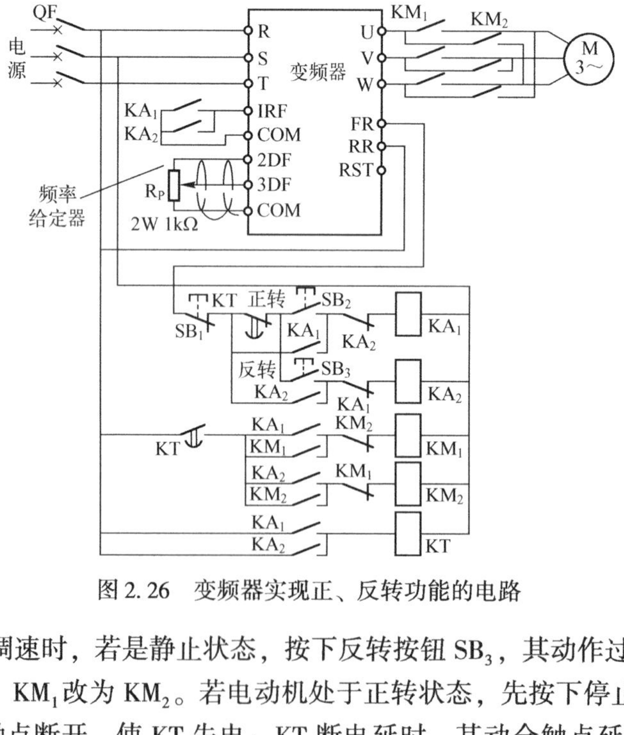

图2.26　变频器实现正、反转功能的电路

当要进行反转调速时，若是静止状态，按下反转按钮SB_3，其动作过程与正转一样，只是把KA_1改为KA_2，KM_1改为KM_2。若电动机处于正转状态，先按下停止按钮SB_1，使KA_1断电，KA_1的动合触点断开，使KT失电；KT断电延时，其动合触点延时断开，这时KM_1

仍然有电，接通电动机。而 KA_1 也断开，其模拟量输入端断开，变频器进入能量回馈制动阶段。当转速下降时，KT 的延时时间到，其动合触点断开，使 KM_1 断电，电动机脱离变频器，而 KT 的动断触点闭合。按下反转按钮 SB_3，使 KA_2 得电，接通模拟量输入端，同时使 KT 有电，瞬时闭合其动合触点，使 KM_2 得电，电动机接成反序，进行反转调速。

2. 具有点动控制的变频器电路

图 2.27 所示为具有点动控制的变频器电路。按要求调好点动控制要求的转速（即给定值）后，按下点动按钮 SB_3，就可进行点动控制，松开 SB_3，M 就停转。

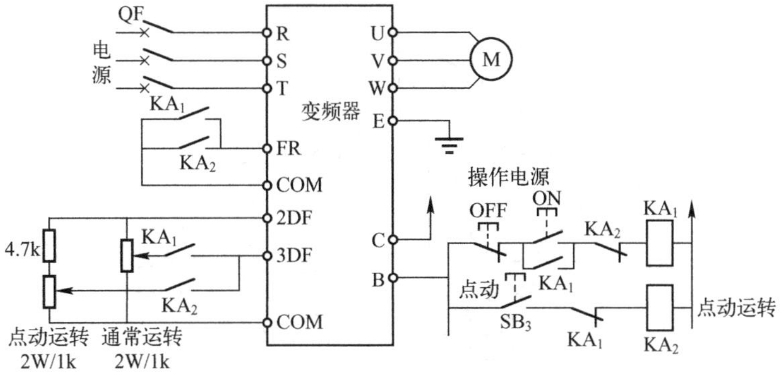

图 2.27　变频器点动控制电路

3. 变频器三速控制电路

图 2.28 为变频器三速控制电路图。按下 SB_1，使 KM 得电，接通变频器电源。KM 接通

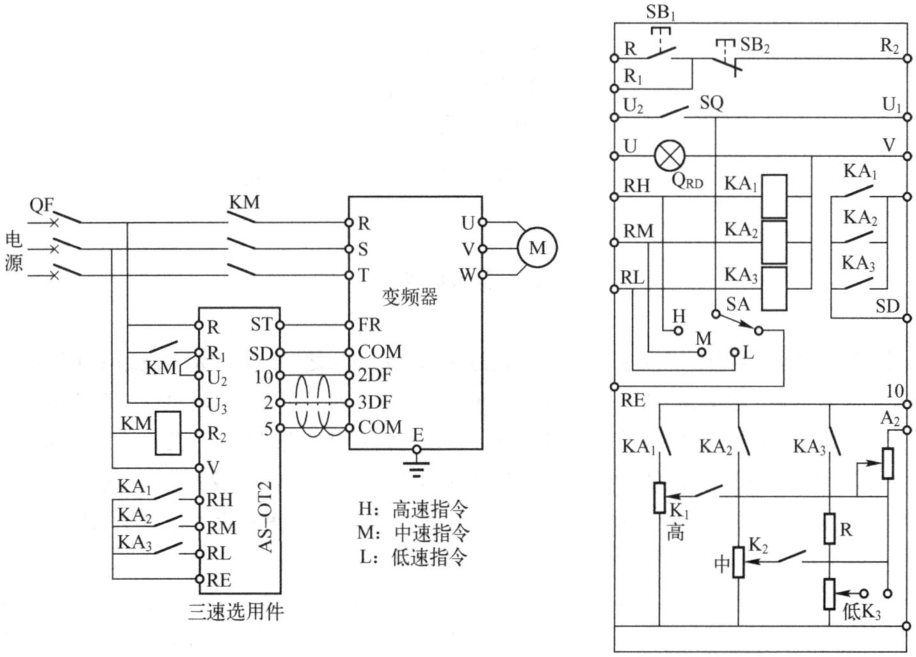

（a）运行电路　　（b）选用件电路

图 2.28　变频器三速运行电路

R_1进行自保，启动开关 SQ 合上，然后按拖动负载转动要求，扳动 SA 转换开关到所需的高、中、低挡，通过中间继电器 KA、KA_2、KA_3给一个给定值，使电动机在对应的转速下运行。

4. 单台频率给定值的电动机同步运行电路

图 2. 29 所示为单台频率给定值的电动机同步运行电路，供给多台变频器的给定值，以实现开环同步运行。该电路很简单，将多台频率给定值输入线并联，由单台给定电位器供给即可。

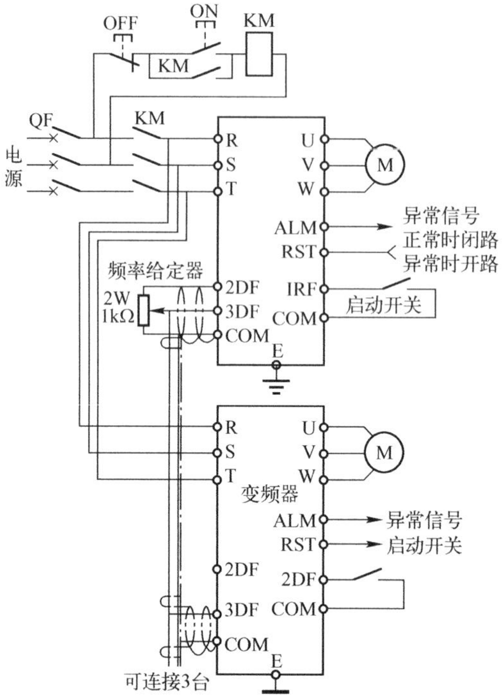

图 2. 29　单台频率给定值的电动机同步运行电路

本 章 小 结

三相交流异步电动机降压启动是限制启动电流过大的有效方法之一。其中定子绕组串电阻降压启动控制是在启动时串入电阻，启动完毕后短接电阻，实现全压运行。对于正常运行时电动机额定电压等于电源线电压，定子绕组为三角形连接方式的三相交流异步电动机，可以采用星形－三角形降压启动，这种控制线路中从星形启动到三角形运行可以利用通电延时型时间继电器。对于容量较大的正常运行时定子绕组接成星形的笼型异步电动机，可采用自耦变压器降压启动，一般情况下这种控制线路有手动控制和自动控制两种。

三相交流绕线式异步电动机转子串电阻降压启动可以有三种控制方式：手动控制、电流原则控制（电流继电器线圈串入转子回路）、时间原则控制（几个时间继电器依次动作、控制接触器短接转子电阻）。转子串频敏变阻器可以使控制线路简单，减少电阻能量损耗，并且随启动过程自动平滑地减小电阻。

反接制动是一种有效的制动方法，在电动机转轴上连接速度继电器，可以使得在制动过程中转速接近零时切断电源，防止电动机反向旋转。构成反接制动控制线路与正、反转控制有类似之处。

能耗制动可以按时间原则和电流原则组成控制电路。这种制动控制需整流设备（提供直流电源），常用于要求制动平稳、准确和启动频繁容量较大的电动机。

变极调速可以成倍数地改变电动机磁极对数，所以能够实现调速控制。其中三角形－双星形接法控制线路有手动控制和自动控制（利用时间继电器）；三角形－星形－双星形接法可获得低速、中速和高速不同的三速度，利用自锁和互锁，实现对电动机定子绕组不同接法达到调速目的。

习 题 2

一、填空题

2.1 定子绕组串电阻降压启动是指在电动机启动时，把电阻串接在电动机________与________之间，通过电阻的分压作用，来降低定子绕组上的________，待电动机启动后，再将电阻________，使电动机在________下正常工作。

2.2 三相笼型异步电动机串接电阻降压启动控制线路的启动电阻串接于________中，而绕线式异步电动机串接电阻降压启动控制线路的启动电阻串接于________中。

2.3 三相笼型异步电动机常用的降压启动方法有________、________、________、________。

2.4 Y－Δ形降压启动是指电动机启动时，把定子绕组接成________，以降低启动电压，限制启动电流，待电动机启动后，再把定子绕组改接成________，使电动机全压运行。这种启动方法适用于在正常运行时定子绕组作________连接的电动机。

二、判断题（正确的打√，错误的打×）

2.5 在接触器正、反转控制线路中，若正转接触器和反转接触器同时通电会发生两相电源短路。（ ）

2.6 反接制动就是改变输入电动机的电源相序，使电动机反向旋转。（ ）

2.7 点动控制，就是点一下按钮就可以启动并连续运转的控制方式。（ ）

三、问答题

2.8 三相笼型异步电动机常用的降压启动方法有哪几种？

2.9 电动机在什么情况下应采用降压启动？定子绕组为星形接法的笼型异步电动机能否采用星形－三角形降压启动？为什么？

2.10 电动机反接制动控制与电动机正、反转运行控制的主要区别是什么？

2.11 电动机能耗制动与反接制动控制各有何优缺点？分别适用于什么场合？

四、设计题

2.12 设计一个控制线路，要求第一台电动机启动10s后，第二台电动机自行启动，运行5s后，第一台电动机停止并同时使第三台电动机自行启动，再运行15s电动机全部停止。

2.13 一台电动机为Y/Δ 660/380接法，允许轻载启动，试设计满足下列要求的控制线路：

(1) 采用手动和自动控制降压启动；

(2) 实现连续运转和点动工作，且当点动工作时要求处于降压状态工作；

(3) 具有必要的互锁和保护环节。

2.14 现有一台双速电动机，试按下述要求设计控制线路：

(1) 分别用两个按钮操作电动机的高速启动和低速启动，用一个总停按钮控制电动机的停止。

(2) 高速启动时，先接成低速后经延时再换接到高速。

(3) 应有短路和过载保护。

第3章　直流电动机控制线路

内容提要

他励直流电动机的控制（手动和自动）。他励直流电动机正、反转控制（改变电枢电流方向、改变励磁电流方向）。直流电动机制动控制（反接制动、能耗制动）。直流电动机制的保护（过载保护、励磁保护）。

直流电动机具有启动转矩大、调速范围广、调速精度高、调速平滑性好和易实现无级调速等一系列优点，使得它在生产设备中得到广泛应用，特别是在直流电力拖动系统中，有着不可代替的作用，例如高精度金属切削机床、轧钢机、造纸机等。在要求较宽的调速范围和较快过渡过程系统中（如龙门刨床的进给系统）和在要求有较大的启动转矩和一定的调速范围的设备中（如电气机车、电车），都是使用直流电动机拖动的。

由于各种设备和系统的不同要求，对直流电动机的控制也就不同。从控制的角度出发，可分成启动、制动、调速和保护等基本环节，这些环节也应由按钮、接触器、继电器等低压电器组成。

3.1　他励直流电动机启动控制

他励直流电动机的电枢绕组和励磁绕组必须有两个直流电源分别对它们进行供电，而且在他励直流电动机启动时，存在两个必须妥善解决的问题：其一是必须先给励磁绕组加上电压，然后才能给电枢加电压，否则会因为电枢回路没有反电动势平衡外加电源电压使得电枢绕组中出现远远大于其额定值的电流，极易烧毁电动机；其二是除非电动机容量很小，否则不允许全压启动。原因是刚启动瞬间转子转速为零，反电动势也为零，在额定电枢电压作用下，电枢电流可达到额定值的十几倍。所以，电枢电压必须分段、逐级增加，以免因过流而损坏电动机和其他设备。

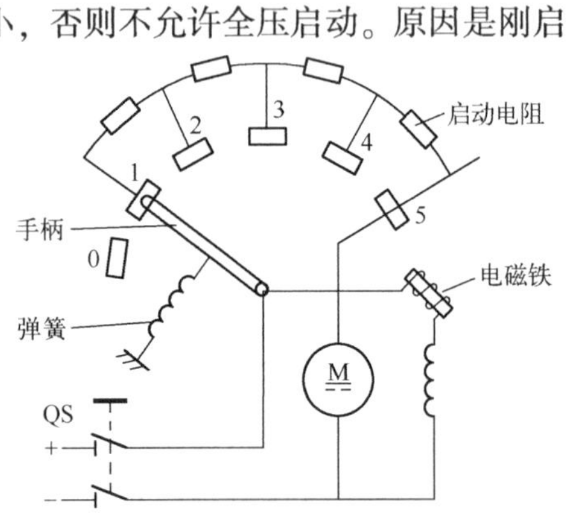

图3.1　他励直流电动机使用三端启动器工作原理图

3.1.1　手动控制启动线路

他励直流电动机电枢电路串电阻降压启动是常用方法之一，先串入电阻启动，然后随启动过程的进行逐级短接启动电阻，直到启动完毕。图3.1所示为他励直流电动机使用三端启动器工作原理图。图中经开关QS给电枢绕组和励磁绕组供电，电枢绕组串联几段启动电阻，励磁绕组串入电磁铁线圈。

线路工作原理是：合上 QS 后，将手柄从 0 位置扳到 1 位置，他励直流电动机开始串入全部电阻启动，此时因串入电阻最多，故能够将启动电流限制在比此额定工作电流略大一些的数值上。随着转速的上升，电枢电路中反电动势逐渐加大，这时再将手柄依次扳到 2，3，4 和 5 位置上，启动电阻被逐段短接，电动机的转速不断提高。当手柄达到 5 位置时，电动机电枢绕组处于全压运行状态，启动工作结束。手柄处于 5 位置上时，手柄被电磁铁吸持，即只有具备足够的励磁电流时，才能全压运行。这样，三端启动器还具有零励磁和欠励磁的保护功能。

利用接触器构成的他励直流电动机降压启动控制线路如图 3.2 所示。图 3.2 中电枢电路串入 R_1，R_2，R_3电阻，接触器 KM_1，KM_2，KM_3的主触点分别将它们短接。

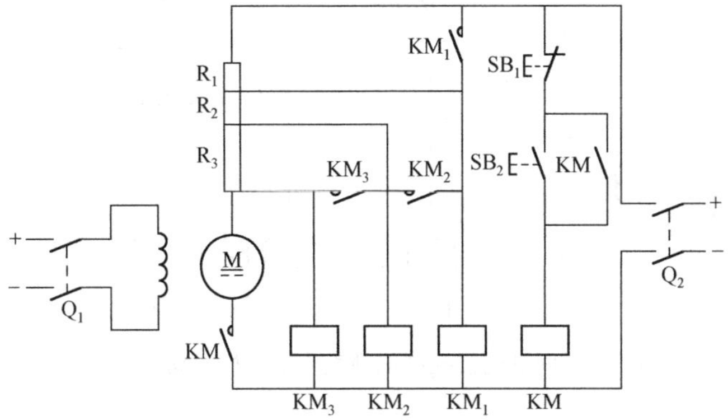

图 3.2　他励直流电动机降压启动控制线路

按下启动按钮 SB_2，接触器 KM 线圈得电；KM 自锁触点闭合，实现自锁。KM 串联在电枢电路常开触点闭合，电枢串入 R_1，R_2，R_3电阻后接入直流电源，开始降压启动。随着电动机转速从零开始上升，接触器 KM_1线圈两端电压 $U_{KM1}=K\varphi_n+(R_2+R_3+R_a)I_a$也随之上升，当 U_{KM1}达到接触器 KM_1动作值时，KM_1动作，其常开触点闭合，将启动电阻 R_1短接。电动机转速继续上升，随后 KM_2，KM_3都先后达到动作值而动作，分别将 R_2，R_3电阻短接。电动机转速达到额定值，电动机启动完毕，进入正常全压运转。上述过程也可表示为：

$$Q_2^+—SB_2^{\pm}—KM_{自}^+—KM^+(串R_1,R_2,R_3,启动)\xrightarrow{n_2\uparrow、U_{KM1}\uparrow}KM_1^+—R_1^-\xrightarrow{n\uparrow\uparrow、U_{KM2}\uparrow}KM_2^+—$$

$$R_2^-\xrightarrow{n_2\uparrow\uparrow\uparrow、U_{KM3}\uparrow}KM_3^+—R_3^-—M^+(全压运行)$$

3.1.2　利用时间继电器自动控制的启动线路

利用接触器和时间继电器配合他励直流电动机电枢串电阻降压启动控制线路如图 3.3 所示。图 3.3 中 KT_1和 KT_2为断电型时间继电器，在开关 SQ_2合上后，KT_1和 KT_2线圈得电，它们的动断触点立即断开，使接触器 KM_2，KM_3线圈断电，那么与电枢串联的电阻 R_1，R_2串入电路进行降压启动。其中，$\Delta t_1<\Delta t_2$，即 KT_1整定时间短，其触点先动作；KT_2整定时间长，其触点后动作。

图 3.3 所示控制线路和图 3.2 所示控制线路比较，前者不受电网电压波动的影响，工作可靠性较高，适用于较大功率直流电动机的控制。后者线路简单，所用元器件的数量少。

图 3.3 线路工作原理为：

QS_2^+ ┬ KT_1^+ — KM_2^-　KM_3^- ┬ $SB_2^\pm$ — $KM_{1自}^+$ — ①
　　　└ KT_2^+ — KM_3^- ———┘

① ┬ M^+（串R_1、R_2启动）
　├ KT_1^- $\xrightarrow{\Delta t_1}$ KM_2^+ — R_2^-（先切除R_2）— M^-（串R_1启动）
　└ KT_2^- $\xrightarrow{\Delta t_2}$ KM_3^+ — R_1^-（后切除R_1）— M^+（全压运行）

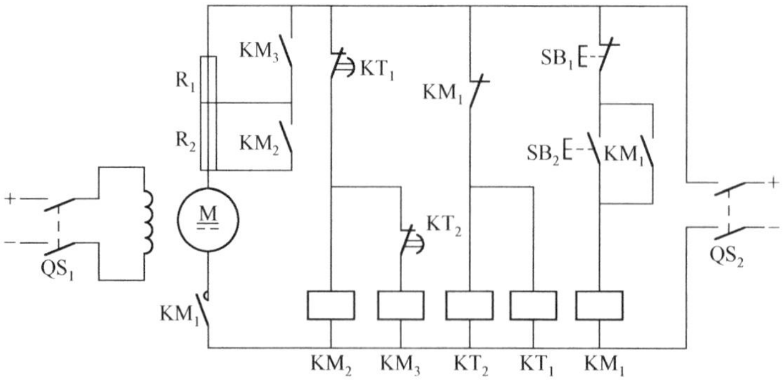

图 3.3　时间继电器控制他励直流电动机启动控制线路

3.2　他励直流电动机正、反转控制

直流电动机正、反转控制可有两种方法实现：其一是改变励磁电流的方向；其二是改变电枢电流的方向。在实际应用中，改变励磁电流方向来改变电动机转向的方法使用较少，原因是励磁绕组的磁场在换向时要经过零点，极易引起电动机“飞车”，另外励磁绕组电感量较大，在换向时需要有一个放电过程，所以，通常都采用改变电枢电流方向的方法来控制直流电动机的正、反转。

3.2.1　改变电枢电流方向控制线路

改变电枢电流方向控制他励直流电动机正、反转线路如图 3.4 所示。图中电枢电路电源由接触器 KM_1和 KM_2主触点分别接入，但方向相反，从而达到控制正、反转的目的。

正转：$SB_2^\pm$——$KM_{1自}^+$ ┬ M^+（正转）
　　　　　　　　　　└ KM_2^-（互锁）

停车：$SB_1^\pm$——KM_1^-　——M^-（停车）

反转：$SB_3^\pm$——$KM_{2自}^+$ ┬ KM^+（反转）
　　　　　　　　　　└ KM_2^-（互锁）

图 3.5 所示为利用行程开关控制的他励直流电动机改变电枢电流正、反转启动控制线路。图中接触器 KM_1，KM_2控制电动机正、反转，接触器 KM_3，KM_4短接电枢启动电阻，行程开关 SQ_1，SQ_2可替代正、反转启动按钮 SB_2，SB_3，实现自动往返控制，时间继电器

KT_1，KT_2控制启动时间，分段短接启动电阻R_1，R_2，R_3为放电电阻，KA_1为过电流继电器，KA_2为欠电流继电器。

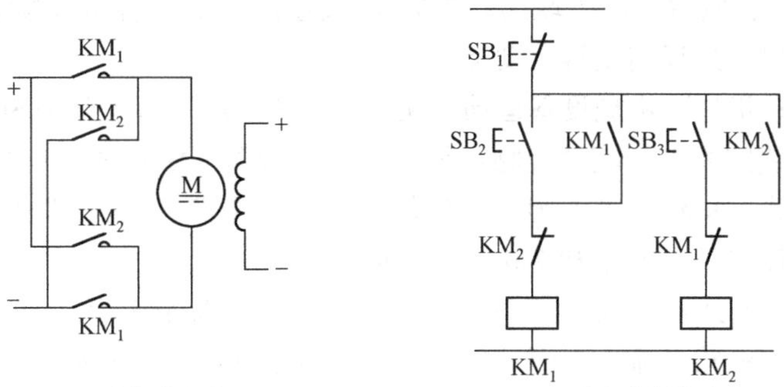

（a）主电路　　（b）控制电路

图 3.4　改变电枢电流方向控制线路

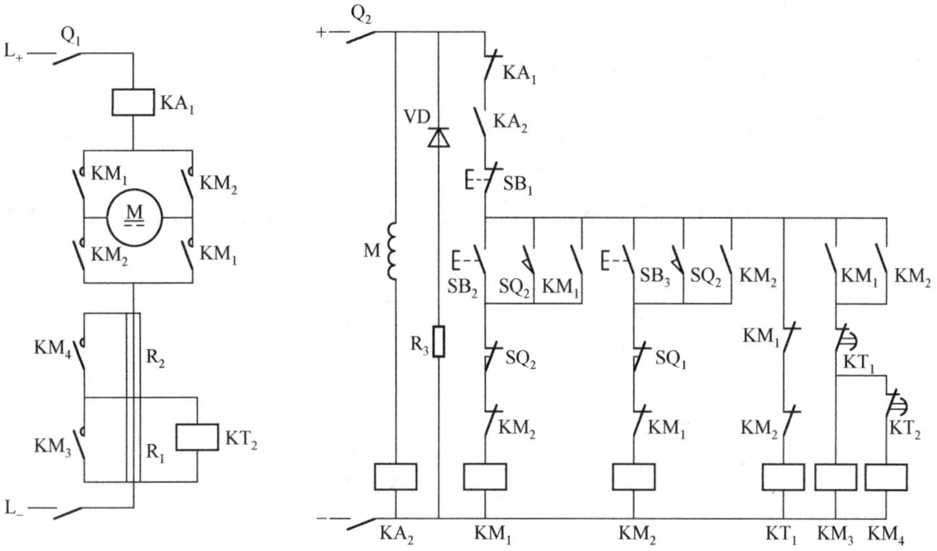

（a）主电路　　（b）控制电路

图 3.5　他励直流电动机正、反转控制线路

在接通电源后，未按下启动按钮前，当励磁线圈中通过足够大的电流时，欠电流继电器KA_2得电动作，其动合触点闭合，使断电型时间继电器KT_1线圈得电，KT_1动断触点断开，接触器KM_3，KM_4线圈断电。

按下正转启动按钮SB_2，接触器KM_1线圈得电，KM_1自锁与互锁触点动作，实现对KM_1线圈的自锁和对接触器KM_2线圈的互锁。另外，KM_1串联在KT_1线圈电路的动断触点断开，时间继电器KT_1开始延时。电枢电路KM_1动合触点闭合，直流电动机电枢电路串入R_1，R_2电阻启动。此时R_1两端并联的断电型时间继电器KT_2线圈得电，其动断触点断开，使接触器KM_4线圈无法得电。

随着启动的进行，转速不断提高，经过KT_1设置的时间后，KT_1延时闭合动断触点闭合，因KM_1线圈得电后其动合触点也闭合，所以接触器KM_3线圈得电。电枢电路中的KM_3常开主触点闭合，短接掉电阻R_1和时间继电器KT_2线圈。R_1被短接，直流电动机转速进一步提高，继续进行降压启动过程。时间继电器 KT_2被短接，相当于该线圈断电。KT_2开始进行延时，经过 KT_2设置时间值，其切断触点闭合，使接触器 KM_4线圈得电。电枢电路中的 KM_4常开主触点闭合，电枢电路串联启动电阻 R_2被短接。正转启动过程结束，电动机电枢全压运行。其反转启动过程与正转启动类似。

图 3.5 中的电动机拖动机械设备运动，在限位位置上压下行程开关 SQ_2，其常闭触点断开，使接触器 KM_1线圈断电，其动合触点闭合接通接触器 KM_2线圈，电枢电路中的 KM_1主触点断开，正转停止；KM_2主触点闭合，反转开始。该电路由 SQ_1和 SQ_2组成自动往返控制，电动机的正、反转是由 KM_1和 KM_2主触点闭合情况决定的。

过电流继电器 KA_1线圈串入电枢电路，起过载保护和短路作用。过载（或短路）时，过电流继电器因电枢电路电流过大而动作，其常闭触点断开，励磁和控制电路断电。

二极管 VD 和电阻 R_3构成励磁绕组放电电路，防止励磁电流断电时产生过电压。欠电流继电器 KA_2线圈串联在励磁绕组中，当励磁电流不足时，KA_2首先释放，其动合触点恢复断开，切断控制电路，达到欠磁场保护作用。

3.2.2 改变励磁电流方向控制线路

改变励磁电流、直流电动机转向时，必须保持电枢电流方向不变。其控制线路见图 3.6 所示。图 3.6 中 KM_1，KM_2主触点的通断决定电流流入励磁绕组的方向，从而确定电动机的转向。线路工作原理与图 3.4 改变电枢电流方向控制他励直流电动机正、反转控制线路基本一致。

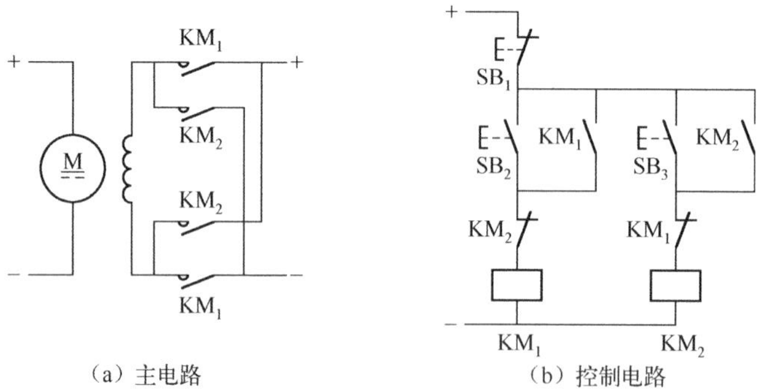

图 3.6　改变励磁电流控制线路

3.3 直流电动机制动控制

与交流电动机一样，直流电动机也可以采用机械制动或电气制动。电气制动就是使电动机产生的电磁转矩与电动机旋转方向相反，使电动机转速迅速下降。电气制动的特点是产生的转矩大、易于控制、操作方便。他励直流电动机的电气制动方法有反接制动、能耗制动等。

3.3.1 反接制动控制线路

反接制动工作原理与交流电动机反接制动原理基本一致。将正在作运转的直流电动机的电枢两端突然反接，但仍然维持其励磁电流方向不变，电枢将产生反向力矩，强迫电动机迅速停转。

直流电动机单向、反接制动线路如图3.7所示。图3.7中接触器KM_1控制电动机正常运转，接触器KM_2控制电动机反接制动，电枢电路中R为制动限流电阻，是为了减小过大的反接制动电流的，因为此时电枢电路电流值是由电枢电压和反电动势之和建立的。

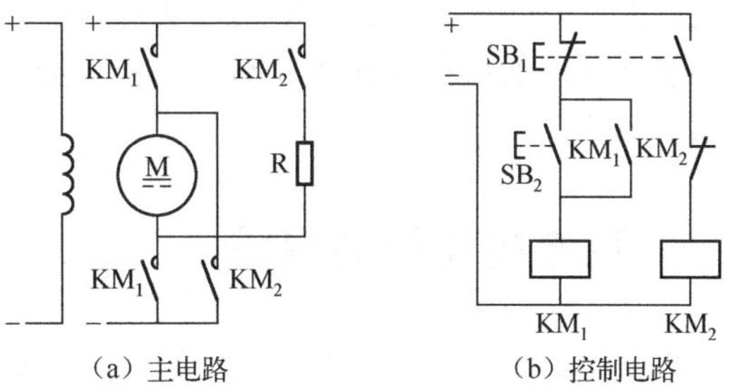

图3.7　反接制动控制线路

按下启动按钮SB_2，接触器KM_1线圈得电，其自锁和互锁触点动作，分别对KM_1线圈实现自锁和对接触器KM_2线圈实现互锁。电枢电路中KM_1主触点闭合，电动机电枢接入电源，电动机运转。

按下制动按钮SB_1，其动断触点先断开，使接触器KM_1线圈断电，解除KM_1的自锁和互锁，主回路中KM_1主触点断开，电动机电枢惯性旋转。SB_1动合触点后闭合，接触器KM_2线圈得电，电枢电路中KM_2主触点闭合，电枢接入反方向电源，串入电阻进行反接制动。

反接制动必须在转速为零时切断制动电源，否则会引起电动机反向启动。为此，和异步电动机反接制动一样，采用与电枢同轴的速度继电器（图中未画出）控制。这样制动的准确性比手动控制大为提高。另外反接制动过程中冲击强烈，极易损害传动零件。但反接制动的优点也十分明显，制动力矩大、制动速度快、线路简单、操作较方便。鉴于反接制动的这些特点，反接制动一般适用于不经常启动与制动的场合。

3.3.2　能耗制动控制线路

能耗制动是将正在运转的电动机电枢从电源上断开，串入外接能耗制动电阻后，再与电枢组成回路，并且维持原来的励磁电流，使机械系统和电枢的惯性动能转换成电能，消耗在电枢和外接电阻上，迫使电动机迅速停止转动。

直流电动机能耗制动控制线路如图3.8所示。电枢电路中的KM_2动合触点在能耗制动时将制动电阻R接入电路。线路工作原理为：SB_2为启动按钮，它可以接通接触器KM_1线圈。制动按钮SB_1按下时，接触器KM_2线圈得电，电枢电路中的电阻R串入，直流电动机进入能耗制动状态，随着制动的进行，电动机减速。

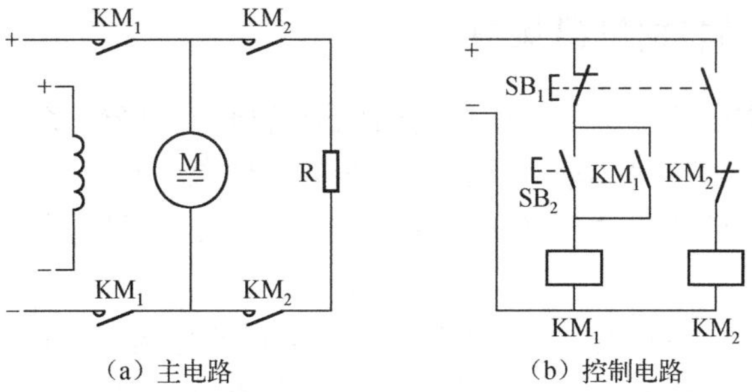

图3.8　能耗制动控制线路

能耗制动所串入制动电阻大小的选择十分重要。若阻值选择较大，致使制动电流小、制动缓慢；若制动电阻选择较小，制动电流大、制动迅速，但其电流可能会超过电枢电路的允许值。一般情况下，按最大制动电流小于两倍额定电枢电流来选择较合适。

能耗制动的优点是制动准确、平稳，能量消耗少。能耗制动的弱点是制动力矩小，制动速度不快。

3.4 直流电动机的保护

直流电动机的保护是保证电动机正常运转、防止电动机或机械设备损坏、保护人身安全的需要，所以直流电动机的保护环节是电气控制系统中不可缺少的组成部分。这些保护环节包括短路保护、过压和失压保护、过载保护、限速保护、励磁保护等。有些保护环节与交流异步电动机保护环节完全一样。本节主要介绍过载保护和零励磁保护。

3.4.1 直流电动机的过载保护

直流电动机在启动、制动和短时过载时，电流会很大，应将电流限制在允许过载的范围内。直流电动机的过载保护一般是利用过电流继电器来实现。保护线路如图 3.9 所示。

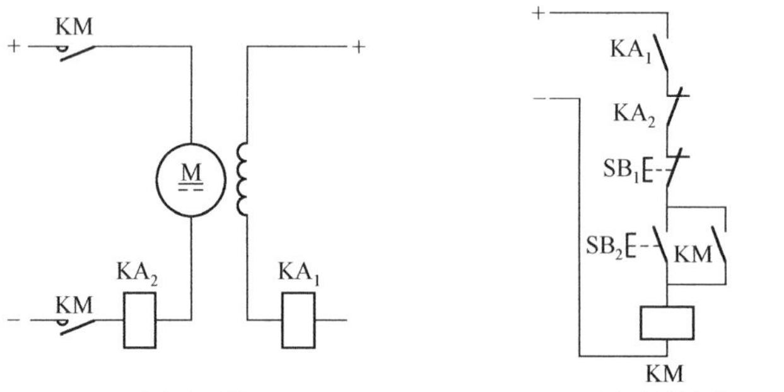

(a) 主电路　　(b) 控制电路

图 3.9　直流电动机的保护线路

电枢电路串联过电流继电器 KA_2。电动机负载正常时，过电流继电器中通过的电枢电流正常，KA_2不动作，其动断触点保持闭合状态；控制电路能够正常工作。一旦发生过载情况，电枢电路的电流会增大，当其值超过 KA_2的整定值时，过电流继电器 KA_2动作，它的动断触点断开，切断控制电路，使直流电动机脱离电源，起到过载保护的作用。

3.4.2 直流电动机的励磁保护

直流电动机在正常运转状态下，如果励磁电路的电压下降较多或突然断电，会引起电动机的速度急剧上升，出现“飞车”现象。“飞车”现象一旦发生，会严重损坏电动机或机械设备。直流电动机防止失去励磁或削弱励磁的保护，是采用欠电流继电器来实现的，如图 3.9 所示。

图 3.9 所示励磁电路串联欠电流继电器 KA_1，当励磁电流合适时，欠电流继电器吸合，其动合触点闭合，控制电路能够正常工作。当励磁电流减小或为零时，欠电流继电器因电流过低而释放，其动合触点恢复断开状态，切断控制电路，使电动机脱离电源，起到励磁

保护作用。

本章小结

直流电动机在生产设备中得到了广泛应用，特别是在要求较宽的调速范围和较快过渡过程系统中。在要求有较大的启动转矩和一定的调速范围的设备中（如电气机车、电车），也使用直流电动机拖动。

对直流电动机的控制可分成启动、制动、调速和保护等基本环节，这些环节也应由按钮、接触器、继电器等低压电器组成。

对于直流电动机，除非电动机容量很小，否则不允许全压启动。原因是刚启动瞬间反电动势为零，电枢电流可达到额定值的十几倍。所以，电枢电压必须分段、逐级增加。

他励直流电动机电枢电路串电阻降压启动是常用方法之一，在启动时，先串入电阻启动，然后随启动过程的进行逐级短接启动电阻，直到启动完毕。

对于手动控制他励直流电动机降压启动是利用接触器构成的他励直流电动机启动，它将电枢电路串入电阻 R_1，R_2，R_3，利用接触器 KM_1，KM_2，KM_3的主触点分别将它们短接。

利用时间继电器自动控制他励直流电动机启动，是将接触器和时间继电器配合，控制电枢串联的电阻 R_1，R_2电路进行降压启动。

他励直流电动机正、反转控制有两种方法实现：一是改变励磁电流的方向；二是改变电枢电流的方向。在实际应用中通常采用改变电枢电流方向的方法来控制直流电动机的正、反转。

改变电枢电流方向控制他励直流电动机正、反转控制中，利用接触器 KM_1和 KM_2主触点分别接入。

改变励磁电流方向控制他励直流电动机正、反转控制，必须保持电枢电路方向不变。改变电流流入励磁绕组的方向，从而改变电动机的转向。

直流电动机也可以采用机械制动或电气制动。电气制动就是使电动机产生的电磁转矩与电动机旋转方向相反，使电动机转速迅速下降。他励直流电动机的电气制动方法有反接制动、能耗制动等。

反接制动是将正在做运转的直流电动机的电枢两端突然反接，但仍然维持其励磁电流方向不变，电枢将产生反向力矩，强迫电动机迅速停转。

能耗制动是将正在运转的电动机电枢从电源上断开，串入外接能耗制动电阻后，再与电枢组成回路，并且维持原来的励磁电流，使机械系统和电枢的惯性动能转换成电能，消耗在电枢和外接电阻上，迫使电动机迅速停止转动。

直流电动机的保护环节有短路保护、过压和失压保护、过载保护、限速保护、励磁保护等。

习 题 3

一、判断题

3.1 由于反接制动消耗能量大、不经济，所以适用于不经常启动与制动的场合。(　　)

3.2 要改变他励直流电动机的旋转方向，必须同时改变电动机电枢电压的极性和励磁的极性。(　　)

3.3 电枢回路的串电阻调速方法，由于它的能量损耗小，所以应用很广泛。(　　)

3.4 直流电动机进行能耗制动时，必须将所有电源切断。(　　)

3.5 直流电动机的弱磁保护采用欠电流继电器。(　　)

3.6 直流电动机的过载保护采用热继电器。(　　)

二、选择题

3.7 直流电动机反接制动时，当电动机转速接近零时，就应立即切断电源，防止（　　）。

A. 电流增大　　B. 电动机过载　　C. 发生短路　　D. 电动机反转

3.8　直流电动机的过载保护就是电动机的（　　）。

A. 过电压保护　　B. 过电流保护　　C. 超速保护　　D. 短路保护

3.9　改变直流电动机励磁电流方向的实质是改变（　　）。

A. 电压的大小　　B. 磁通的方向　　C. 转速的大小　　D. 电枢电流的大小

三、问答题

3.10　他励直流电动机降压启动控制线路中启动电阻应如何串入电路？如何切断（或短路）启动电阻？

3.11　他励直流电动机正、反转控制有哪两种方法可以实现？

3.12　设计某他励直流电动机反接制动电路。

3.13　直流电动机控制中有哪些保护？如何实现？

第4章　常用机床电气控制

内容提要

普通车床的电气控制（C620 车床的运动形式、拖动要求、电气控制原理）。磨床的电气控制（M7130、M7475B 磨床的运动形式、拖动要求、电气控制原理）。铣床的电气控制（X62W 铣床的运动形式、拖动要求、电气控制原理）。钻床的电气控制（Z3040 钻床的运动形式、拖动要求、电气控制原理）。

4.1　普通车床电气控制

普通车床是一种应用极为广泛的金属切削机床，主要用来车削外圆、端面、内圆、螺纹和定型面，也可用于钻头、绞刀、镗刀等的加工。现以 C620－1 型普通车床为例对其电气控制进行说明。

4.1.1　普通车床的主要结构与运动形式

普通车床主要由床身、主轴变速箱、挂轮箱、进给箱、溜板箱、溜板与刀架、尾架、光杆和丝杆等部分组成，如图 4.1 所示。

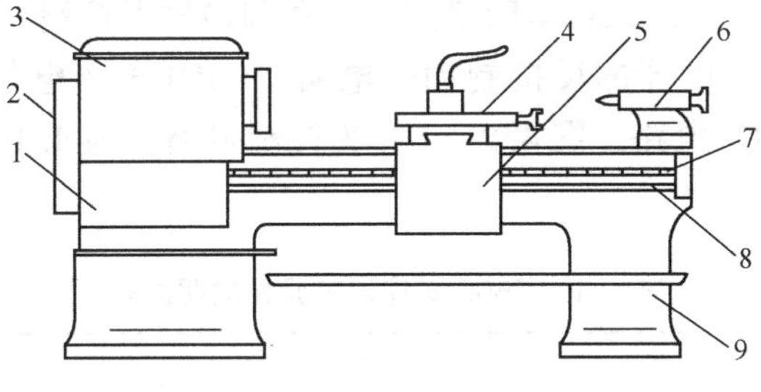

1—进给箱；2—挂轮箱；3—主轴变速箱；4—溜板与刀架；5—溜板箱；6—尾架；7—丝杆；8—光杆；9—床身

图 4.1　普通车床结构

为了加工各种旋转表面，车床必须具有切削运动和辅助运动。切削运动包括主运动和进给运动，而除此之外的所有运动都称之为辅助运动。

车床的主运动为工件的旋转运动。它由主轴通过卡盘或顶针带动工件旋转，承担车削加工时的主要切削功。车削加工时，应根据被加工零件的材料性质、工件尺寸、刀具几何参数、加工方式以及冷却条件来选择切削速度，这就要求主轴能在较大范围内实现调速，普通车床一般采用机械调速。车削加工时，一般不要求主轴反转，但在加工螺纹时，为避免乱扣，要求反向退刀，再纵向进刀继续加工，这时就要求主轴能实现正、反转。主轴的旋转由主轴电动机经传动机构来拖动。

车床的进给运动是指刀架的横向或纵向直线运动。其运动方式有手动和机动两种。加工螺纹时工件的旋转和刀具的移动之间有严格的比例关系，所以主运动和进给运动采用同一台电动机来拖动。车床主轴箱输出轴经挂轮箱传给进给箱，再经丝杆传入溜板箱，以获得纵横两个方向的进给运动。

车床的辅助运动是指刀架的快速移动及工件夹紧与放松。

4.1.2 车床拖动特点及控制要求

从车床加工工艺出发，对中小型车床的拖动及控制有如下要求：

（1）为保证经济、可靠，主拖动电动机一般选用笼型异步电动机。为满足调速范围的要求，一般采用机械变速。

（2）主轴电动机的启动、停止应能实现自动控制。一般中小型车床均采用直接启动，当电动机容量较大时，常用YY－Δ降压启动，为实现快速停车，一般采用机械或电气制动。

（3）为车削螺纹，要求主轴能正、反转。小型车床主轴正、反转由主拖动电动机正、反转来实现，当主拖动电动机容量较大时，主轴正、反转常用电磁摩擦离合器来实现。

（4）为冷却车削加工时的刀具与工件，应设有一台冷却泵。冷却泵只需单向旋转，且与主轴电动机有着连锁关系。

（5）控制电路应设有必要的安全保护及安全可靠的局部照明。

4.1.3 C650车床的电气控制

C650车床属于中型车床，除了有主轴电动机和冷却泵电动机外，还设置了一台功率为2.2kW的刀架快速移动电动机，由电磁离合器来控制溜板箱和中滑板的前、后、左、右运动。另外，C650车床比C620车床增加了点动和多地点控制，可逆旋转（正、反转）及速度继电器配合时间继电器的反接制动等电路。C650车床电气控制线路如图4.2所示，其中图4.2（a）为主电路，图4.2（b）为控制电路。表4.1为C650车床电气元件明细表。

表4.1 C650车床电气元件的明细表

文字符号	名　称	型　号	规　格
M_1	主轴电动机	JO2－72－4	30kW，1470r/min
M_2	刀架快移电动机	JO2－31－4	2.2kW，1430r/min
M_3	冷却泵电动机	JCB－22	0.125kW
KM_1，KM_2，KM_3	交流接触器	CJ0－75	75A，线圈电压127V
KM_4	交流接触器	CJ0－10	10A，线圈电压127V
KA_1	中间继电器	JZ7－44	线圈电压127V
KT	时间继电器	JS7－2	线圈电压127V
TC	控制变压器	BK－400	400V·A，380/127/36V
TA	电流互感器	LQG－0.5	75/5A
QS_1	闸刀开关	HD9	380V，200A

续表

文字符号	名　称	型　号	规　格
QS_2	组合开关	HZ－10/3	
SA	十字开关		
SB_7	快速移动按钮	LA2	
SQ	限位开关	LX3－11H	
$YC_1 \sim YC_4$	电磁离合器	DLMO	
SB_3，SB_5	正转按钮	LA8－1	
SB_4，SB_6	反转按钮	LA8－1	
SB_1，SB_2	停止按钮	LA2	
SB_8	点动按钮	LA2	
KV	速度继电器	JY1	
FR	热继电器	JB2－2	83号热元件
FU_1	熔断器	RM1－100	100A
$FU_2 \sim FU_5$	熔断器	RL－15	
VC	整流器		24V，1.2A

1. 主电路

C650车床主轴电动机 M_1，其正、反转控制由接触器 KM_1，KM_2主触点实现，反接制动接触器 KM_3主触点断开时，电动机 M_1串入电阻进行反接制动。电动机 M_2为刀架快速移动电动机，由 KM_4控制。电动机 M_3为冷却泵电动机，由开关 QS_2控制。

电动机 M_1，M_2的短路保护由 FU_1，FU_2实现。热继电器FR作为主轴电动机 M_1的过载保护。电流表A的作用是监视主轴电动机 M_1定子绕组的电流，将它通过电流互感器TA接入主电路。为了防止启动电流过大烧毁电流表，用时间继电器KT的延时断开动断触点和电流表A并联。限流电阻R除了限制制动电流外，还可以在点动时串入电路，防止因连续启动造成启动电流过大而使电动机过载。速度继电器KV与电动机同轴，其正、反转动合触点串联在控制电路中。

2. 控制工作电路

主轴电动机 M_1正、反转启动是全压直接启动，点动时，串入电阻R降压启动与运行，可以获得低速运转，实现对刀的操作。主轴电动机可以实现反接制动，由速度继电器KV和时间继电器KT对其进行控制。进给电动机的快速移动是与十字形开关配合完成的。

（1）主轴点动。按下点动按钮 SB_8，接触器 KM_1线圈得电，主电路中的 KM_1主触点闭合，主轴电动机 M_1定子绕组串入限流电阻R接通电源，电动机转速因串入电阻而较低。这样非常便于低速下实现对刀的操作。在点动操作过程中，因为中间继电器 KA_1和接触器 KM_3的线圈都没有得电，所以接触器 KM_1线圈无法自锁。松开 SB_8按钮，接触器 KM_1线圈断电，电动机定子绕组断电，电动机停转。

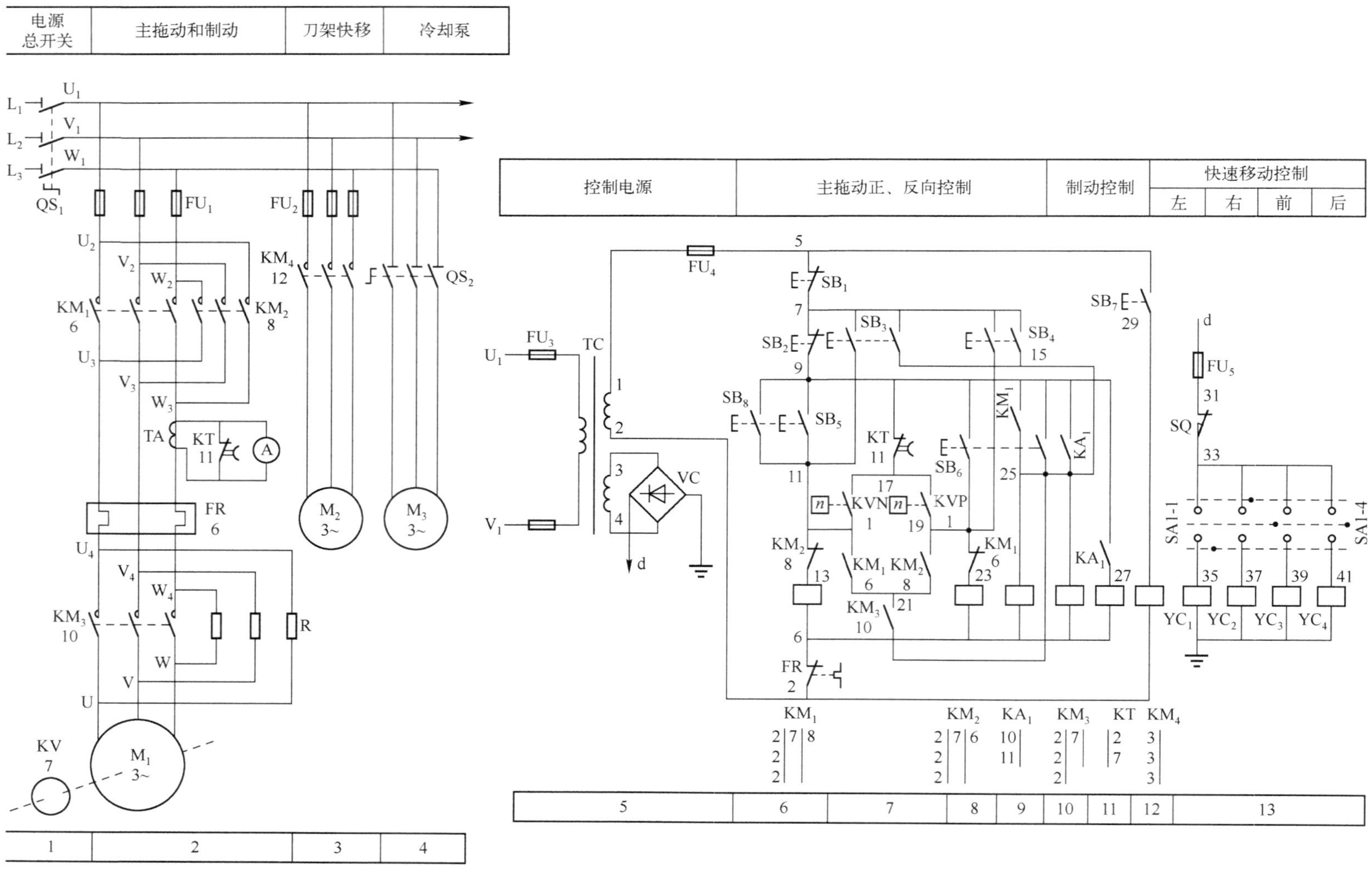

（a）主电路

（b）控制电路

图4.2　C650车床电气控制线路

(2) 主轴正转。按下正转启动按钮 SB_5 （或 SB_3），接触器 KM_1，KM_3和中间继电器 KA_1线圈同时得电。其自锁触点 KM_1 （11－21），KM_3 （21－25），KA_1 （9－25）闭合，实现对接触器 KM_1，KM_3和中间继电器 KA_1的自锁。中间继电器 KA_1动合触点 KA_1 （9－27）闭合，时间继电器 KT 线圈得电，其延时断开动断触点此时不动作，保持闭合状态，将主电路中电流互感器副绕组中的电流表 A 短接，防止启动电流过大冲击电流表。主电路中的 KM_1，KM_3的主触点闭合，电动机 M_1定子绕组接通正序电源，电动机正向启动并运转。正常运转后，时间继电器 KT 延时完毕，其动断触点断开，电流表 A 经电流互感器投入主电路进行测量。

随着正转启动转速不断升高，当转速上升到一定值时，速度继电器动作，其正转动合触点 KVP （17－19）闭合，为正转反接制动做好准备。

(3) 主轴反转。主轴反转与主轴正转控制基本一致。按下反转启动按钮 SB_6 （或 SB_4）接触器 KM_2，KM_3和中间继电器 KA_1线圈同时得电。由 KM_2 （19－21），KM_3 （21－25），KA_1 （9－25）触点实现自锁。由 KA_1 （9－21）接通时间继电器 KT 线圈，由 KT 延时触点完成对电流表 A 运行时投入测量的控制。主电路中的 KM_2，KM_3的主触点闭合，电动机 M_1定子绕组接入负序电源，电动机反向启动并运转。

由反向启动到运转，时间继电器和速度继电器都要动作，分别将电流表 A 投入测量和将反转动合触点 KVN （7－11）闭合，为反转反接制动做好准备。

(4) 主轴反接制动。电动机 M_1反接制动以电动机正转为例说明其工作原理。按一下停止按钮 SB_1 （或 SB_2），原本得电的接触器 KM_1，KM_3线圈和中间继电器 KA_1线圈及时间继电器 KT 线圈全部断电，它们所有的触点都复位。尽管主电路电动机定子脱离了正序电源，但在惯性的作用下仍然以较高的转速旋转，那么速度继电器 KVP （17－19）仍然保持接通状态。此时，接触器 KM_2线圈经触点 KT （9－17），KVP （17－19），KM_1 （19－23）得电，KM_2的互锁触点 KM_2 （11－13）断开，实现对 KM_1线圈的互锁。主电路中的 KM_2的主触点闭合，电动机定子绕组接入负序电源，因为接触器 KM_3线圈不得电，所以电动机串入电阻 R 进行反接制动，使电动机转速迅速下降。

当转速下降到一定数值时，速度继电器的触点释放，其触点 KVP （17－19）断开，接触器 KM_2线圈断电，主电路中的 KM_2主触点复位，电动机定子绕组脱离电源，反接制动结束。

主轴电动机 M_1反转时的反接制动与正转时反接制动工作原理类似，不同之处是正转时接触器 KM_1和速度继电器 KVP （17－19）触点对应反转时接触器 KM_2和速度继电器触点 KVN （17－11）。

(5) 刀架快速移动。刀架快速移动由电动机 M_2拖动，配合前、后、左、右方向移动的电磁离合器 YC 传动，实现各方向的快移，电动机 M_2只做方向旋转。电磁离合器 YC 采用直流电源，由桥式整流电路供电，用十字形开关 SA 控制，当 SA 扳到所需移动方向时，相应的电磁离合器得电吸合，再按下快移按钮 SB_7，使接触器 KM_4线圈得电，主电路中的 KM_4的主触点闭合，电动机 M_2定子绕组接入电源，M_2电动机启动并运转，拖动刀架移动装置快速移动。到位时，松开 SB_7，电动机 M_2断电停转，刀架快移工作结束。

刀架快移电路中行程开关触点 SQ （31－33）的作用是对移动进行限位保护。另外，上、下、左、右任一方向快移结束后，应将十字形开关扳到中间继电器位置，以免电磁铁长时间通电。

（6）冷却泵控制。冷却泵电动机 M_3 由开关 QS_2 手动控制。

（7）主轴电动机负载检测及保护环节。C650 车床主轴电动机 M_1 负载情况由电流表 A 检测。电动机 M_1 启动时，为防止启动电流的冲击，由时间继电器 KT 触点短接电流表 A，启动完成后，再将电流表投入测量。所以时间继电器 KT 延时应略长于电动机 M_1 启动时间。当电动机 M_1 停车反接制动时，接触器 KM_3、中间继电器 KA_1、时间继电器 KT 的线圈都断电，由 KT 的触点瞬时闭合，将电流表 A 短接，使之不受反接制动电流的冲击。

4.2 磨床的电气控制

磨床是利用砂轮的周边或端面对工件表面进行高精度加工的一种精密机床。磨床的种类很多，可分为平面磨床、外圆磨床、内圆磨床、无心磨床和一些专用磨床，其中平面磨床应用最为普通。平面磨床又分为立轴矩形台平面磨床、卧轴矩形台平面磨床、立轴圆台平面磨床和卧轴圆形台平面磨床。现以 M7130 型卧轴矩形台平面磨床为例对其电气控制进行分析。

4.2.1 平面磨床的主要结构及运动形式

平面磨床主要由床身、工作台、电磁吸盘、立柱、砂轮箱（又称磨头）与滑座组成，如图 4.3 所示。在床身中装有液压传动装置，工作台通过活塞杆由液压传动作往复运动，床身导轨由自动润滑装置进行润滑。工作台表面有 T 形槽，用以固定电磁吸盘，再由电磁吸盘来吸持加工工件。工作台行程长度可通过装在工作台正面槽中撞块的位置来改变，换向撞块是通过碰撞工作台往复运动换向手柄以改变油路来实现工作台往复运动的。

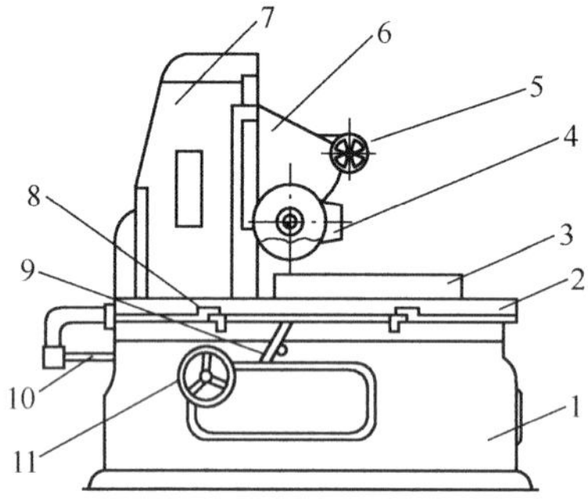

1—床身；2—工作台；3—电磁吸盘；4—砂轮箱；
5—砂轮箱横向移动手轮；6—滑座；7—立柱；
8—工作台换向撞块；9—工作台往复运动换向手柄；
10—活塞杆；11—砂轮箱垂直进刀手轮

图 4.3 平面磨床主要结构

在床身上固定有立柱，沿立柱的导轨上装有滑座，砂轮箱能沿其水平导轨移动。砂轮轴由装入式电动机直接拖动，在滑座内部往往也装有液压传动机构。

滑座可在立柱导轨上做上下移动，并可由垂直进刀手轮操作。砂轮箱的水平轴向移动可由横向移动手轮操作，也可以由液压传动作连续或间接移动，前者用于调节运动或修整砂轮，后者用于进给运动。

矩形工作台平面磨床的主运动是砂轮的旋转运动。进给运动有垂直进给（即滑座在立柱上的上下运动）、横向进给（即砂轮箱在滑座上的水平运动）和纵向进给（即工作台沿床身的往复运动）。工作台每完成一次往复运动，砂轮箱做一次间断性的横向进给；当加工完整个平面后，砂轮箱做一次间断性的垂直进给。

4.2.2 磨床的拖动特点及控制要求

根据磨床的运动特点及工艺要求，对电力拖动及控制有如下要求：

(1) 砂轮的旋转运动一般不要求调速，由一台三相异步电动机拖动即可，且只要求单向旋转。容量较大时，可采用Y－Δ形降压启动。

(2) 为保证加工精度，使其运行平稳，保证工作台往复运动换向时惯性小无冲击，故采用液压传动实现工作台往复运动和砂轮箱横向进给。

(3) 为适应小工件加工需要，同时也为工件在磨削过程中能自由伸缩，采用电磁吸盘来吸持工件。电磁吸盘应有去磁控制。

(4) 为减小工件在磨削加工时的热变形及冲走磨屑，以保证精度，需使用冷却液。

(5) 保护环节应包括短路保护、电动机过载保护、电磁吸盘欠电流和过电压保护等。

(6) 必要的信号指示及照明。

4.3 铣床的电气控制

铣床是用铣刀进行铣削加工的机床，它可用来加工各种形式的表面（平面、成形面）、各种形式的沟漕，甚至还可以加工回转体。铣床按结构形式的不同，可分为卧式铣床、立式铣床、龙门铣床、仿形铣床和各种专用铣床。现以 X62W 万能铣床为例对其电气控制系统进行分析。

4.3.1 铣床的主要结构及运动形式

X62W 万能铣床是卧式铣床，主要由床身、悬梁、刀杆支架、工作台、溜板和升降台等组成，如图 4.4 所示，床身固定在底座上，内装主轴传动机构和变速机构，床身顶部有水平导轨，悬梁可沿导轨水平移动。刀杆支架装在悬梁上，可在悬梁上水平移动。升降台可沿床身前面的垂直导轨上下移动。溜板在升降的水平导轨上可做平行于主轴轴线方向的横向移动。工作台安装在溜板的水平导轨上，可沿导轨作垂直于主轴轴线的纵向移动。此外，溜板可绕垂直轴线左右旋转 45°，因而工作台还能在倾斜方向进给，以加工螺旋槽。工作台上还可以安装圆工作台以扩大铣削能力。

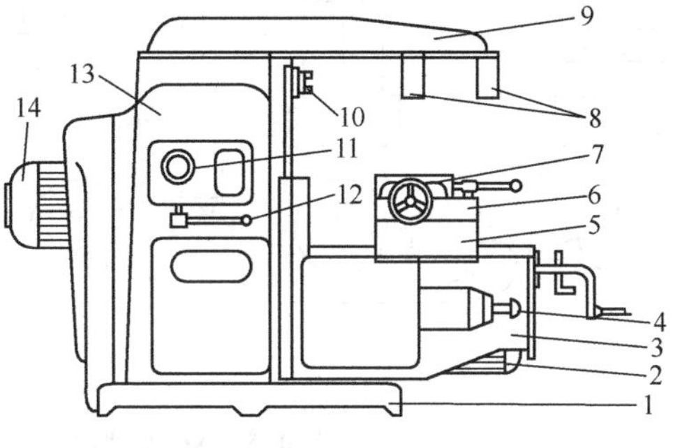

1—底座；2—进给电动机；3—升降台；
4—进给变速手柄及变速盘；5—溜板；
6—转动部分；7—工作台；8—刀杆支架；
9—悬梁；10—主轴；11—主轴变速盘；
12—主轴变速手柄；13—床身；14—主轴电动机

图 4.4 卧式万能铣床外形图

由上分析可知，卧式铣床有三种运动：主运动、进给运动和辅助运动。

主运动是指主轴的旋转运动。铣床加工一般有顺铣和逆铣两种，要求主轴能正、反转，但铣刀种类选定了，铣削方向也就定了，因此主轴运动的方向不需经常改变。

进给运动是指工件随工作台在三个相互垂直方向上的直线运动（手动或机动），或圆工作台的旋转运动。它由同一台电动机拖动，且在任一时刻只能接通一个方向的传动，由操作手柄实现机电联合控制，通过改变电动机转向来实现进给方向的改变。为避免损坏刀具或工件，要求主运动和进给运动有顺序控制。

辅助运动是指工件台在进给方向上的快速运动。

4.3.2 X62W 万能铣床的电气控制

图 4.5 所示为 X62W 型卧式万能铣床电气控制电路图。图中 M_1 为主轴电动机，M_2 为工作台进给电动机，M_3 为冷却泵电动机。SQ_1 与 SQ_2 为工作台纵向（左右）进给位置开关，SQ_3 与 SQ_4 为工作台横向（前后）和竖向（上下）进给位置开关，其工作状态见表 4.2 和表 4.3。SA_1 为圆工作台转换开关（工作状态见表 4.4），SA_3 是冷却泵控制开关，SA_4 是照明灯开关，SA_5 是主轴换向开关。SQ_6 与 SQ_7 为由各自变速手轮控制的工作台进给变速和主轴变速冲动开关。

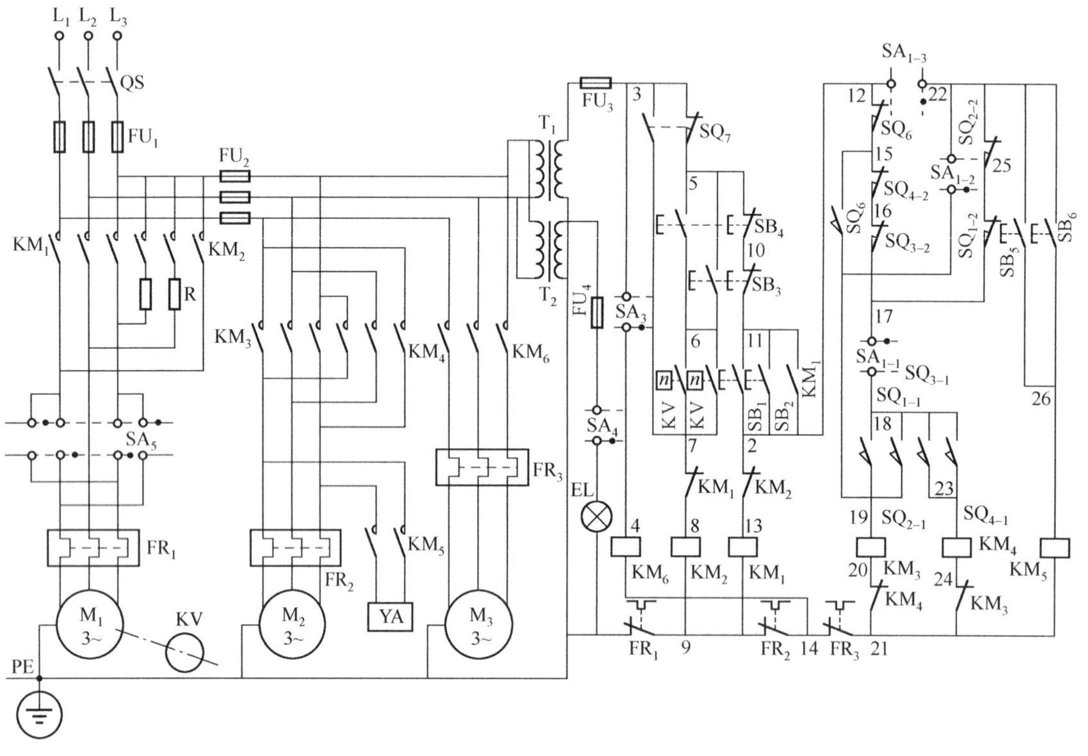

图 4.5　X62W 型卧式万能铣床电气控制电路图

表 4.2　工作台纵向行程开关工作状态

触点 \ 纵向操作手柄	向左	中间（停）	向右
SQ_{1-1}	−	−	+
SQ_{1-2}	+	+	−
SQ_{2-1}	+	−	−
SQ_{2-2}	−	+	+

注：① SQ_{1-1} 表示 SQ_1 的第一个触点；SQ_{1-2} 表示 SQ_1 的第二个触点。

② 表中“+”表示接通，“−”表示断开。

表 4.3　工作台横向、纵向行程开关工作状态

触点 \ 横向、纵向操作手柄	向前向下	中间（停）	向后向上
SQ_{3-1}	+	−	−
SQ_{3-2}	−	+	+
SQ_{4-1}	−	−	+
SQ_{4-2}	+	+	−

表 4.4　圆工作台转换开关工作状态

触点 \ 位置	接通圆工作台	断开圆工作台
SA_{1-1}	−	+
SA_{1-2}	+	−
SA_{1-3}	−	+

1. 主轴电动机的控制

主轴电动机 M_1的旋转方向由 SA_5预选。其启动和停止采用两地控制，一处装在升降台上，一处装在床身上。由于传动系统装有惯性轮，自由停车时间长，为此主轴设有反接制动。同时为使主轴变速时变速箱内齿轮易于啮合，减小齿轮端面的冲击，主轴电动机变速时设有变速冲动。

（1）启动。启动前先通过 SA_5预选主轴方向，然后按下 SB_1（或 SB_2），$SB_1^{\pm}$——$KM^{+}_{1自}$——M_1^{+}主轴启动。KM_1线圈得电的通路为 1－3－5－10－11－12－13－9－0。当 M_1启动转速升高到一定值时，KV（6－7）$^{+}$，为反接制动时 KM_2通电做准备。

（2）停止。

按下SB_3(或SB_4)，$SB_3^{\pm}$($SB_4^{\pm}$)——┬——KM_1^{-}(互锁)
　　　　　　　　　　　　　　　└——$KM^{+}_{2自}$(M_1串R反接制动)

当 M_1转速降低到较低时，速度继电器 KV（6－7）$^{-}$——KM_2^{-}——M_1^{-}（切除制动电源）。操作时要注意，SB_3（SB_4）一定要按到底，否则只是自由停车。

（3）变速冲动。X62W 卧式万能铣床主轴的变速采用孔盘机构，集中操纵。它既可以在停车时变速，也可以在 M_1运转时变速。变速操作为：先将主轴变速手柄拉出，使齿轮组脱离啮合，用变速数字孔盘调到新的转速后，将手柄以较快的速度推回原处，使改变了传动比的齿轮重新啮合。为了便于齿轮啮合，必须使电动机 M_1瞬间转动一下。这个动作可利用手柄瞬时压动冲动开关 SQ_7来实现。触点 SQ_7（3－7）每闭合一下，KM_2瞬间得电一次，电动机 M_1拖动主轴变速箱的齿轮转动一下，使齿轮顺利地滑入啮合位置，完成变速过程。在推回变速手柄时，动作要迅速，以免压合 SQ_7时间过长，主轴电动机转速升得过高，不利于用齿轮啮合甚至打坏齿轮。但在变速手柄推回接近原位时，应减慢推动速度，以利于齿轮啮合。

若主轴在运行中变速，也不需按停止按钮。为压合 SQ_7时始终是触点 SQ_7（3－5）先断开，使 KM_1先断电。触点 SQ_7（3－7）后闭合，再使 KM_2通电，对 M_1先进行反接制动，电动机转速迅速下降，以后再进行变速操作，变速完成后需重新启动电动机，主轴才在新的转速下运行。

2. 进给运动的控制

X62W 万能铣床工作台的左右、前后、上下各种进给运动，均是由进给电动机 M_2 作正反向旋转来拖动的。M_2 的正反转是由接触器 KM_3 和 KM_4 控制的。工作台之所以能实现几个方向的进给运动而又不相互干涉，是因为进给操作手柄在通过各位置开关接通 KM_3 与 KM_4 的同时，也接通了相应方向的机械离合器的结果。

根据铣削加工的需要，只有当铣刀转动起来后才能进给。所以，只有 KM_1 通电，KM_1（11－12）闭合后，进给电动机 M_1 才能启动。

（1）工作台的左右运动。工作台运动由工作台纵向操作手柄控制，手柄有三个位置：左位、中位、右位。操作手柄处于右位时，通过联动机构，一方面机械上接通了纵向离合器，同时电气上也压下了位置开关 SQ_1。SQ_1（18－19）$^+$——KM_3^+——M_2^+，M_2 启动正转，拖动工作台向右运动。KM_3 线圈得电通路为：1－3－5－10－11－12－15－16－17－18－19－20－21－14－9－0。

当需要停止工作台时，将手柄扳向中位，于是脱开纵向进给离合器，松开 SQ_1。SQ_1（18－19）$^-$——KM_3^-——M_2^-，工作台停止。

手柄扳向左位时，同样接通纵向进给离合器，压下位置开关 SQ_2。SQ_2（18－23）$^+$——KM_4^+——M_2^+，M_2 启动反转，拖动工作台左移。当需要停止时，将手柄扳向中位即可。

工作台左右移行程的长短，由行程挡铁控制。当工作台运动到规定位置时，行程挡铁撞动纵向操作手柄，使其返回中位，释放位置开关 SQ_1 或 SQ_2，使工作台停止。

（2）工作台前后、上下运动。工作台的前后和上下运动由垂直和横向手柄控制，该手柄有五个位置：上位、下位、前位、后位和中位。由十字槽保证手柄在任意时刻只能处于一种位置，当该手柄扳向上、下、前、后某一操作位置时，在机械上则接通相应的离合器，中间位置为停位。但手柄扳向前位和下位时在电气上都是压合位置开关 SQ_3，手柄扳向后位和上位时在电气上也都是压合位置开关 SQ_4。

主轴电动机启动后，把手柄扳向前位或下位时，压下位置开关 SQ_3，SQ_3（18－19）$^+$——KM_3^+——M_2^+，M_2 正转，带动工作台向前或向下移动。KM_3 线圈得电的通路为：1－3－5－10－11－12－22－25－17－18－19－20－21－14－9－0。把手柄扳向中间位置可停止相应的进给。

主轴电动机启动后，若把手柄扳向后位或上位，则压下位置开关 SQ_4，SQ_4（18－23）$^+$——KM_4^+——M_2^+，M_2 反转，带动工作台向后或向上移动。要停止时，把手柄扳向中间位置即可。工作台运动行程的限制与左右移动时一样，也是由相应方向的限位挡铁来控制。

（3）圆工作台运动。为扩大机床的加工能力，如需加工圆弧、螺旋槽等曲线时，可在工作台上加装圆工作台。圆工作台可以手动，也可以自动。当需要自动时，首先把转换开关 SA_1 扳在“接通”位置，接着启动主轴，此时有 $KM_{1自}^+$——M_1^+，KM_3^+——M_2^+ 正转，圆工作台旋转进行曲线加工。注意，此时两个手柄都处于中间位置，SQ_1～SQ_4 全部释放。KM_3 线圈得电的通路为：1－3－5－10－11－12－15－16－17－25－22－19－20－21－14－9－0。

3. 工作台的快速移动

工作台在三个方向的快速移动也是进给电动机 M_2 拖动的。当需要快速移动时，将操作手柄扳向相应的方向。M_2 电动机启动运行。同时按下按钮 SB_5（SB_6），SB_5（SB_6）$^+$——KM_5^+——YA^+ 接通快速传动链，工作台实现相应方向的快速移动。松开 SB_5（SB_6）$^-$——KM_5^-——YA^- 切断快速移动，工作台也可在主轴电动机不转的情况下进行快速移动，这时把 SA_5 扳在"停止"位置即可。其他操作方法同上。

4. 进给变速"冲动"控制

为了使进给变速时的齿轮易于啮合，进给速度变换与主轴变速一样，有瞬时冲动环节。进给变速应在工作台停止进给时进行。其操作过程是：首先启动主轴电动机，拉出磨菇形变速手柄，同时转动至所需要的进给速度，然后把手柄往外一拉，并立即推回原处。就在手轮被拉到极限位置的瞬间，其连杆机构压合行程开关 SQ_6，使接触器 KM_3 瞬时通电，M_2 电动机瞬时冲动，以便于变速过程中的齿轮啮合。接触器 KM_3 线圈得电通路为：1－3－5－10－11－12－22－25－ 17－16－15－19－20－14－9－0。当齿轮完全啮合，手轮完全推回原位时，SQ_6 开关又恢复原来的状态，KM_3 失电，变速"冲动"过程结束。

5. 保护环节、照明及冷却泵电动机的控制

（1）保护环节。X62W 机床的运动较多，电气控制较为复杂，为安全可靠，设置了较为完善的连锁和保护环节。主要包括：进给运动与主运动具有顺序互锁；工作台进给的六个方向具有机械和电气的双重互锁；矩形工作台和圆工作台之间的互锁；短路保护、过载保护和工作台六个方向的限位保护等。

（2）照明电路。机床的局部照明由变压器 T 输出 36V 安全电压，由开关 SA_4 控制照明灯。

（3）冷却泵电动机控制。冷却泵电动机 M_3 通常是在铣削加工过程中由转换开关 SA_3 操作，使接触器 KM_6 通电来控制的。

6. 常见故障及处理

（1）主轴停车时没有制动作用。主要原因是速度继电器发生了故障或复位弹簧调得过紧。

（2）主轴变速时无瞬时冲动。最大的可能性是主轴变速冲动开关 SQ_7 位置改变以致不能压合或开关损坏。

（3）工作台不能快速移动。主要原因是快速移动电磁铁 YA 发生故障。

（4）工作台控制电路故障。这类故障较多，读者可自行分析。

4.4 钻床的电气控制

钻床是一种孔加工机床，它可用来钻孔、扩孔、铰孔、攻丝及修刮多种形式的端面。

钻床按用途和结构可分为立式钻床、台式钻床、多轴钻床、摇臂钻床及其他专用钻床。

在各种专用机床中，摇臂钻床操作方便、灵活，适用范围广，具有典型性。适用于单件或成批量生产中具有多孔的大中型零件的孔加工。下面以 Z3040 型摇臂钻床为例对其电气控制进行分析。

4.4.1 摇臂钻床的主要结构及运动形式

Z3040 型摇臂钻床主要由底座、内立柱、外立柱、摇臂、主轴箱和工作台等部分组成，如图 4.6 所示。内立柱固定在底座的一端，在它外面套有外立柱，外立柱可绕内立柱旋转 360°。摇臂的一端为套筒，它套装在外立柱上，并借助丝杆的正、反转可绕外立柱上下移动，但由于丝杆与外立柱连成一体，同时升降螺母固定在摇臂上，所以摇臂不能绕外立柱转动。但是摇臂与外立柱一起可绕内立柱转动。主轴箱是一个复合部件，它由主传动电动机、主轴和主轴传动机构、进给和进给变速机构以及机床的操作机构等组成。主轴箱安装在摇臂的水平导轨上，可通过手轮操作使其在水平导轨上沿摇臂移动。当加工时，由特殊的夹紧装置将主轴箱紧固在摇臂导轨上，外立柱紧固在内立柱上，摇臂紧固在外立柱上，然后进行钻削加工。钻削加工时，钻头一面进行旋转切削，一面进行纵向进给。

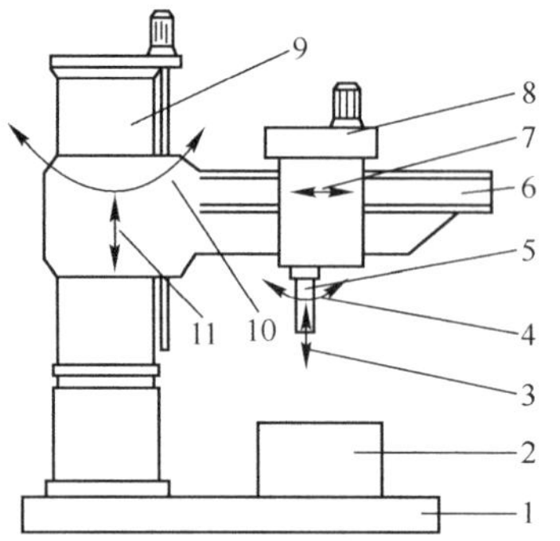

1—底坐；2—工作台；3—主轴纵向进给；4—主轴旋转主运动；5—主轴；6—摇臂；7—主轴箱沿摇臂径向运动；8—主轴箱；9—内外立柱；10—摇臂回转运动；11—摇臂垂直移动

图 4.6　Z3040 型摇臂钻床结构

由此可知，摇臂钻床的主运动为主轴的旋转运动；进给运动为主轴的纵向进给；辅助运动有：摇臂沿外立柱的垂直移动；主轴箱沿摇臂长度方向的水平移动；摇臂与外立柱一起绕内立柱的回转运动。

4.4.2 Z3040 摇臂钻床的电气控制

Z3040 摇臂钻床的动作是通过机、电、液联合控制来实现的。主轴的变速是利用变速箱来实现的，其正、反转运动是利用机械的方法来实现的，主轴电动机只需要单方向旋转。摇臂的升、降由一台交流异步电动机来拖动。内外立柱、主轴箱与摇臂的夹紧与放松是通过电动机带动液压泵，通过夹紧机构来实现的。图 4.7 所示为 Z3040 型摇臂钻床电气控制电路图，图 4.8 所示为夹紧机构液压系统原理图。

图 4.7 中，M_1为主轴电动机，主轴的正、反转由机床液压系统操纵机构配合正、反转摩擦离合器实现。M_2为摇臂升降电动机，M_3为液压泵电动机，M_4为冷却泵电动机。SQ_1为摇臂升降极限保护开关，SQ_2和 SQ_3是分别反映摇臂是否完全松开和夹紧并发出相应信号的位置开关，SQ_4是用来反映主轴箱与立柱的夹紧与放松状态的信号控制开关。YV 为二位六通电磁阀。

1. 主轴电动机 M_1 的控制

合上电源开关 QS，按下 SB_2按钮，$SB_2^{\pm}$——$KM_{1自}^{+}$——M_1^{+}，M_1主轴电动机启动。此时指示灯 HL_3亮，表示主轴电动机正在旋转。须停车时按下 SB_1，$SB_1^{\pm}$——KM_1^{-}——M_1^{-}，M_1停止。

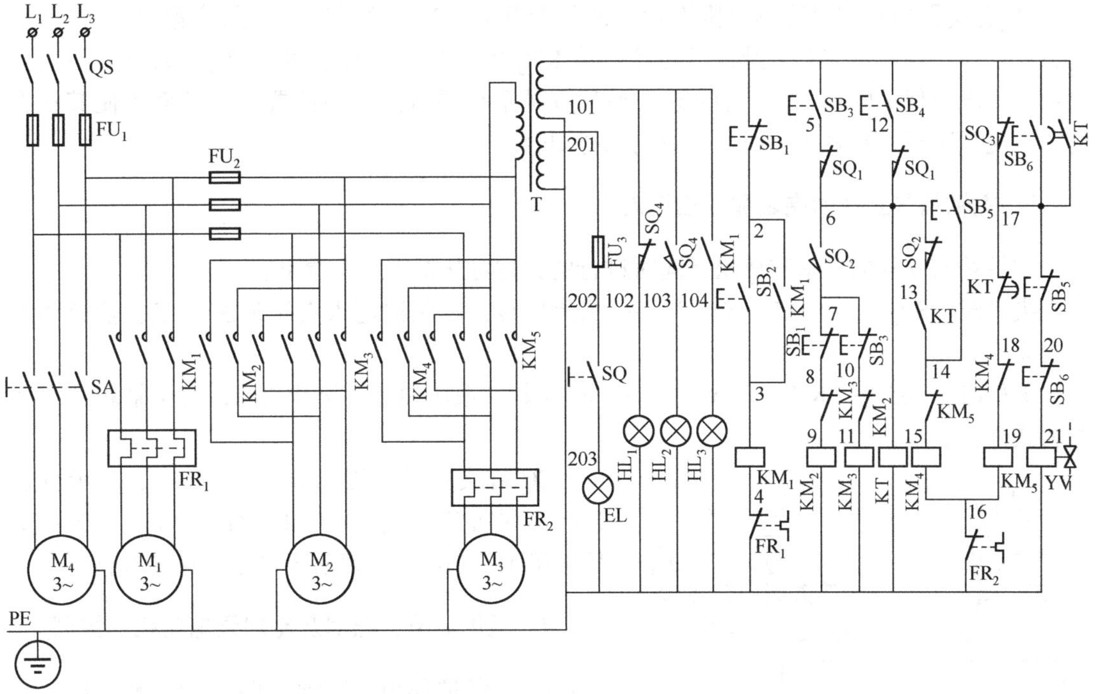

图 4.7 Z3040 型摇臂钻床电气控制线路图

2. 摇臂升降控制

摇臂的升降控制必须与夹紧机构液压系统紧密配合，其动作过程为：摇臂放松——上升或下降——夹紧。所以它与液压泵电动机的控制有着密切的关系。下面以摇臂的上升为例加以说明。

按下SB_3：SB_3^+——KT^+——┬——KM_4^+——$M3^+$正转，拖动液压泵送出液压油

└——YV^+接通摇臂放松油路

液压油将摇臂放松，当摇臂完全松开后，压下位置开关SQ_2，发出摇臂放松信号，压下SQ_2^+：

$SQ_2(6–13)^-$——┬——KM_4^-——$M3^-$停止提供液压油，摇臂维持放松状态

└——$SQ_2(6–7)^+$——KM_2^+——M_2^+启动，摇臂上升

当摇臂上升到位时，松开SB_3按钮；SB_3^-——┬——KM_2^-——M_2^-摇臂停止上升

└——KT^- $\xrightarrow{\Delta t}$ YV^-，KM_5^+——M_3^+反转，拖动液压泵供出液压油，进入夹紧液压腔，将摇臂夹紧

当摇臂完全夹紧后，压下位置开关SQ_3，SQ_3（1－17）$^-$——KM_5^-——M_3^-停止运转，摇臂夹紧完成。

时间继电器 KT 是为保证夹紧动作在摇臂升降电动机停止运转之后而设置的，KT 延时的长短应依照摇臂升降电动机切断电源到停止时惯性的大小来进行调整。

SQ_1是为限制摇臂升降的极限而设置的位置开关。当摇臂升降到极限位置时，SQ_1相应的触点动作，切断对应的上升或下降接触器 KM_2和 KM_3，使 M_2停止运转，摇臂停止移动，从而达到限位保护的目的。SQ_1的触点平时应调整在同时接通的位置，一旦撞击使其动作时，也应只断开一对触头，而另一对仍保持闭合。

3. 主轴箱与立柱的夹紧和放松控制

主轴箱与立柱的夹紧和放松是同时进行的，这可从图 4.8 上看出。

夹紧时：$SB_6^{\pm}$——$KM_5^{\pm}$（YV^-）——$M_3^{\pm}$反转，液压油进入夹紧油腔，使主轴箱和立柱夹紧或停止。

放松时：$SB_5^{\pm}$——$KM_4^{\pm}$（YV^-）——$M_3^{\pm}$正转，液压油进入松开油腔，使主轴箱和立柱放松或停止。

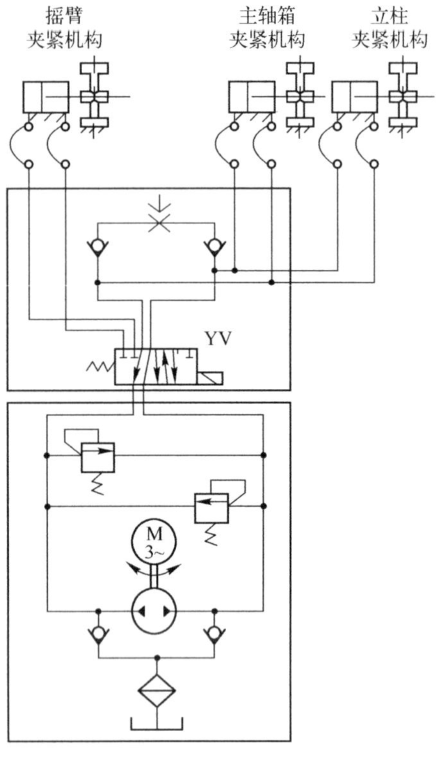

图 4.8　夹紧机构液压系统原理图

SQ_4在夹紧时受压，指示灯 HL_2亮，表示可以进行钻削加工；在主轴箱和立柱放松时，SQ_4不受压，指示灯 HL_1亮，表示可以进行移动调整。

4. 保护环节、照明及冷却泵电动机的控制

（1）保护环节。Z3040 型摇臂钻床主要包括短路保护、主轴电动机和液压泵电动机的过载保护、摇臂的升降限位保护等。

（2）照明电路。机床的局部照明由变压器 T 供给 36V 的安全电压，由开关 SQ 控制照明灯 EL。

（3）冷却泵电动机控制。冷却泵电动机 M_4容量很小，仅 0.125kW，由开关 SA 控制。

5. 常见故障及处理

（1）摇臂不能上升。常见故障为 SQ_2安装位置不当或发生移动。

（2）摇臂移动后不能夹紧。常见故障为 SQ_3安装位置不当或松动移位。

（3）液压系统故障。Z3040 型摇臂钻床采用的是机、电、液联合控制，有的故障只凭故障现象是不能判断故障部位的，甚至机、电、液部分都有可能。比如立柱与主轴箱不能夹紧和放松，或者夹紧后不能自锁等故障除了从电气控制角度分析外，也完全有可能是液压系统的故障。

本 章 小 结

C620 车床控制线路较简单，被控电动机的电气要求不高，只有一般的顺序、互锁控制。

X62W 万能铣床主要有三种运动方式：主轴运动、给进运动和辅助运动，其中给进运动较复杂，六个

方向（上、下、左、右、前、后）运动靠两个手柄、三根丝杆、四个行程开关进行控制。另外，为了解决齿轮变速带来的啮合不好问题，线路中又增设了“瞬时冲动”环节，通过压合行程开关，瞬时接通电动机，达到便于啮合的目的。

Z3040 摇臂钻床以摇臂升降运动的控制较复杂。由液压泵配合机械装置，完成“松开摇臂→上升（或下降）→夹紧摇臂”这一过程，在此过程中要注意行程开关和时间继电器的动作情况。主轴和立柱的夹紧与放松是以点动控制为主，配合手动完成的。

组合机床的电气与液压配合动作较多，所以液压控制图应认真阅读，配合机床动作才能真正理解组合机床的控制。

习　题　4

一、判断题（正确的打√，错误的打×）

4.1　机床电器装置的所有触点均应完整、光洁，接触良好。（　　）

4.2　X62W 型万能铣床工作台的左右运动时，手柄所指的方向与运动方向无关。（　　）

4.3　X62W 型万能铣床工作台向上运动时，压下 SQ_2 手柄，工作台即可按选择方向作进给运动。（　　）

4.4　X62W 型万能铣床主轴变速冲动控制时，先把主轴瞬时冲动手柄向下压，并拉到后面，转动主轴调速盘，选择所需的转速，再把冲动手柄以较快速度推回原位。（　　）

二、选择题

4.5　铣床高速切削后，停车很费时间，故采用（　　）制动。

A. 电容　　B. 电磁离合器　　C. 电磁抱闸　　D. 再生

4.6　X62W 型万能铣床工作台进给必须在主轴启动后才允许，是为了（　　）。

A. 电路安装的需要　　B. 加工工艺的需要

C. 安全的需要　　D. 工作方便

4.7　X62W 型万能铣床进给运动时，升降台的上、下运动和工作台的前、后运动完全由操纵手柄通过行程开关来控制，其中，行程开关 SQ_3 用于控制工作台向前和（　　）的运动。

A. 向左　　B. 向右　　C. 向上　　D. 向下

4.8　X62W 型万能铣床主轴上刀完毕，将转换开关扳到（　　）位置，主轴方可启动。

A. 接通　　B. 断开　　C. 中间　　D. 极限

4.9　X62W 型万能铣床主轴制动时，按下停止按钮后，KM_1 首先断电，主轴刹车离合器（　　）得电吸合，电动机转速很快降低并停下来。

A. YC_1　　B. YC_2　　C. YC_3　　D. YC_4

4.10　X62W 型万能铣床主轴制动时，按下停止按钮后，KM1 首先断电，主轴刹车离合器（　　）得电吸合，电动机转速很快降低并停下来。

A. YC_1　　B. YC_2　　C. YC_3　　D. YB_5

三、简答题

4.11　平面磨床中为什么采用电磁吸盘来夹持工件？电磁吸盘线圈为何要用直流供电而不能用交流供电？

4.12　X62W 万能铣床电路由哪些基本控制环节组成？

4.13　X62W 万能铣床控制电路中具有哪些互锁与保护？为什么要有这些互锁与保护？它们是如何实现的？

4.14　X62W 万能铣床中，主轴旋转工作时变速与主轴未转时变速其电路工作情况有何不同？

4.15　在 X62W 电路中，若发生下列故障，请分别分析其故障原因：

（1）主轴停车时，正、反方向都没有制动作用。

（2）进给运动中，能向上、后、左运动，不能向前、右、下运动，也不能实现圆工作台运动。

（3）进给运动中，能向上、下、左、右、前运动，不能向后运动。

（4）进给运动中，能向上、下、右、前、后运动，不能向左运动。

4.16 在 Z3040 摇臂钻床电路中，时间继电器 KT 与电磁阀 YV 在什么时候动作？YV 动作时间比 KT 长还是短？YV 什么时候不动作？

4.17 试叙述 Z3040 摇臂钻床操作摇臂下降时电路的工作情况。

4.18 Z3040 摇臂钻床电路中，有哪些互锁与保护？为什么要有这几种保护环节？

4.19 分析组合机床动力滑台的工作循环，说明各行程开关的作用。

第 5 章　可编程序控制器的组成与原理

内容提要

可编程序控制器的基本结构（中央处理单元、存储器、输入/输出模块、电源模块、接口与外设）。可编程序控制器的工作原理（输入采样、程序执行、输出处理）

5.1　可编程序控制器的基本结构

PLC 采用典型的计算机结构，由中央处理单元、存储器、输入/输出接口电路和其他一些电路组成。图 5.1 所示为结构示意图，图 5.2 所示为逻辑结构示意图。

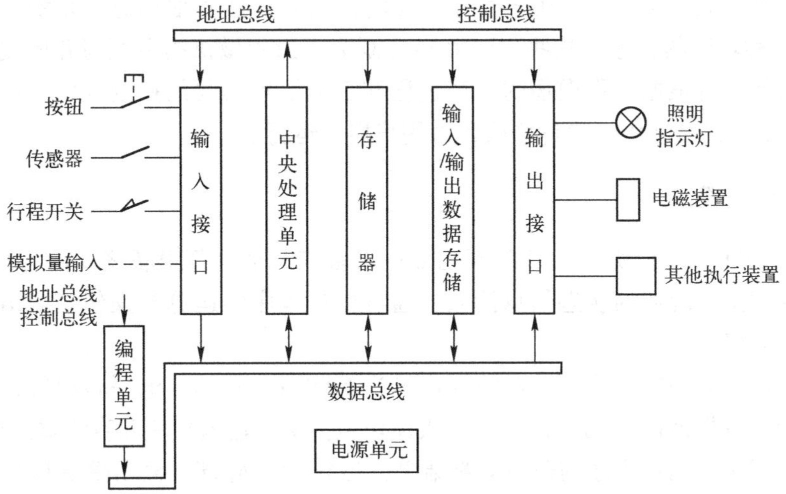

图 5.1　可编程序控制器结构示意图

1. 中央处理单元

中央处理单元（CPU）是 PLC 的核心部件，如图 6.2 所示，它控制着所有部件的操作。CPU 通过地址总线、数据总线和控制总线与存储单元、输入/输出（I/O）接口电路连接。CPU 按扫描方式工作，扫描从 0000 地址存放的第一条用户程序开始，经过存储器中各功能程序，到用户程序的最后一个地址，不停地周期性扫描，每扫描一次，用户程序就执行一次。

CPU 的主要功能包括从存储器中读取指令、执行指令、准备下一条指令、处理中断。

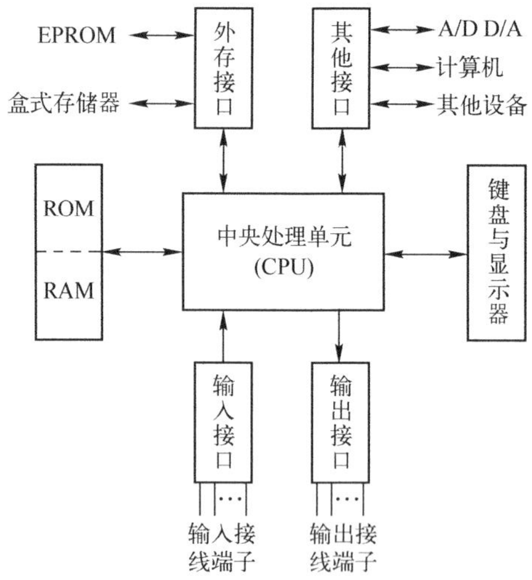

图 5.2　可编程序控制器逻辑结构示意图

2. 存储器

存储器用来存放系统程序、用户程序、逻辑变量和一些其他信息。系统程序是指控制和完成 PLC 各种功能的程序。这些程序由 PLC 制造厂家用微机指令编写并固化在 ROM 中。用户程序是指使用者根据工程现场的生产过程和工艺要求编写的控制程序。用户程序由使用者输入到 PLC 的 RAM 中，允许修改，由用户启动运行。

3. 输入/输出模块

输入/输出（I/O）模块是 PLC 与现场 I/O 设备或其他外部设备之间的连接部件。PLC 通过输入模块把工业现场的状态信息读入，通过用户程序的运算与操作，把结果通过输出模块输出给执行机构。

输入模块用于处理输入信号，对输入信号进行滤波、隔离、电平转换等，把输入信号的逻辑值准确、可靠地传入 PLC 内部。输入模块包括交流输入模块和直流输入模块。

输出模块用于把用户程序的逻辑运算结果输出到 PLC 外部，输出模块具有隔离 PLC 内部电路与外部执行元件的作用，同时兼有功率放大作用。输出模块常用的形式有晶体管输出（T 型）、双向晶闸管输出（S 型）和继电器输出（R 型）。使用时要注意：晶体管输出型模块只能带直流负载，双向晶闸管输出型模块只能带交流负载，继电器输出型模块可带交/直流负载。

4. 电源模块

一般 PLC 采用 AC 220V 电源，也可用直流电源。交流电源经整流和稳压向 PLC 各模块供电。欧姆龙 C 系列 P 型 PLC 使用 DC 24V 工作电源。

5. 其他接口及外设

其他接口包括外存储器接口、A/D 转换接口、D/A 转换接口、远程通信接口、与计算机相连的接口、与 CRT 相连的接口等。其他外设包括编程器、键盘、CRT 等。

5.2 可编程序控制器的基本工作过程

5.2.1 可编程序控制器应用举例

图 5.3 所示为三相异步电动机启停电路。若改用欧姆龙 C 系列 P 型机实现控制，按控制要求可设计出如图 5.4 所示的 I/O 连线图和如图 5.5 所示的梯形图以及表 5.1 所示相应的指令程序。

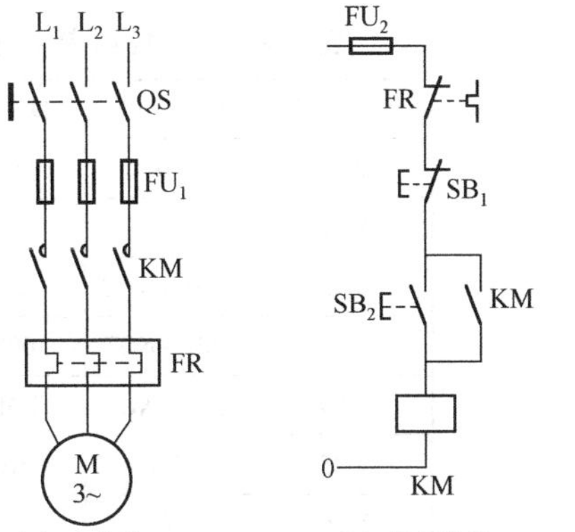

（a）主电路　（b）控制电路

图 5.3　三相异步电动机的启停电路

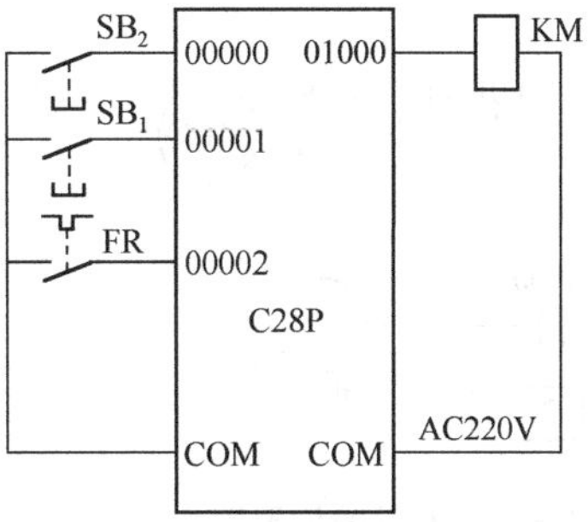

图 5.4　I/O 连线图

表 5.1　启停控制指令表

地　址	指　令	数　据
0000	LD	00000
0001	OR	01000
0002	AND - NOT	00001
0003	AND - NOT	00002
0004	OUT	01000
0005	END（01）	—

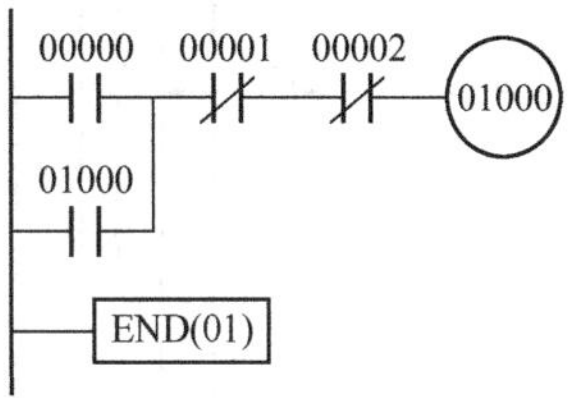

图 5.5　梯形图

不难看出，如图 5.5 所示的梯形图与如图 5.3（b）所示的继电器控制电路很相似。梯形图是 PLC 的编程语言，对于使用者来说，在编制应用程序时，可不考虑 PLC 内部的复杂构成和使用的计算机语言，而把 PLC 看成是内部具有许多“软继电器”组成的控制器，用提供给使用者的近似于继电器控制线路图的梯形图进行编程。这些“软继电器”的线圈、动合触点、动断触点分别用“—○”、“—| |—”、“—|/|—”来表示。梯形图中触点在左边，与左侧垂直公共母线（左母线）相连；线圈在最右边，接右侧垂直公共母线，右母线可以省略。

但要注意，PLC 内部的继电器并不是物理继电器（硬件继电器），其实质是存储器中的某些触发器。该触发器为“1”状态时，相当于继电器得电；该触发器为“0”状态时，相当于继电器失电。

前面提到，PLC 的特点之一是控制程序可随工艺改变，当被控制对象、控制方案和工艺流程改变时，不需要改变 PLC 硬件，只需要改变程序就可实现不同的控制。假设根据生产工艺需要，按下启动按钮 SB_2后电动机只需要运行 1min 就应自行停止，若遇紧急情况，可随时停止电动机运行。显然，若采用继电器控制，需要改变图 5.3（b）才能实现。但若采用 PLC 控制，则根本不需要改变任何连线和增加任何器件，只需要修改梯形图和指令程序即可。修改后的梯形图和指令程序分别见图 5.6 和表 5.2。

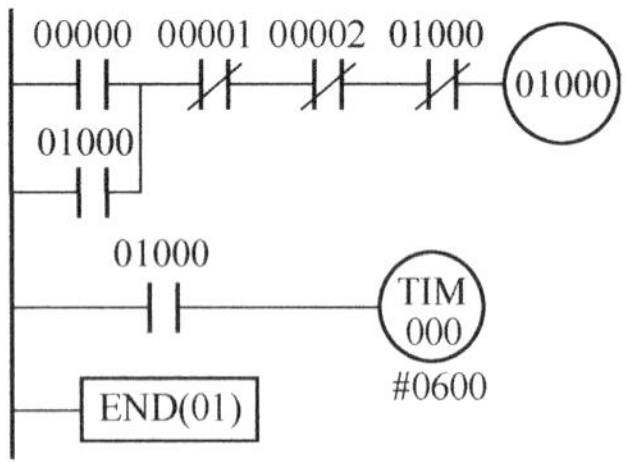

图 5.6　修改后的梯形图

表 5.2　定时控制指令表

地　址	指　令	数　据
0000	LD	00000
0001	OR	01000
0002	AND – NOT	00001
0003	AND – NOT	00002
0004	AND – NOT	TIM000
0005	OUT	01000
0006	LD	01000
0007	TIM	000
		#0600
0008	END（01）	—

5.2.2　可编程序控制器的工作过程

可编程序控制器实现某一用户程序的工作过程如图 5.7 所示，可分为三个阶段：输入采样阶段、程序执行阶段和输出处理阶段。

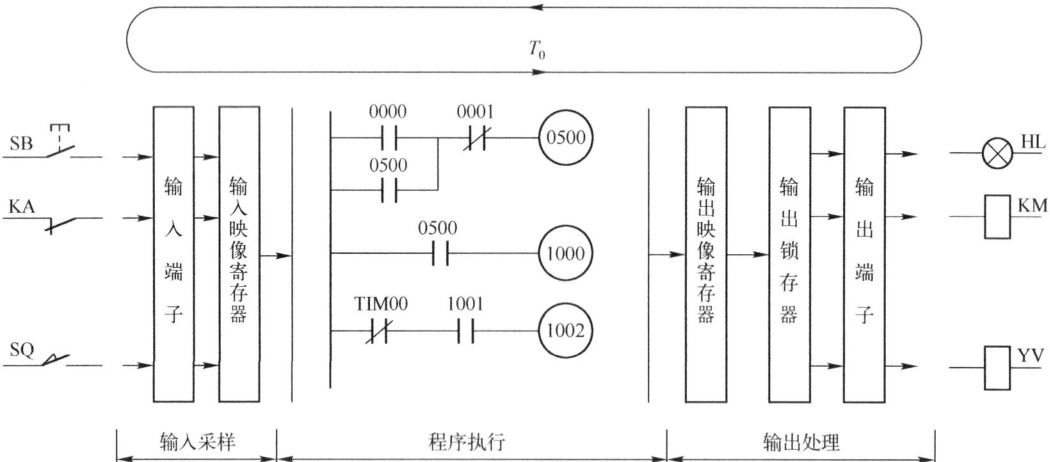

图 5.7　工作过程

1. 输入采样阶段

CPU 将全部现场输入信号如按钮、限位开关、速度继电器等的状态（通/断）经 PLC 的输入端子，读入映像寄存器，这一过程称为输入采样或扫描阶段。进入下一阶段即程序执行阶段时，输入信号若发生变化，输入映像寄存器也不予理睬，只有等到下一扫描周期输入采样阶段时才被更新。这种输入工作方式称为集中输入方式。

2. 程序执行阶段

CPU 从 0000 地址的第一条指令开始，依次逐条执行各指令，直到执行到最后一条指令。PLC 执行指令程序时，要读入输入映像寄存器的状态（ON 或 OFF，即 1 或 0）和其他编程元件的状态，除输入继电器外，一些编程元件的状态随着指令的执行不断更新。CPU 按程序给定的要求进行逻辑运算和算术运算，运算结果存入相应的元件映像寄存器，把将要向外输出的信号存入输出映像寄存器，并由输出锁存器保存。程序执行阶段的特点是依次顺序执行指令。

3. 输出处理阶段

CPU 将输出映像寄存器的状态经输出锁存器和 PLC 的输出端子，传送到外部去驱动接触器、电磁阀和指示灯等负载。这时输出锁存器的内容要等到下一个扫描周期的输出阶段到来才会被刷新。这种输出工作方式称为集中输出方式。

下面以图 5.4 和图 5.5 中所示的电动机启停控制为例，说明 PLC 的工作过程。

（1）输入采样阶段。CPU 将外设 SB_1，SB_2和 FR 的状态经输入端子 0000，0001，0002 读入对应的输入映像寄存器。

（2）程序执行阶段。CPU 按表 5.2 所示的指令表，逐条执行指令。执行 0000 地址指令时，将输入映像继电器 0000 的数（1 或 0）取出，存入结果寄存器 R。执行 0001 地址的第二条指令时，将输出映像继电器 0500 的内容与运算结果寄存器中的内容相“或”，运算结果存入 R。执行 0002 地址指令时，将输入映像寄存器 0001 的内容取出与结果寄存器 R 的内容相“与”，结果存入 R。执行 0003 地址指令时，将输入映像寄存器 0002 的内容取出与结果寄存器 R 的内容相“与”，结果存入 R。执行 0004 地址指令时，将结果寄存器的内容传送给输出映像寄存器。

（3）输出处理阶段。将输出映像寄存器的内容传送给输出锁存器，经输出端子去驱动外负载。若输出锁存器的内容为 1，则输出继电器的状态为 ON，接触器得电。反之，若输出锁存器的内容为 0，则输出继电器的状态为 OFF，接触器失电。

由以上分析可知，可编程序控制器采用串行工作方式，由彼此串行的三个阶段可构成一个扫描周期，输入处理和输出处理阶段采用集中扫描工作方式。只要 CPU 置于“RUN”，完成一个扫描周期工作后，将自动转入下一个扫描周期，反复循环地工作，这与继电器控制是大不相同的。

CPU 完成一次包括输入处理阶段、程序执行阶段和输出处理阶段的扫描循环所占用的时间称为 PLC 的一个扫描周期，用 T_0表示。其中输入和输出时间很短，约为 1ms。程序执行时间与指令种类和 CPU 扫描速度相关。欧姆龙 C 系列 P 型机的 CPU 指令执行的平均时间约为 10μs/指令。一个扫描周期只有几毫秒。

本章小结

可编程序控制器是一种新型的工业控制专用计算机，其分类方法可按 I/O 点数、结构形式和功能进行。可编程序控制器的特点是利用计算机对工业设备直接进行电气控制。

可编程序控制器利用软件进行控制，其工作过程可分为输入采样、程序执行和输出处理三个阶段，并采用扫描循环方式工作，这一点与传统继电器－接触器系统是完全不相同的，也是其性能得到提高的基础之一。

习　题　5

一、填空题

5.1　可编程序控制器基本结构是由________接口、________接口、________和________部件组成。

5.2　可编程序控制器接收外部信号的端口为________接口。

5.3　PLC 的中文意思是________。

5.4　PLC 控制系统是由________、________和________三个基本部分组成。

5.5　PLC 的输出形式可以是________输出，________输出和________输出。

5.6　PLC 的________输出可带交、直流负载，而晶闸管输出只能带________负载。

5.7　可编程控制器与传统的继电器控制的相同点是___________，不同点是___________、________、________。

5.8　PLC 扫描过程的三个阶段是________阶段、________阶段和________阶段。

二、选择题

5.9　可编程序控制器就其本质来说是（　　）。

A. 一台专用计算机系统　　B. 微型化的继电器－接触器系统

C. 一套编程软件　　D. 必须配合个人计算机才能正常工作的设备

5.10　可编程控制器使用在（　　）的电气控制技术中，具有较大的经济效益和应用价值。

A. 很简单　　B. 较复杂　　C. 一般　　D. 任何

5.11　在 PLC 中，（　　）是具有掉电保持功能的软继电器。

A. 输入继电器　　B. 输出继电器　　C. 计数器　　D. 定时器

三、问答题

5.12　PLC 基本单元由哪几个部分组成？它们的作用各是什么？

5.13　举例说明可编程序控制器的现场输入元件和负载的种类。

5.14　继电器、晶闸管、晶体管输出各具有什么特点？

5.15　PLC 在一个工作周期中能完成哪些工作？

第6章 可编程序控制器技术性能和编程语言

内容提要

了解可编程序控制器的技术性能与应用领域。掌握可编程序控制器的编程语言（梯形图、指令语句、逻辑图、逻辑表达式、高级语言）。

6.1 可编程序控制器的技术性能

6.1.1 可编程序控制器的基本技术性能

可编程序控制器的技术指标很多，但作为使用可编程序控制器的用户，对其中主要技术指标应了解清楚。

1. 输入/输出点数（即I/O点数）

I/O点数是指可编程序控制器外部输入、输出端子总数，这是可编程序控制器最重要的一项指标。一般按可编程序控制器点数多少来区分机型的大小，小型机的I/O点数在256以下（无模拟量），中型机的I/O点数为256～2048（模拟量64～128路），大型机的I/O点数为2048（模拟量128～512路）以上。

2. 扫描速度

扫描速度一般以执行1000步指令所需时间来衡量，故单位为ms/千步，也有以执行一步指令的时间计算，例如：μs/步。

3. 指令条数

指令条数是衡量可编程序控制器软件功能强弱的主要指标。可编程序控制器具有的指令种类越多，说明其软件功能越强。

4. 内存容量

内存容量是指可编程序控制器内有效用户程序的存储器容量。在可编程序控制器中，程序指令是按“步”存放的（一条指令往往不止一步），一步占用一个地址单元，一个地址单元一般占用两个字节。

5. 高功能模块

可编程序控制器除了主机模块外，还可以配接各种高功能模块。主机模块实现基本控制功能，高功能模块则可实现某一种特殊的专门功能。衡量可编程序控制器产品水平高低的重要指标是它的高功能模块的多少、功能的强弱。常见的高功能模块主要是 A/D 模块、D/A 模块、高速计数模块、速度控制模块、温度控制模块、位置控制模块、轴定位模块、远程通信模块、高级语言编辑模块以及各种物理量转换模块等。

高功能模块使可编程序控制器不仅能进行开关量控制，而且还能进行模拟量控制，可进行精确的定位和速度控制，可以和计算机进行通信，可以直接用高级语言进行编辑，给用户提供了强有力的工具。

表 6.1 列出了常见可编程序控制器的基本技术指标。

表 6.1　常见可编程序控制器基本技术指标一览表

公司名称	型　号	最大开关量 I/O 点数	最大模拟量 I/O 点数	扫描速度（ms/千步）	程序存储容量（字节）	数据存储容量（字节）	高级语言	运动控制	PID 功能
GE	GE　ONE/E	112	24	12	1.7K		√		
	GE－90　20/211	28		18	1K	256			
	GE－90　30/311	80	96	18	3K	512			√
	GE－90　30/331	512	192	0.4	8K	2K	√		√
	GE－90　90/771	2048	1024	0.4	256K	16K	√	√	√
	GE－90　90/781	12K	4K	0.4	256K	16K	√	√	√
三菱	F1	120		12	1K			√	
	FX2	256		0.74	8K	128		√	
	AIS	256		1	8K	3308		√	
	A2C	512		1.25	8K			√	
	A3M	2048		0.2	30K		√	√	√
	A3A	2048		0.15	60K			√	√
欧姆龙	C20H	140	36	0.75	2.8K	2K		√	√
	C40H	160	36	0.75	2.8K	2K		√	√
	C200H	384	40	0.75	6.9K	2K		√	√
	C500	512	64	5	6.6K	512		√	√
	C1000H	1024	64	0.4	32K	4K		√	√
	C2000H	2048	64	0.4	32K	66K		√	√
西门子	S7－200	64	20	0.8	4K	2K	√		√
	S7－300	512	64	0.3	24K		√		√
	S5－100U	256	32	1.6	20K	20K	√		√
	S5－115U	2048	128	18	42K	42K	√	√	√
	S5－135U	2048	192	1.1	64K	64K	√	√	√
	S5－155U	10000	384	1.4	2M	2M	√	√	√
TE	TSX 47－30	512	32	0.4	56K		√	√	√
	TSX 47－40	1042	32	0.5	112K		√	√	√
	TSX 67－40	2048	128	0.5	224K		√	√	√
	TSX 87－40	2048	256	0.32	352K		√	√	√
	TSX 107－40	2048	256	0.32	352K		√	√	√
西屋	PC－1100	128	16	7	3.5K	1796			√
	PC－503	256	32	2	10K	2K	√		√
	PC－700	512	64	7	8K	1796			√
	HPPC－1700	8192	512	1	224K	32K			√

注：“√”表示具有相应的功能。

6.1.2 可编程序控制器的应用领域

可编程序控制器在各行各业中应用十分广泛，可以从应用类型和应用领域来划分。

1. 从应用类型划分

(1) 用于开关逻辑控制。这种控制主要针对传统工业，例如各种自动加工机械设备、升降控制系统。其特点是被控对象是开关逻辑量，只需完成接通、断开开关动作，逻辑控制可由触点的串联和并联来实现，因此，在传统工业应用可编程序控制器控制是十分方便的。

(2) 用于闭环过程控制。工业控制系统的工作过程中，需大量使用 PID 调节器，以便准确、可靠地完成各种工业控制要求的动作。现代大型可编程序控制器都配有 PID 子程序（制成软件，供用户调用）或 PID 智能模块，从而实现单回路、多回路的调节控制。例如，PID 调节器可应用于锅炉、冷冻、反应堆、水处理、酿酒等的控制。

可编程序控制器可应用于闭环的位置控制和速度控制，例如，连轧机的位置控制、自动电焊机控制等。

(3) 用于机器人控制。由可编程序控制器控制的 3～6 轴机器人可自动完成各种机械动作。

(4) 用于组成多级控制系统。多级控制系统可以配合计算机等其他设备，组成工厂自动化网络系统。在这个系统中可充分利用可编程序控制器的通信接口和专用网络通信模块，使各自动化设备之间实现快速通信。

2. 从应用领域划分

可编程序控制器不仅应用于工厂，而且已渗透到产业界的每个角落，其应用领域涉及机械、食品、造纸、货运、水处理、高层建筑、公共设施、农业和娱乐业等。可编程序控制器应用领域的分类情况见表 6.2。

表 6.2 可编程序控制器应用领域分类

应用领域	机械	食品	造纸
应用实例	· 机床 · 自动生产机械 · 自动装配机	· 仓库控制 · 配料控制 · 包装机控制	· 包装纸输送线 · 瓦楞纸冲装机 · 自动包装机
应用领域	货运	水处理	楼宇
应用实例	· 传送带生产线控制 · 装载输送机控制 · 吊车控制	· 水滤清控制 · 上下水道控制 · 废液处理控制	· 楼房空调控制 · 楼房防灾警报设备控制 · 立体停车场控制
应用领域	公共设施	农业	娱乐
应用实例	· 隧道排气控制 · 垃圾处理设备控制 · 过滤、清洗设备控制	· 喷灌控制 · 喷水控制 · 温室控制	· 照明控制 · 霓虹灯控制 · 剧场舞台的自动控制

6.2 可编程序控制器的编程语言

可编程序控制器的编程语言，根据生产厂家不同和机型不同而各不相同。由于目前还没有统一的通用语言，所以在使用不同厂家的可编程序控制器时，同一种编程语言（如梯形图编程语言或指令表编程语言）也有所不同。为了表示电气控制的逻辑关系，它们大致可分成四种，如图 6.1 所示。它们是梯形图编程、指令语句编程、逻辑图和逻辑表达式，有些大型可编程序控制器也采用高级语言（BASIC 语言、C 语言）进行编程。

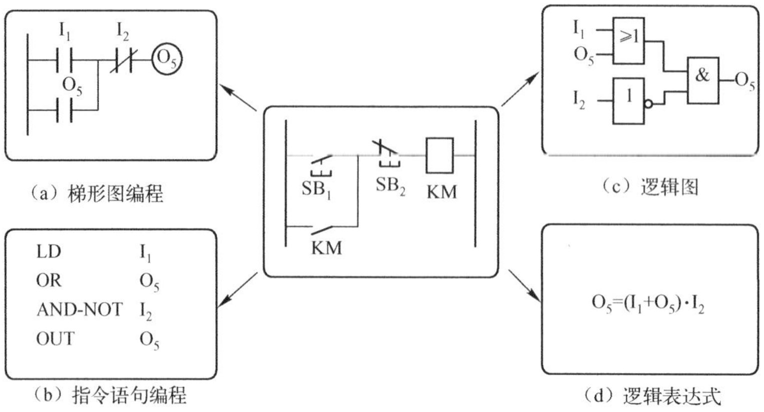

图 6.1　四种编程语言

6.2.1 梯形图编程

梯形图编程是在继电器－接触器控制系统电路图基础上简化了符号而演变来的，可以说是沿袭了传统的电气控制图。在简化的同时还加进了许多功能强而又使用灵活的指令，将微机的特点结合进去，使编程容易，而实现的功能却大大超过了传统电气控制电路图，是目前应用最普遍的一种可编程序控制器编程语言。

图 6.2 所示为一个梯形图编程语言的例子，其中图 6.2（a）为欧姆龙系列可编程序控制器梯形图，图 6.2（b）为松下系列可编程序控制器梯形图，图 6.2（c）为三菱系列可编程序控制器梯形图。就其梯形图的结构和使用符号来看，三者基本相似，所以尽管目前各厂家生产的可编程序控制器还没有完全统一的编程格式，但只要熟练掌握一种机器的编程方法，举一反三是不困难的。在表述符号方面几种可编程序控制器还有所不同，如表 6.3 所示。

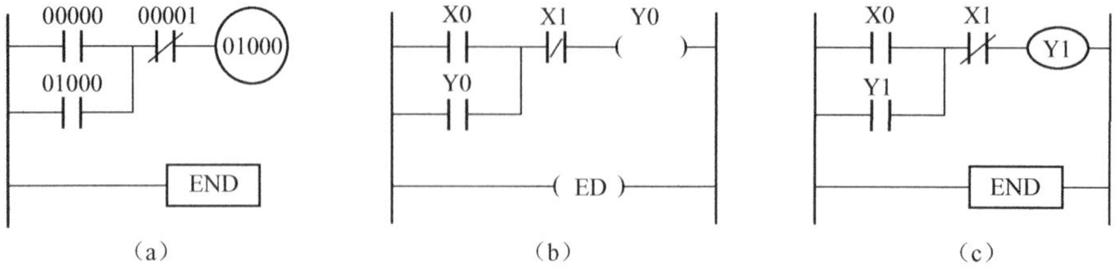

图 6.2　三种不同机种的梯形图

表 6.3 可编程序控制器部分符号意义

公司 \ 名称	输入动合触点	输入动断触点	输出继电器	输出继电器动合触点
欧姆龙	00000 ─┤├─	00001 ─┤/├─	01000 ───○	01000 ─┤├─
松下	X0 ─┤├─	X1 ─┤/├─	─(Y0)─	Y0 ─┤├─
三菱	X0 ─┤├─	X1 ─┤/├─	Y0 ─⊂⊃─	Y0 ─┤├─
注释	欧姆龙：00□□表示输入触点 松下：X□表示输入触点 三菱：X□表示输入触点		欧姆龙：05□□表示输出触点（或线圈） 松下：Y□表示输出触点（或线圈） 三菱：Y□表示输出触点（或线圈）	

由表 6.3 可知，输入触点有动合和动断两种，它们都表示输入变量。输出继电器只表示一个通用的符号，它可以表示各种形式的输出，但在梯形图中一般看做一个继电器，它表示输出变量。表 6.3 中列出了输出继电器的动合触点符号，它同样也有动断触点，其图形符号与输入动断触点图形符号一致，但其文字符号必须标注输出继电器符号。与输出继电器一样，对于可编程序控制器内部的其他内部继电器（即软继电器）也做同样处理。

由图 6.2 和表 6.3 可知，梯形图及符号的画与写应按一定规则。各厂家的符号和规则虽不尽相同，但基本上大同小异。对于可编程序控制器的规则，以下总结出具有共性的几点，以便加深对可编程序控制器的认识和学习。

(1) 梯形图中只有动合和动断两种触点。动合触点和动断触点图形符号基本相同，但它们的文字符号不相同，这一点随不同机种、不同位置（输入或输出）而不同。同一标记的触点可以反复使用，次数不限，这点与继电器 - 接触器系统中同一触点只能使用一次不同。因为在可编程序控制器中每一触点的状态均存入可编程序控制器内部的存储单元中，可以反复读写，故可以反复使用。

(2) 梯形图中输出继电器（输出变量）表示方法也不相同，在表 6.3 中可看到，有圆圈、括号和椭圆表示。而且它们的文字代号也不相同，不过无论哪种产品，同一个编号的输出继电器在程序中只能使用一次。

(3) 梯形图最左边是起始母线，每一逻辑行必须从起始母线开始画起。有些类型的产品在梯形图最右边还有结束母线，有的则可以省略不用。

(4) 梯形图必须按从左到右、从上到下顺序书写，可编程序控制器是按这个顺序执行程序的。

(5) 梯形图中的触点可以任意串联或并联。

(6) 梯形图中输出继电器可以并联，但不能串联。

(7) 程序结束应有结束符，一般用“END”或“ED”表示。

6.2.2 指令语句编程

梯形图编程的优点是直观、简便，但需要具有带 CRT 屏幕显示屏的图形编程器方可输入图形符号。小型机一般无法满足，因此采用经济便携的编程器（指令编程器）将程序输入到可编程序控制器中。这种编程方法使用指令语句（助记符语言），它类似微型计算机中的汇编语言。语句是指令语句表编程的基本单元，每个控制功能由一个或多个语句组成的程序来执行。每个语句是规定可编程序控制器中 CPU 如何动作的指令，它是由操作码和操作数组成的。操作码用助记符表示（例如 LD 表示“取”，OR 表示“或”，OUT 表示“输出”等）要执行的功能，操作数（参数）表明操作的地址（例如输入继电器编号、输出继电器编号、定时器编号等）或一个预先设定的值（例如定时值、计数值等）。表 6.4 为用欧姆龙、松下、三菱可编程序控制器指令语句按如图 6.2 所示的梯形图编写的指令语句表程序。

表 6.4　几种不同的可编程序控制器指令语句表

机　型	步　序	操作码（助记符）	操作数（参数）	说　明
欧姆龙	1	LD	00000	逻辑行开始，动合触点 0000 接在母线
	2	OR	01000	并联输出继电器的动合触点 0500
	3	AND－NOT	00001	串联动断触点 0001
	4	OUT	01000	输出继电器 0500 输出，逻辑行结束
	5	END	—	程序结束
松下	1	ST	X0	逻辑行开始，动合触点 X0 接在母线
	2	OR	Y1	并联输出继电器的动合触点 Y1
	3	AN/	X1	串联动断触点 X1
	4	OT	Y1	输出继电器 Y1 输出，逻辑行结束
	5	ED		程序结束
三菱	1	LD	X0	逻辑行开始，动合触点 X0 接在母线
	2	OR	Y1	并联输出继电器的动合触点 Y1
	3	ANI	X1	串联动断触点 X1
	4	OUT	Y1	输出继电器 Y1 输出，逻辑行结束
	5	END		程序结束

6.2.3　功能块图（逻辑图）编程语言

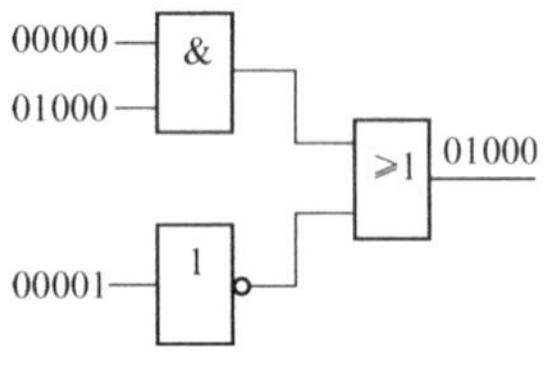

图 6.3　功能块图编程语言图

功能块图编程语言实际上是以逻辑功能符号组成功能块表达命令的图形语言，与数字电路中的逻辑图一样，它极易表现条件与结果之间的逻辑功能。图 6.3 所示为先“或”后“与”再输出操作的功能块图编程语言图，其逻辑功能与图 6.2（a）对应。

由图 6.3 可见，这种编程方法是根据信息流将各种功能块加以组合，是一种逐步发展起来的新式的编程语言，正在受到各种可编程序控制器厂家的重视。

6.2.4　高级语言

对于大型可编程序控制器，其点数多，控制对象复杂，所以可以使用像微型计算机一样的结构化编程语言，例如，BASIC 语言、C 语言、Pascal 语言等高级语言。这种编程方式不仅能完成逻辑控制功能、数值计算、数据处理、PID 调节，还能很方便地与计算机通信联网，从而形成由计算机控制的可编程序控制器系统。

本章小结

可编程序控制器性能指标很多，但从使用者角度出发，主要有以下几点。

(1) 输入/输出点数：用以区分机型大小指标之一，点数多可以控制的对象和输入信号多。

(2) 扫描速度：扫描速度快反映了可编程序控制器控制电气设备的能力强。

(3) 指令条数：指令条数多说明软件功能丰富。

(4) 内存容量：内存容量越大，可以存储的指令越多，从而可以控制较复杂的设备。

可编程序控制器的编程语言主要由梯形图和指令表构成。梯形图沿袭了传统的电气控制图，并增加了许多功能强而又灵活的指令，因此电气工程技术人员很容易掌握，它是目前使用最普遍的一种编程语言。指令表以语句（助记符语言）为基本单元，每个控制功能由一个或多个语句组成的程序来执行。

习　题　6

一、判断题（正确的打√，错误的打×）

6.1　可编程序控制器的编程语言是一种指令。(　　)

二、问答题

6.2　可编程序控制器的基本技术性能有哪些？

6.3　可编程序控制器主要应用在哪些领域？

6.4　可编程序控制器一般有几种编程语言？各有什么特点？

第7章　欧姆龙 CPM1A 系列 PLC 的结构与资源

内容提要

欧姆龙 CPM1A 结构内部资源。欧姆龙 CPM1 系列 PLC 的内部资源。

7.1　结构与内部器件

7.1.1　外形结构

图7.1所示是欧姆龙 CPM1A 系列 PLC 10点、20点、30点、40点主机的面板结构。

图7.1中各接线端子和接口的作用说明如下：

(1) 电源输入端子。电源输入端子用来接入电源。根据主机使用电源不同，有 AC 电源型和 DC 电源型，他们分别使用交流100V~240V、直流24V电压。

(2) 功能接地端子（仅 AC 电源型）。在有严重噪声干扰时，功能接地端子必须接地。它和保护接地端子可连在一起接地，但不可与其他设备接地线或建筑物金属结构连在一起，接地电阻应小于等于100Ω。

(3) 保护接地端子。为了防止触电，保护接地端子务必接地。它和功能接地端子可连在一起接地，但不可与其他设备接地线或建筑物金属结构连在一起，接地电阻应小于等于100Ω。

(4) 输出 DC24V 电源端子。DC24V 电源端子对外部提供 DC24V 电源。可供输入设备或现场传感器使用。

(5) 输入端子。输入端子用于连接输入设备。例如，10点 I/O 型的主机有6个输入点，其编号为00000~00005，它们共用一个 COM 端子。在输入端子中，有两种情况要注意：

① 00000~00002 作为高速计数输入端子，计数输入端为00000，00001。复位输入端为00002。

② 00003~00006 作为中断输入端子（10点 I/O 型的主机只有00003和00004是中断输入端子）。

(6) 输出端子。输出端子用于连接输出设备。例如，10点 I/O 型有4个输出点，编号为01000~01003。01000，01001 各用一个 COM 端子，01002，01003 则共用一个 COM 端子。

(7) 工作状态显示 LED。

PWR（绿）：电源的接通或断开指示。电源接通时亮，电源断开时灭。

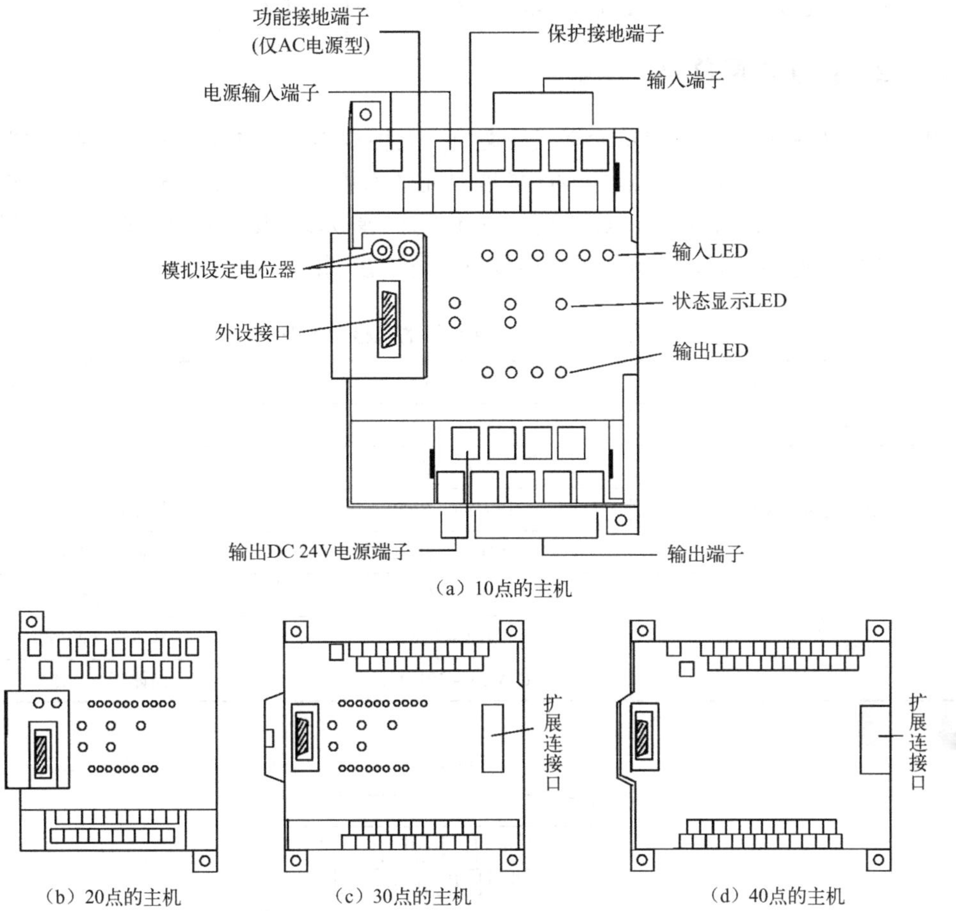

图 7.1 CPM1A 系列主机面板

RUN（绿）：PLC 的工作状态指示。PLC 处在运行或监控状态时亮，处在编程状态或异常时灭。

ERR/ALM（红）：严重错误和警告性错误指示。PLC 出现严重错误时 LED 常亮，此时 PLC 停止工作且不执行程序；PLC 出现警告性错误时 LED 闪烁，但 PLC 继续执行程序；运行正常时 LED 灭。

COMM（橙）：通信指示灯。PLC 与外部设备通信时亮，不通信时灭。

(8) 输入/输出点显示 LED。每一个输入、输出点都对应一个 LED，当某个点的 LED 亮时，表示该点接通。

(9) 模拟量设定电位器。两个模拟量设定电位器 0、1 位于面板的左上角，可预置参数，范围为 0 ~ 200（BCD）。

(10) 外设端口。通过外设端口可以连接编程器等外部设备，也可以通过 RS232C 或 RS422 通信适配器连接其他 PLC 或上位计算机以构成网络。

(11) 扩展连接口。CPM1A 系列机 PLC 中，I/O 点为 30 点和 40 点的主机扩展连接口。该扩展连接口用于连接各种扩展单元，如 I/O 扩展单元、特殊功能单元和 I/O 链接单元等。

可以特殊连接不同类型的扩展单元，但总数不能超过 3 台。对于特殊功能单元 TS002，TS102，则只能连接其中的一个，且扩展单元的总数不能超过 2 台。

7.1.2 I/O 扩展单元

CPM1A 系列机的 I/O 扩展单元有三种类型，七种规格。表 7.1 所示为 I/O 扩展单元的规格和类型。图 7.2 所示是 20 点的 I/O 扩展单元的面板，它有 12 个输入点，8 个输出点。面板上输入/输出 LED 指示 I/O 点的状态。左侧的扩展 I/O 连接电缆可连在主机或其他 I/O 扩展单元的扩展连接口上。右侧的扩展连接口可再连接别的扩展单元。

表 7.1 I/O 扩展单元的规格和类型

类型	型号	输出形式
8 点型输入：8 点	CPM1A－8ED	—
8 点型输出：8 点	CPM1A－8ER	继电器
	CPM1A－8ET	晶体管（NPN）
	CPM1A－8ET1	晶体管（PNP）
20 点型输入：12 点 输出：8 点	CPM1A－20EDR	继电器
	CPM1A－20EDT	晶体管（NPN）
	CPM1A－20EDT1	晶体管（PNP）

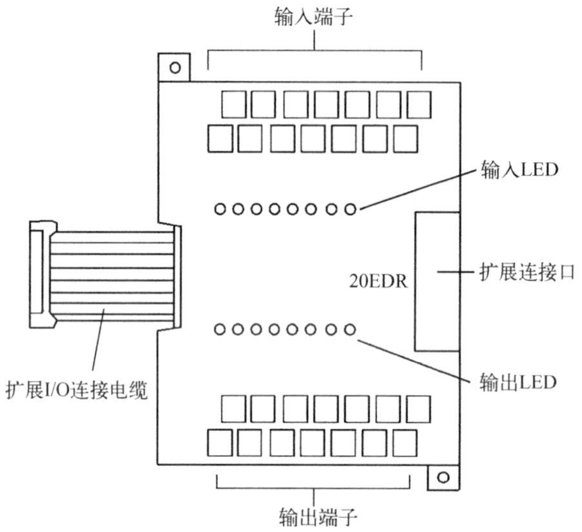

图 7.2 20 点的 I/O 扩展单元面板图

10 点、20 点的主机没有扩展连接口，所以不能连接 I/O 扩展单元。30 点、40 点的主机有扩展连接口，但最多能连接 3 台 I/O 扩展单元。40 点的主机连接 3 台 20 点的 I/O 扩展单元时，最多能组合成 100 个 I/O 点。图 7.3 所示是 30 点和 40 点的主机其 I/O 扩展配置示意图及 I/O 点编号。

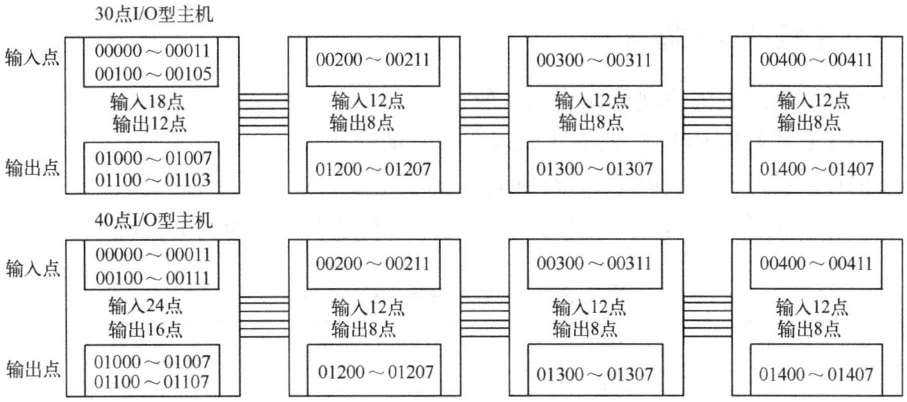

图 7.3　CPM1A 系列机 PLC 的 I/O 扩展配置示意图及 I/O 点编号

7.1.3　编程工具

CPM1A 系列机的编程工具有两种，即手执编程器和装有专用编程软件的个人计算机。

手执编程器有 CQM1 – PRO01 和 C200H – PRO27 两种型号。CQM1 – PRO01 编程器本身带 2m 长的电缆，可直接连在主机的外设端口上。C200H – PRO27 编程器本身不带电缆，需用 C200H – CN222 或 C200H – CN422 的专用电缆与主机连接。

个人计算机要通过 RS232C 通信适配器 CPM1 – CIF01 或专用电缆 CQM1 – CIF01/CIF02 与 PLC 连接。各种编程工具与主机的连接如图 7.4 所示。

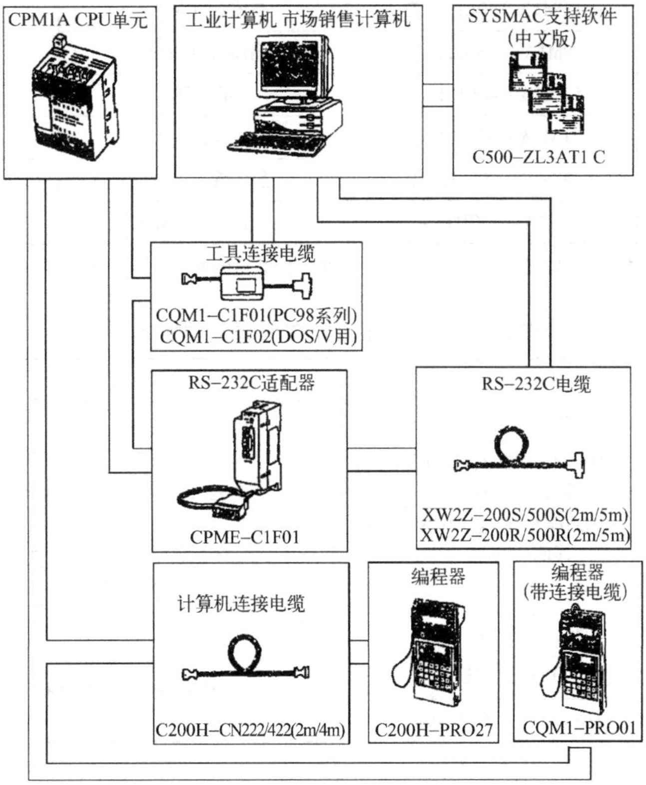

图 7.4　编程工具与主机的连接

7.1.4 主机的技术指标

（1）CPM1A 系列主机的规格如表 7.2 所示。

（2）CPM1A 系列机 CPU 单元特性如表 7.3 所示。

（3）CPM1A 系列 I/O 扩展单元特性如表 7.4 所示。

（4）CPM1A 系列 CPU 单元、I/O 扩展单元继电器输出特性如表 7.5 所示。

表 7.2 CPM1A 系列主机的规格

类　型	型　号	输出形式	电　源
10 点 I/O 输入：6 点 输出：4 点	CPM1A－10CDR－A	继电器	AC100V～240V
	CPM1A－10CDR－D	继电器	DC24V
	CPM1A－10CDT－D	晶体管（NPN）	DC24V
	CPM1A－10CDT1－D	晶体管（PNP）	
20 点 I/O 输入：12 点 输出：8 点	CPM1A－20CDR－A	继电器	AC100V～240V
	CPM1A－20CDR－D	继电器	DC24V
	CPM1A－20CDT－D	晶体管（NPN）	DC24V
	CPM1A－20CDT1－D	晶体管（PNP）	
30 点 I/O 输入：18 点 输出：12 点	CPM1A－30CDR－A	继电器	AC100V～240V
	CPM1A－30CDR－D	继电器	DC24V
	CPM1A－30CDT－D	晶体管（NPN）	DC24V
	CPM1A－30CDT1－D	晶体管（PNP）	
40 点 I/O 输入：24 点 输出：16 点	CPM1A－40CDR－A	继电器	AC100V～240V
	CPM1A－40CDR－D	继电器	DC24V
	CPM1A－40CDT－D	晶体管（NPN）	DC24
	CPM1A－40CDT1－D	晶体管（PNP）	

注：晶体管 NPN 型的输出 COM 端接 DC 电源的“－”极，PNP 型的输出 COM 端接 DC 电源的“＋”极。

表 7.3 CPM1 系列机 CPU 单元特性情况

项　目	规　格	电路图
输入电压	DC20.4～26.4V	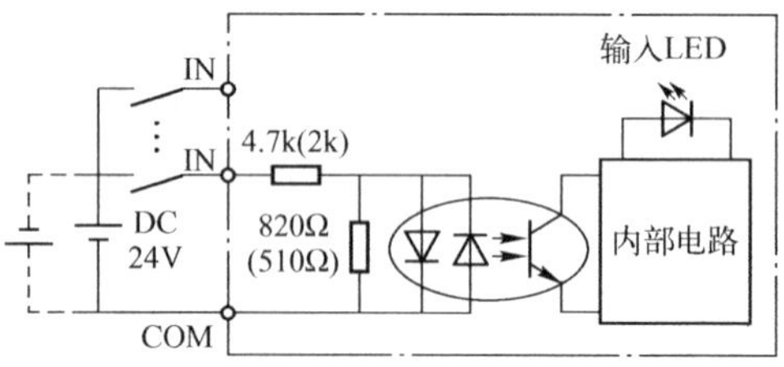 注：括号内阻值为 00000～00002 的情况
输入阻抗	IN00000～00002：2kΩ 其他：4.7kΩ	
输入电流	IN00000～00002：12mA 其他：5mA	
ON 电压	最小 DC14.4V	
OFF 电压	最大 DC5.0V	
ON 响应时间	1～128ms 以内（默认 8ms）	
OFF 响应时间	1～128ms 以内（默认 8ms）	

表 7.4　CPM1A 系列机 I/O 扩展单元特性

项　　目	规　　格	电　路　图
输入电压	DC20.4～26.4V	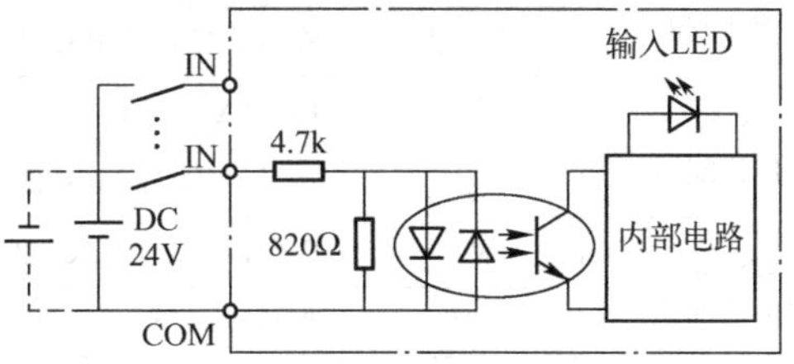
输入阻抗	4.7kΩ	
输入电流	5mA	
ON 电压	最小 DC14.4V	
OFF 电压	最大 DC5.0V	
ON 响应时间	1～128ms 以内（默认 8ms）	
OFF 响应时间	1～128ms 以内（默认 8ms）	

表 7.5　CPM1A 系列机 CPU 单元、I/O 扩展单元继电器输出特性

项　　目			规　　格	电　路　图
最大开关能力			AC250V/2A（cosφ =1） DC24/2A　（4A/公共端）	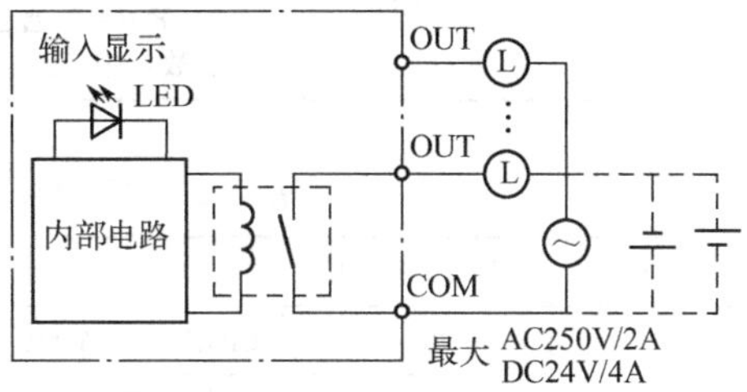
最小开关能力			DC5V、10mA	
继电器寿命	电气性	阻性负载	30 万次	
		感性负载	10 万次	
	机械性		2000 万次	
ON 响应时间			15ms 以下	
OFF 响应时间			15ms 以下	

输入电路的 ON/OFF 响应时间为 1ms/2ms/4ms/8ms/16ms/32ms/64ms/128ms 中的一个，这由 PLC 设定区 DM6620～DM6625 中的设置决定。

输入点 00000～00002 作为高速计数输入时，输入电路的响应很快。计数器输入端 00000（A 相）、00001（B 相）响应时间足够快，满足高速计数频率（单相 5kHz、两相 2.5kHz）的要求；复位输入端 00002（Z 相）的响应时间为 ON：100μs，OFF：500μs。

输入点 00000～00006 作为中断输入时，从输入 ON 到执行中断子程序的响应时间为 0.3ms。

(5) CPM1A 系列机 CPU 单元、I/O 扩展单元晶体管输出特性如表 7.6 所示。

(6) CPM1A 系列机通道单元的规格如表 7.7 所示。

(7) CPM1A 系列机特殊功能单元如表 7.8 所示。

表 7.6　CPM1A 系列机 CPU 单元、I/O 扩展单元晶体管输出特性

项　　目	规　　格	电　路　图
最大开关能力	DC20.4～26.4V 300mA	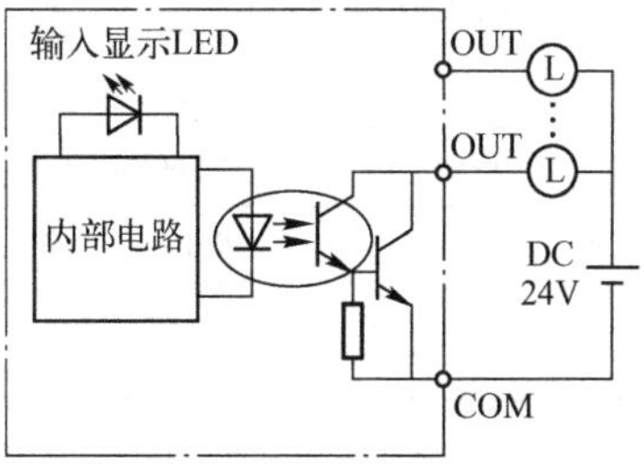
最小开关能力	10mA	
漏电流	0.1mA 以下	
残留电压	1.5V 以下	
ON 响应时间	0.1ms 以下	
OFF 响应时间	1ms 以下	

表 7.7 CPM1A 系列机通道单元规格

名　称	项　目	规　格
RS232C 通信适配器	型号	CPM1A - CIF01
	功能	在外设端口和 RS232C 口之间作电平转换
RS422 通信适配器	型号	CPM1A - CIF11
	功能	在外设端口和 RS422 端口之间作电平转换
RS422 通信适配器	型号	CPM1A - CIF01/CIF02
	功能	外设端口与 25/9 引脚的计算机串行端口连接时用（电缆长度为 3.3m）
链接适配器	型号	B500 - AL004
	功能	用于个人计算机 RS232C 口到 RS422 口的转换
Compo Bus/S I/O 链接单元	型号	CPM1A - SRT21
	功能	主单元/从单元：Compo Bus/S 从单元 I/O 点数：8 点输入，8 点输出 占用 CPM1A 的通道：1 个输入通道，1 个输出通道（与扩展单元相同的分配方式） 结点数：用 DIP 开关设定

表 7.8 CPM1A 系列机特殊功能单元规格

名　称	项　目	规　格	
模拟量 I/O 单元	型号	CPM1A - MAD01	
	模拟量输入	输入路数：2 输入信号范围：电压 0 ~ 10V 或 1 ~ 5V，电流 4 ~ 20mA 分辨率：1/256 精度：1.0%（全程量） 转换 A/D 数：8 位二进制数	
	模拟量输出	输出路数：1 输出信号范围：电压 0 ~ 10V 或 - 10 ~ 10V，电流 4 ~ 20mA 分辨率：1/256（当输出信号范围是 - 10 ~ 10V 时为 1/512） 精度：1.0%（全程量） 数据设定：带符号的 8 位二进制数	
	转换时间	最大 10ms/单元	
	隔离方式	模拟量 I/O 信号间无隔离，I/O 端子和 PLC 间采用光电耦合隔离	
温度传感器和模拟量输出单元	型号	CPM1A - TS101 - DA	
	Pt100 输入	输入路数：2 输入信号范围：最小 Pt100：82.3Ω/ - 40℃；最大 Pt100：194.1Ω/ + 250℃ 分辨率：0.1℃ 精度：1.0%（全程量）	
	模拟量输出	输出路数：1 输出信号范围：电压 0 ~ 10V 或 - 10 ~ 10V，电流 4 ~ 20mA 分辨率：1/256（当输出信号范围是 - 10 ~ 10V 时为 1/512） 精度：1.0%（全程量）	
	转换时间	最大 60ms/单元	
	型号	CPM1A - TS001/ TS002	CPM1A - TS101/ TS102
	输入类型	热电耦：K1、K2、J1、J2 之间选一（由旋转开关设定）	铂热电阻：Pt100、JPt100 之间选一（由旋转开关设定）

续表

名　称	项　目	规　格
温度传感器输出单元	输入点数	TS001、TS101：2 点　TS002、TS102：4 点
	精度	1.0%（全程量）
	转换时间	250ms/所有点
	温度转换	4 位 16 进制
	绝缘方式	光电耦合绝缘（各温度输入信号之间）

（8）CPM1A 系列机性能指标如表 7.9 所示。

表 7.9　CPM1A 系列机性能指标

项　目		10 点 I/O 型	20 点 I/O 型	30 点 I/O 型	40 点 I/O 型
控制方式		存储程序方式			
输入输出控制方式		循环扫描方式和即时刷新方式并用			
编程语言		梯形图方式			
指令长度		1 步/1 指令、1～5 步/1 指令			
指令种类	基本指令	14 种			
	应用指令	79 种、139 条			
处理速度	基本指令	LD 指令 =1.72μs			
	应用指令	MOV 指令 =15.3μs			
程序容量		2048 字			
最大 I/O 点数	仅本体	10 点	20 点	30 点	40 点
	扩展时	—	—	50 点、70 点、90 点	60 点、80 点、100 点
输入继电器（IR）		IR00000～00915		不作为 I/O 继电器使用的通道可作为内部辅助继电器使用	
输出继电器（IR）		IR01000～01915			
内部辅助继电器（IR）		512 点：IR20000～23115（IR200～231）			
特殊辅助继电器（SR）		384 点：SR23200～25515（SR232～255）			
暂存继电器（TR）		8 点：TR0～7			
保持继电器（HR）		320 点：HR0000～1915（HR00～19）			
辅助记忆继电器（AR）		256 点：AR0000～1515（AR00～15）			
链接继电器（LR）		256 点：LR0000～1515（LR00～15）			
定时器/计数器（TIM/CNT）		128 点：TIM/CNT00～127 100ms 型：TIM000～127 10ms 型（高速定时器）：TIM000～127（100ms 定时器通道号共用） 减法计数器、可逆计数器			
数据存储器（DM）	可读/写	1002 字：DM0000～0999、DM1022～1023			
	故障履历存入区	22 字：DM1000～1021			
	只读	456 字：DM6144～6599			
	PLC 系统设定区	56 字：DM6600～6655			
停电保持功能		保持继电器、辅助记忆继电器、计数器数据内存的内容保持			

续表

项　　目	10 点 I/O 型	20 点 I/O 型	30 点 I/O 型	40 点 I/O 型
内存后备	快闪内存：用户程序、数据内存（只读）（无电池保持） 超级电容：数据内存（读/写）、保持继电器、辅助记忆继电器、计数器（保持 20 天/环境温度 25℃）			
输入时间常数	可设定 1ms/2ms/4ms/8ms/16ms/32ms/64ms/128ms 中的一个			
模拟电位器	2 点（BCD：0 ~ 200）			
输入中断	2 点	4 点		
快速响应输入	与外部中断输入共用（最小输入脉冲宽度 0.2ms）			
间隔定时器中断	1 点（0.5 ~ 319968ms、单次中断模式或重复中断模式）			
高速计数器	1 点　单相 5kHz 或两相 2.5 kHz（线性计数方式） 递增模式：0 ~ 65535（16 位） 递减模式：-32767 ~ +32797（16 位）			
脉冲输出	1 点　20Hz ~ 2kHz（单相输出：占空比 50%）			
自诊断功能	CPU 异常（WDT）、内存检查、I/O 总线检查			
程序检查	无 END 指令、程序异常（运行时一直检查）			

7.2 欧姆龙 CPM1A 系列机的内部资源

7.2.1 内部继电器（IR）

欧姆龙 CPM1A 内部继电器分为两部分：一部分是供输入/输出用的输入/输出继电器，其通道号为 000 ~ 019；另一部分是供用户编写程序使用的内部辅助继电器，其通道不能直接对外输出。内部辅助继电器编号为 200 ~ 231 的 32 个通道，每个通道有 16 位（点），故共有 512 点。

一个继电器的编号要用 5 位数表示，前 3 位是该继电器所在的通道号，后 2 位数是该继电器所在的通道中的位序号。例如，某继电器的编号是 00105，其中的 001 是通道号，05 表示该继电器的位序号。

输入继电器占用 000 ~ 009 共 10 个通道，每个通道有 00 ~ 15 共 16 位，输入继电器的编号为 00000 ~ 00915。其中 000、001 通道用来对主机的输入通道编号，002 ~ 009 用于对主机连接的 I/O 扩展单元的输入通道编号。

输出继电器占用 010 ~ 019 共 10 个通道，每个通道有 00 ~ 15 共 16 位，输出继电器的编号为 01000 ~ 01915。其中 010、011 通道用来对主机的输出通道编号，012 ~ 019 用于对主机连接的 I/O 扩展单元的输出通道编号。

另外，输入/输出继电器中未被使用的通道也可作为内部辅助继电器使用。例如，在图 7.3 中，40 点的主机连接了 3 个 20 点的 I/O 扩展单元，最大输入通道号为 004，最大输出通道号为 014，所以 005 ~ 009 以及 015 ~ 019 这些通道就可以作为辅助继电器使用。

7.2.2 特殊辅助继电器（SR）

特殊辅助继电器有 24 个通道，主要供系列使用。表 7.10 所示为该继电器的编号与功能。

表 7.10　特殊辅助继电器编号与功能

通道号	继电器号	功　　能	
232～235		宏指令输入区。不使用宏指令的时候，可作为内部辅助继电器使用	
236～239		宏指令输入区。不使用宏指令的时候，可作为内部辅助继电器使用	
240		存放中断 0 的计数器设定值	输入中断使用计数器模式时的设定值（0000～FFFF）。输入中断不使用计数器模式时，可作为内部辅助继电器使用
241		存放中断 1 的计数器设定值	
242		存放中断 2 的计数器设定值	输入中断使用计数器模式时的计数器当前值－1（0000～FFFF）。输入中断不使用计数器模式时，可作为内部辅助继电器使用
243		存放中断 3 的计数器设定值	
244		存放中断 0 的计数器当前值－1	
245		存放中断 1 的计数器当前值－1	
246		存放中断 2 的计数器当前值－1	
247		存放中断 3 的计数器当前值－1	
248～249		存放高速计数器的当前值。不使用高速计数器时，可作为内部辅助继电器使用	
250		存放模拟电位器 0 设定值	设定值为 0000～0200（BCD 码）
251		存放模拟电位器 1 设定值	
252	00	高速计数器复位标志（软件设置复位）	
	01～07	不可使用	
	08	外设通信口复位时为 ON（使用总线无效），之后自动回到 OFF 状态	
	09	不可使用	
	10	系统设定区域（DM6600～6655）初始化的时候为 ON，之后自动回到 OFF 状态（仅编程模式时有效）	
	11	强制置位/复位的保持标志： OFF：编程模式与监控切换时，解除强制置位/复位的接点 ON：编程模式与监控切换时，保持强制置位/复位的接点	
	12	I/O 保持标志： OFF：运行开始/停止时，输入/输出、内部辅助继电器，链接继电器的状态被复位 ON：运行开始/停止时，输入/输出、内部辅助继电器，链接继电器的状态被保持	
	13	不可使用	
	14	故障履历复位时为 ON，之后自动回到 OFF	
	15	不可使用	
253	00～07	故障码存储区，故障发生时将故障码存入 故障报警（FAL/FALS）指令执行时，FAL 号被存储 FAL00 指令执行时，故障码存储区复位（成为 00）	
	08	不可使用	
	09	当扫描周期超过 100ms 时为 ON	
	10～12	不可使用	
	13	常 ON	
	14	常 OFF	
	15	PLC 上电后第一个扫描周期内为 ON，常作为初始化脉冲	

续表

通道号	继电器号	功　能
254	00	输出1分时钟脉冲（占空比1:1）
	01	输出0.02秒时钟脉冲（占空比1:1），当扫描周期>0.01s时不能正常使用
	02	负数标志（N标志）
	03~05	不可使用
	06	微分监视完了标志（微分监视完了时为ON）
	07	STEP指令中一个行程开始时，仅一个扫描周期为ON
	08~15	不可使用
255	00	输出0.1秒时钟脉冲（占空比1:1），当扫描周期>0.05s时不能正常使用
	01	输出0.2秒时钟脉冲（占空比1:1），当扫描周期>0.1s时不能正常使用
	02	输出1秒时钟脉冲（占空比1:1）
	03	ER标志（执行指令时，出错发生时为ON）
	04	CY标志（执行指令时，结果有进位或错位发生时为ON）
	05	>标志（执行比较指令时，第一个比较数大于第二个比较数时，该位ON）
	06	=标志（执行比较指令时，第一个比较数等于第二个比较数时，该位ON）
	07	<标志（执行比较指令时，第一个比较数小于第二个比较数时，该位ON）
	08~15	不可使用

对表7.10作如下说明：

(1) 特殊辅助继电器的前半部分（232~251）通常以通道为单位使用，其功能见表7.10。

(2) 232~249通道在没作表7.10中指定的功能使用时，可作为内部辅助继电器使用。

(3) 250、251通道只能按表7.10中指定的功能使用时，不可作为内部辅助继电器使用。

(4) 特殊辅助继电器的后半部分（252~255）是用来存储PLC的工作状态标志，发出工作启动信号，产生时钟脉冲等。除25200外的其他继电器，用户程序只能利用其状态而不能改变其状态，或者说用户程序只能用其触点，而不能将其做输出继电器用。

(5) 25200是高速计数器的软件复位标志位，其状态可由用户程序控制，当其为ON时，高速计数器被复位，高速计数器的当前值被置为0000。

(6) 25300~25307是故障码存储区。故障码由用户编号，范围为01~99。执行故障诊断指令后，故障码存到25300~25307中，其低位数字存放在25300~25303中，高位数字存放在25304~25307中。

7.2.3 暂存继电器（TR）

暂存继电器编号为TR0~TR7共8个。在编写用户程序时，暂存继电器用于暂存复杂梯形图中分支点之前的ON/OFF状态。同一编号的暂存继电器在同一程序段内不能重复使用，在不同的程序段可重复使用。

7.2.4 保持继电器（HR）

该区有编号为HR00~HR19的20个通道，每个通道有16位，共有320个继电器。保持继电器的使用方法同内部辅助继电器一样，但保持继电器的通道编号必须冠以 HR。

保持继电器具有断电保持功能，其断电保持功能通常有两种用法：

(1) 当通道为单位用做数据通道时，断电后再恢复供电时，数据不会丢失。

(2) 以位为单位与 KEEP 指令配合使用时、或作成自保持电路时，断电后再恢复供电时，该位能保持掉电前的状态。

7.2.5 辅助记忆继电器（AR）

辅助记忆继电器区共有 AR00 ~ AR15 的 16 个通道，通道编号前要冠以 AR 字样。该继电器区具有断电保持功能。

AR 区用来存储 PLC 的工作状态信息，如扩展单元连接台数、断电发生次数、扫描周期最大值及当前值，以及高速计数器、脉冲输出的工作状态标志、通信出错码、系统设定区域异常标志等，用户可根据其状态了解系统运行状况。表 7.11 为辅助记忆继电器的功能表。

表 7.11　辅助记忆继电器功能表

<table>
<tr><th>通道号</th><th>继电器号</th><th colspan="2">功　能</th></tr>
<tr><td>AR00 ~ AR01</td><td></td><td colspan="2">不可使用</td></tr>
<tr><td rowspan="3">AR02</td><td>00 ~ 07</td><td colspan="2">不可使用</td></tr>
<tr><td>08 ~ 11</td><td colspan="2">扩展单元连接的台数</td></tr>
<tr><td>12 ~ 15</td><td colspan="2">不可使用</td></tr>
<tr><td>AR03 ~ AR07</td><td></td><td colspan="2">不可使用</td></tr>
<tr><td rowspan="4">AR08</td><td>00 ~ 07</td><td colspan="2">不可使用</td></tr>
<tr><td>08 ~ 11</td><td colspan="2">外围设备通信出错码（BCD 码）
0：正常终了　1：奇偶出错　2：格式出错　3：溢出出错</td></tr>
<tr><td>12</td><td colspan="2">外围设备通信异常时为 ON</td></tr>
<tr><td>13</td><td colspan="2">不可使用</td></tr>
<tr><td>AR09</td><td></td><td colspan="2">不可使用</td></tr>
<tr><td>AR10</td><td>00 ~ 15</td><td colspan="2">电源断电发生的次数（BCD 码），复位时外围设备写入 0000</td></tr>
<tr><td rowspan="3">AR11</td><td>00</td><td>1 号比较条件满足时为 ON</td><td rowspan="3">高速计数器进行区域比较时，各编号的条件符合时成为 ON 继电器</td></tr>
<tr><td>01</td><td>2 号比较条件满足时为 ON</td></tr>
<tr><td>02</td><td>3 号比较条件满足时为 ON</td></tr>
<tr><td rowspan="7">AR11</td><td>03</td><td>4 号比较条件满足时为 ON</td><td rowspan="5">高速计数器进行区域比较时，各编号的条件符合时成为 ON 继电器</td></tr>
<tr><td>04</td><td>5 号比较条件满足时为 ON</td></tr>
<tr><td>05</td><td>6 号比较条件满足时为 ON</td></tr>
<tr><td>06</td><td>7 号比较条件满足时为 ON</td></tr>
<tr><td>07</td><td>8 号比较条件满足时为 ON</td></tr>
<tr><td>08 ~ 14</td><td colspan="2">不可使用</td></tr>
<tr><td>15</td><td colspan="2">脉冲输出状态
0：停止中
1：输入中</td></tr>
</table>

续表

通道号	继电器号	功　能
AR12		不可使用
AR13	00	DM6600～6614（电源 ON 时读出的 PLC 系统设定区域）中有异常时为 ON
	01	DM6615～6644（运行开始时读出的 PLC 系统设定区域）中有异常时为 ON
	02	DM6645～6655（经常读出的 PLC 系统设定区域）中有异常时为 ON
	03～04	不可使用
	05	在 DM6619 中设定的扫描时间比实际扫描时间大的时候为 ON
	06～07	不可使用
	08	在用户存储器（程序区域）范围以外存在有继电器区域时为 ON
	09	高速存储器发生异常时为 ON
	10	固定 DM 区域（6144～6599）发生累加和校验出错时为 ON
	11	PLC 系统设定区域发生累加和校验出错时为 ON
	12	在用户存储器（程序区域）发生累加和校验出错、执行不正确指令时为 ON
	13～15	不可使用
AR14	00～15	扫描周期最大值（BCD 码 4 位）（×0.1ms） 运行开始以后存入的最大扫描周期 运行停止时不复位，但运行开始时被复位
AR15	00～15	扫描周期当前值（BCD 码 4 位）（×0.1ms） 运行中最新的扫描周期被存入 运行停止时不复位，但运行开始时被复位

7.2.6　链接继电器（LR）

链接继电器区共有编号为 LR00～LR15 的 16 个通道，通道编号前要冠以 LR 字样。

当 CPM1A 与本系列 PLC 之间，与 CQM1，CPM1，SRM1 以及 C200HS，C200HX/HG/HE 之间进行 1∶1 链接时，要使用链接继电器与对方交换数据。在不进行 1∶1 链接时，链接继电器可作内部辅助继电器使用。

7.2.7　定时器/计数器（TC）

该区共有 128 个定时器/计数器，编号范围为 000～127。定时器、计数器又各分为 2 种，即普通定时器 TIM 和高速定时器 TIMH，普通计数器 CNT 和可逆计数器 CNTR。

定时器/计数器统一编号（称为 TC 号），一个 TC 号既可分配给定时器，又可分配给计数器，但所有定时器或计数器的 TC 号不能重复。例如，127 已分配给普通计数器，则其他的普通计数器、高速定时器、普通定时器、可逆计数器便不能再使用 TC 号 127。

定时器无断电保持功能，电源断电时定时器复位。计数器有断电保持功能。

7.2.8　数据存储区（DM）

数据存储区用来存储数据。该区共有 1536 个通道，每个通道 16 位。通道编号用 4 位数，通道编号前要冠以 DM 字样，其编号为 DM0000 ~ DM1023、DM6144 ~ DM6655。对数据存储区的几点说明：

（1）数据存储区只能以通道为单位使用，不能以位为单位使用。

（2）DM0000 ~ DM0999、DM1022 ~ DM1023 为程序可读写区，用户程序可自由读写其内容。

（3）DM1000 ~ DM1021 主要用做故障履历存储器（记录故障信息），如果不用做故障履历存储器，也可做普通数据存储器使用。是否作为故障履历存储器，由 DM6655 的 00 ~ 03 位来设定。

（4）DM6144 ~ DM6599 为只读存储区，用户程序可以读出但不能用程序改写其内容，利用编程器可预先写入数据内容。

（5）DM6600 ~ DM6655 称为系统设定区，用来设定各种系统参数。通道中的数据不能用程序写入，只能用编程器写入。DM6600 ~ DM6614 仅在编程模式的时候设定，DM6615 ~ DM6655 可在编程模式或监控模式的时候设定。

（6）数据存储区 DM 有掉电保持功能。在 DM 区开辟了一块系统设定区域，其功能如表 7.12 所示。系统设定区域的内部反应 PLC 的某些状态，可以在下述时间定时读出其内容。

DM6600 ~ DM6614：当电源 ON 时，仅一次读出。

DM6615 ~ DM6644：运行开始（执行程序），仅一次读出。

DM6645 ~ DM6655：当电源 ON 时，经常被读出。

若系统设定区域的设定内容有错，则在该区的读出时会产生运行出错（故障码 9B）信息，此时反应设定通道有错的辅助记忆继电器 AR1300 ~ AR1302 将为 ON。对于有错误的设定只有用初始化来处理。

表 7.12　系统设定区功能

<table>
<tr><th>通道号</th><th>位</th><th>功　能</th><th>默认值</th><th>定时读出</th></tr>
<tr><td rowspan="2">DM6600</td><td>00 ~ 07</td><td>电源 ON 时 PLC 的工作模式
00：编程，01：监控，02：运行</td><td rowspan="2">根据编程器的模式设定开关</td><td rowspan="5">电源 ON 时</td></tr>
<tr><td>08 ~ 15</td><td>电源 ON 时 PLC 的工作模式
00：编程器的模式开关
01：监控电源断电之前的模式
02：运行用 00 ~ 07 位指定的模式</td></tr>
<tr><td rowspan="3">DM6601</td><td>00 ~ 07</td><td>不可使用</td><td></td></tr>
<tr><td>08 ~ 11</td><td>电源 ON 时 IOM 保持标志，保持/非保持设定
0：非保持，1：保持</td><td rowspan="2">非保持</td></tr>
<tr><td>12 ~ 15</td><td>电源 ON 时 S/R 保持标志，保持/非保持设定
0：非保持，1：保持</td></tr>
<tr><td rowspan="3">DM6602</td><td>00 ~ 03</td><td>用户程序存储器可写/不可写设定
0：可写，1：不可写（除 DM6602）</td><td>可写</td><td rowspan="4">电源 ON 时</td></tr>
<tr><td>04 ~ 07</td><td>编程器的信息显示用英文/用日文设定
0：用英文，1：用日文</td><td>英文</td></tr>
<tr><td>08 ~ 15</td><td>不可使用</td><td></td></tr>
<tr><td>DM6603 ~ 6614</td><td></td><td>不可使用</td><td></td></tr>
</table>

续表

<table>
<tr><th>通道号</th><th>位</th><th colspan="2">功　　能</th><th>默认值</th><th>定时读出</th></tr>
<tr><td>DM6615 ~ 6616</td><td></td><td colspan="2">不可使用</td><td rowspan="3">无效</td><td rowspan="6">运行
开始时</td></tr>
<tr><td rowspan="2">DM6617</td><td>00 ~ 07</td><td colspan="2">外围设备通信口服务时间的设定
对扫描周期而言，服务时间的的比率可在 00% ~ 99% 之间（用 BCD2 位）指定</td></tr>
<tr><td>08 ~ 15</td><td colspan="2">外围设备通信口服务时间设定有效/无效
00：无效（固定为扫描周期的 5%），01：有效（用 00 ~ 07W 位指定）</td></tr>
<tr><td rowspan="2">DM6618</td><td>00 ~ 07</td><td colspan="2">扫描监视时间的设定
设定值范围：00 ~ 09（BCD 码），时间单位用 08 ~ 15 位设定</td><td rowspan="2">120ms 固定</td></tr>
<tr><td>08 ~ 15</td><td colspan="2">扫描周期监视有效/无效设定
00：无效（120ms 固定），01：有效、单位时间 10ms
02：有效、单位时间 100ms，03：有效、单位时间 1s
监视时间 = 设定值 × 单位时间</td></tr>
<tr><td>DM6619</td><td></td><td colspan="2">扫描周期可变/不可变设定
0000：可变，0001 ~ 9999：不可变，为固定时间（单位为 ms）</td><td>扫描时间可变</td><td rowspan="20">运行
开始时</td></tr>
<tr><td rowspan="4">DM6620</td><td>00 ~ 03</td><td>00000 ~ 00002 的输入滤波器时间常数设定</td><td rowspan="14">0：默认值（8ms）
1：1ms
2：12ms
3：4ms
4：8ms
5：16ms
6：32ms
7：64ms
8：128ms</td><td rowspan="14">0：默认值（8ms）</td></tr>
<tr><td>04 ~ 07</td><td>00003 ~ 00004 的输入滤波器时间常数设定</td></tr>
<tr><td>08 ~ 11</td><td>00005 ~ 00006 的输入滤波器时间常数设定</td></tr>
<tr><td>12 ~ 15</td><td>00007 ~ 000011 的输入滤波器时间常数设定</td></tr>
<tr><td rowspan="2">DM6621</td><td>00 ~ 07</td><td>001CH 的输入滤波器时间常数设定</td></tr>
<tr><td>08 ~ 15</td><td>002CH 的输入滤波器时间常数设定</td></tr>
<tr><td rowspan="2">DM6622</td><td>00 ~ 07</td><td>003CH 的输入滤波器时间常数设定</td></tr>
<tr><td>08 ~ 15</td><td>004CH 的输入滤波器时间常数设定</td></tr>
<tr><td rowspan="2">DM6623</td><td>00 ~ 07</td><td>005CH 的输入滤波器时间常数设定</td></tr>
<tr><td>08 ~ 15</td><td>006CH 的输入滤波器时间常数设定</td></tr>
<tr><td rowspan="2">DM6624</td><td>00 ~ 07</td><td>007CH 的输入滤波器时间常数设定</td></tr>
<tr><td>08 ~ 15</td><td>008CH 的输入滤波器时间常数设定</td></tr>
<tr><td rowspan="2">DM6625</td><td>00 ~ 07</td><td>009CH 的输入滤波器时间常数设定</td></tr>
<tr><td>08 ~ 15</td><td>不可使用</td></tr>
<tr><td>DM6626 ~ 6627</td><td></td><td colspan="2">不可使用</td><td></td></tr>
<tr><td rowspan="4">DM6628</td><td>00 ~ 03</td><td>输入号 00003 的中断输入设定</td><td rowspan="4">0：通常输入
1：中断输入
2：快速输入</td><td rowspan="4">通常输入</td></tr>
<tr><td>04 ~ 07</td><td>输入号 00004 的中断输入设定</td></tr>
<tr><td>08 ~ 11</td><td>输入号 00005 的中断输入设定</td></tr>
<tr><td>12 ~ 15</td><td>输入号 00006 的中断输入设定</td></tr>
<tr><td>DM6629 ~ 6641</td><td></td><td colspan="2">不可使用</td><td></td><td></td></tr>
<tr><td rowspan="3">DM6642</td><td>00 ~ 03</td><td colspan="2">高速计数器模式设定
4：递增计数模式，0：递减计数模式</td><td rowspan="3">不使用计数器</td><td rowspan="4">运行
开始时</td></tr>
<tr><td>04 ~ 07</td><td colspan="2">高速计数器的读数方式设定
0：Z 相信号 + 软件复位，1：软件复位</td></tr>
<tr><td>08 ~ 15</td><td colspan="2">高速计数器使用设定
00：不使用，01：使用</td></tr>
<tr><td>DM6643 ~ 6644</td><td></td><td colspan="2">不可使用</td><td></td></tr>
</table>

续表

通道号	位	功　能		默认值	定时读出
DM6645～6649		不可使用			电源 ON 时经常读出
DM6650	00～07	上位链接总线	外围设备通信口通信条件标准格式设定 00：标准设定，启动位：1 位，字长：7 位 奇偶校：偶，停止位：2 位，比特率：9600bit/s 01：个别设定 DM6651 的设定 其他：系统设定异常（AR1302 为 ON）	外围设备通信口设定为上位链接	
	08～011	1:1 链接 （主动方）	外围设备通信口 1:1 链接区域设定 0：LR00～LR15		
	12～15	全模式	外围设备通信口使用模式设定 0：上位链接，2：1:1 链接从动方 3：1:1 链接主动方，4：NT 链接 其他：系统设定异常（AR1302 为 ON）		
DM6651	00～07	上位链接总线	外围设备通信口比特率设定 00：1200，01：2400，02：4800 03：9600，04：19200（可选）		电源 ON 时经常读出
	08～015	上位链接总线	外围设备通信口的帧格式设定 启动位　字长　停止　奇偶校验 00　1　7　1　偶 01　1　7　1　奇 02　1　7　1　无 03　1　7　2　偶 04　1　7　2　奇 05　1　7　2　无 06　1　8　1　偶 07　1　8　1　奇 08　1　8　1　无 09　1　8　2　偶 10　1　8　2　奇 11　1　8　2　无 其他：系统设定异常（AR1302 为 ON）		
DM6652	00～15	上位链接	外围设备通信的发送延时设定 设定值：0000～9999（BCD）、单位 10ms 其他：系统设定异常（AR1302 为 ON）		电源 ON 时经常读出
DM6653	00～07	上位链接	外围设备通信时，上位 LINK 模式的机号设定 设定值：00～31（BCD） 其他：系统设定异常（AR1302 为 ON）		
	08～15	不可使用			
DM6654	00～15	不可使用			
DM6655	00～03	故障履历存入法的设定 0：超过 10 记录，则位移存入，1：存到 10 个记录为止（不位移） 其他不存入		位移方式	
	04～07	不可使用			
	08～11	扫描周期超出检测 0：检测，1：不检测		检测	
	12～15	不可使用			

本章小结

欧姆龙 CPM1A 系列 PLC 外形结构应特别注意接线端子和接口的作用。I/O 扩展单元 CPM1A 系列的 I/O扩展单元有 3 种类型，7 种规格。CPM1A 系列的编程工具有两种，即手执编程器和装有专用编程软件的个人计算机。欧姆龙 CPM1 系列 PLC 的内部资源有内部继电器（IR）、特殊辅助继电器（SR）、链接继电器（LR）、定时器/计数器（TC）、数据存储区（DM）。

习　题　8

8.1　试指出 CPM1A 系列 PLC 面板各端子位置及作用。

8.2　说明 CPM1A 系列 PLC 的 I/O 扩展配置及 I/O 编号。

8.3　指出 CPM1A 系列 PLC 特殊功能单元的规格。

8.4　指出 CPM1A 系列 PLC 输入和输出继电器各占有多少通道？

8.5　CPM1A 系列 PLC 特殊辅助继电器通道号 255 共有多少个继电器号？其作用是什么？

8.6　CPM1A 系列 PLC 数据存储继电器区是怎样分配通道的？其作用各是什么？

第 8 章　欧姆龙 CPM1A 系列 PLC 的指令系统

内容提要

➢基本指令。直接对输入、输出点进行简单操作的指令，在编程器的键盘上有与该指令对应的键

➢专用（功能）指令。也称特殊指令，包括数据处理、运算和程序控制等指令

欧姆龙 CPM1A 系列 PLC 可编程序控制器的指令分成两大类：基本指令和专用（功能）指令。

基本指令是指直接对输入、输出点进行简单操作的指令，它包括逻辑操作（“与”、“或”、“非”等）指令和输出指令等，在编程器的键盘上设有与基本指令的符号和助记符相同的键。

专用（功能）指令也称特殊指令，它包括数据处理、运算和程序控制等指令。由于专用指令很丰富，在编程器上没有对应的键盘。为了便于在编程器上输入程序，为每一条专用指令指定了一个功能代码（两位数字），书写时用圆括号括起来，放在专用指令的助记符后面。

8.1　基本指令

1. LD 指令

LD 指令的格式、逻辑符号、功能和编程操作如表 8.1 所示。表 8.1 中的 B 为指定继电器的编号，其内容如表 8.2 所示。LD 指令编程格式如表 8.3 所示。

表 8.1　LD 指令

指　令	格　式	逻辑符号	功　能	编程操作
LD	LD　B	B ─┤├─	逻辑操作的开始	[LD] + 继电器编号

表 8.2　LD 指令指定继电器的编号

继电器类型	输入/输出继电器	内部辅助继电器	特殊继电器	暂存继电器	保持继电器	辅助记忆继电器	链接继电器	定时器
B 的内容	00000 ~01915	20000 ~23115	23200 ~25515	TR0 ~TR7	HR0000 ~HR01915	AR0000 ~AR01515	LR0000 ~LR01515	TIM/CNT000 ~TIM/CNT127

表 8.3　LD 指令编程格式

梯　形　图	指　令　表		
0.00 ─┤├─	序号 1	指令 LD	数据（地址） 00000

LD 指令的功能：LD 指令是动合触点与左母线连接指令，也称为装载或起始指令，一般应用于每一个梯级开始。

2. LDNOT 指令

LDNOT 指令的格式、逻辑符号、功能和编程操作如表 8.4 所示。表 8.4 中的 B 为指定继电器的编号，其内容如表 8.5 所示。LDNOT 指令编程格式如表 8.6 所示。

表 8.4　LDNOT 指令

指　　令	格　　式	逻 辑 符 号	功　　能	编 程 操 作
LDNOT	LDNOT　B	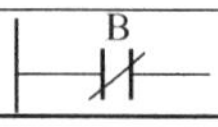	逻辑操作的开始	[LDNOT] + 继电器编号

表 8.5　LDNOT 指令指定继电器编号

继电器类型	输入/输出继电器	内部辅助继电器	特殊继电器	暂存继电器	保持继电器	辅助记忆继电器	链接继电器	定时器
B 的内容	00000 ~01915	20000 ~23115	23200 ~25515	TR0 ~TR7	HR0000 ~HR01915	AR0000 ~AR01515	LR0000 ~LR01515	TIM/CNT000 ~TIM/CNT127

表 8.6　LDNOT 指令编程格式

梯 形 图	指 令 表		
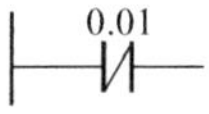	序号 1	指令 LDNOT	数据（地址） 00001

LDNOT 指令的功能：LDNOT 指令是动断触点与左母线连接指令，与 LD 指令功能上不同之处在于其后跟动断触点。

3. AND 指令

AND 指令的格式、逻辑符号、功能和编程操作如表 8.7 所示。表 8.7 中的 B 为指定继电器的编号，其内容如表 8.8 所示。AND 指令编程格式如表 8.9 所示。

表 8.7　AND 指令

指　　令	格　　式	逻 辑 符 号	功　　能	编 程 操 作
AND	AND　B	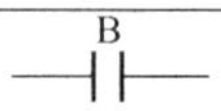	逻辑"与"操作	[AND] + 继电器编号

表 8.8　AND 指令指定继电器编号

继电器类型	输入/输出继电器	内部辅助继电器	特殊继电器	保持继电器	辅助记忆继电器	链接继电器	定时器
B 的内容	00000 ~01915	20000 ~23115	23200 ~25515	HR0000 ~HR01915	AR0000 ~AR01515	LR0000 ~LR01515	TIM/CNT000 ~TIM/CNT127

表 8.9　AND 指令编程格式

梯 形 图	指 令 表		
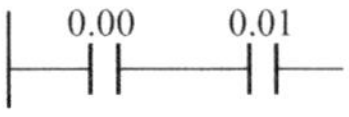	序号 1 2	指令 LD AND	数据（地址） 00000 00001

AND 指令的功能：AND 指令是串联动合触点指令。

4. ANDNOT 指令

ANDNOT 指令的格式、逻辑符号、功能和编程操作如表 8. 10 所示。表 8. 10 中的 B 为指定继电器编号，其内容如表 8. 11 所示。ANDNOT 指令编程格式如表 8. 12 所示。ANDNOT 指令的功能：ANDNOT 指令是串联动断触点指令。

表 8. 10　ANDNOT 指令

指　　令	格　　式	逻 辑 符 号	功　　能	编 程 操 作
ANDNOT	ANDNOT　B	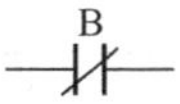	逻辑“与非”操作	ANDNOT + 继电器编号

表 8. 11　ANDNOT 指令指定继电器编号

继电器类型	输入/输出继电器	内部辅助继电器	特殊继电器	保持继电器	辅助记忆继电器	链接继电器	定时器
B 的内容	00000 ~01915	20000 ~23115	23200 ~25515	HR0000 ~HR01915	AR0000 ~AR01515	LR0000 ~LR01515	TIM/CNT000 ~TIM/CNT127

表 8. 12　ANDNOT 指令编程格式

梯　形　图	指　令　表		
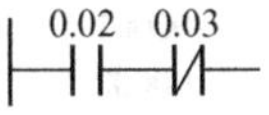	序号 1 2	指令 LD ANDNOT	数据（地址） 00002 00003

5. OR 指令

OR 指令的格式、逻辑符号、功能和编程操作如表 8. 13 所示。表 8. 13 中的 B 为指定继电器的编号，其内容如表 8. 14 所示。OR 指令编程格式如表 8. 15 所示。

表 8. 13　OR 指令

指　　令	格　　式	逻 辑 符 号	功　　能	编 程 操 作
OR	OR　　B	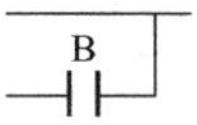	逻辑“或”操作	OR + 继电器编号

表 8. 14　OR 指令指定继电器编号

继电器类型	输入/输出继电器	内部辅助继电器	特殊继电器	保持继电器	辅助记忆继电器	链接继电器	定时器
B 的内容	00000 ~01915	20000 ~23115	23200 ~25515	HR0000 ~HR01915	AR0000 ~AR01515	LR0000 ~LR01515	TIM/CNT000 ~TIM/CNT127

表 8. 15　OR 指令编程格式

梯　形　图	指　令　表		
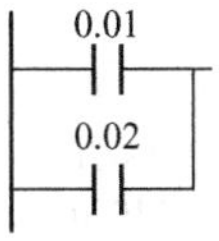	序号 1 2	指令 LD OR	数据（地址） 00001 00002

OR 指令的功能：OR 指令是并联动合触点指令。

6. ORNOT 指令

ORNOT 指令的格式、逻辑符号、功能和编程操作如表 8.16 所示。表 8.16 中的 B 为指定继电器的编号，其内容如表 8.17 所示。ORNOT 指令编程格式如表 8.18 所示。

表 8.16　ORNOT 指令

指　　令	格　　式	逻 辑 符 号	功　　能	编 程 操 作
ORNOT	ORNOT　　B	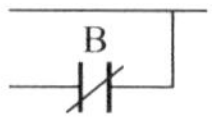	逻辑“或非”操作	ORNOT +继电器编号

表 8.17　ORNOT 指令指定继电器编号

继电器类型	输入/输出继电器	内部辅助继电器	特殊继电器	保持继电器	辅助记忆继电器	链接继电器	定时器
B 的内容	00000 ~01915	20000 ~23115	23200 ~25515	HR0000 ~HR01915	AR0000 ~AR01515	LR0000 ~LR01515	TIM/CNT000 ~TIM/CNT127

表 8.18　ORNOT 指令编程格式

梯　形　图	指　令　表		
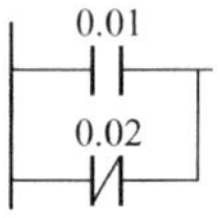	序号 1 2	指令 LD ORNOT	数据（地址） 00001 00002

ORNOT 指令的功能：ORNOT 指令是并联动断触点指令。

7. OUT 指令

OUT 指令的格式、逻辑符号、功能和编程操作如表 8.19 所示。表 8.19 中的 B 为指定继电器的编号，其内容如表 8.20 所示。OUT 指令编程格式如表 8.21 所示。

表 8.19　OUT 指令

指　　令	格　　式	逻 辑 符 号	功　　能	编 程 操 作
OUT	OUT　　B	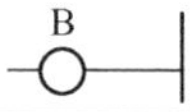	输出逻辑运算结果	OUT +继电器编号

表 8.20　OUT 指令指定继电器编号

继电器类型	输出继电器	内部辅助继电器	特殊继电器	保持继电器	辅助记忆继电器	链接继电器
B 的内容	01000 ~01915	20000 ~23115	23200 ~25515	HR0000 ~HR01915	AR0000 ~AR01515	LR0000 ~LR01515

表 8.21　OUT 指令编程格式

梯　形　图	指　令　表		
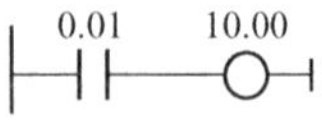	序号 1 2	指令 LD OUT	数据（地址） 00001 01000

OUT 指令的功能：OUT 指令是输出逻辑运算的结果，它是将逻辑运算的结果输出到一个指定的继电器。

例 8.1　将如图 8.1 所示的梯形图程序改写成指令助记符。

解： 指令助记符见表 8.22。

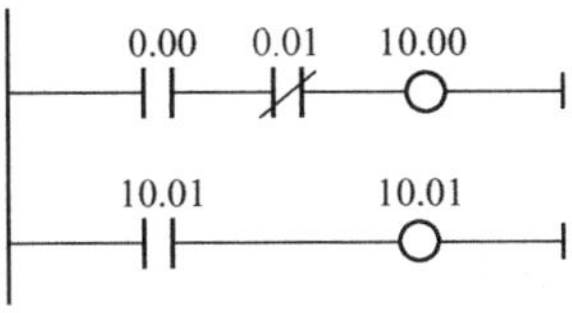

图 8.1　例 8.1 图

表 8.22　例 8.1 指令助记符

步序	操作码（助记符）	操作数参数	说　明
1	LD	00000	动合触点 00000 接在母线上
2	ANDNOT	00001	串联动断触点 00001
3	OUT	01000	输出继电器 01000 输出
4	LD	01000	动合触点 01000 接在母线上
5	OUT	01001	输出继电器 01001 输出

例 8.2　图 8.2（a）所示为“一灯双控”电气控制线路图。为实现两地可同时控制一盏灯，使用了两只双联开关。如何使用 PLC 实现“一灯双控”。

解： 使用 PLC 控制可以使用两只单联开关，分别控制 00001 和 00002 两个输入点，将灯接到输出点 01000 上，输入图 8.2（b）所示梯形图即可完成“一灯双控”的要求。

“一灯三控”梯形图如图 8.3 所示，其中 00001，00002 和 00003 分别对应三个单联开关的输入点，01000 对应灯的输出点。

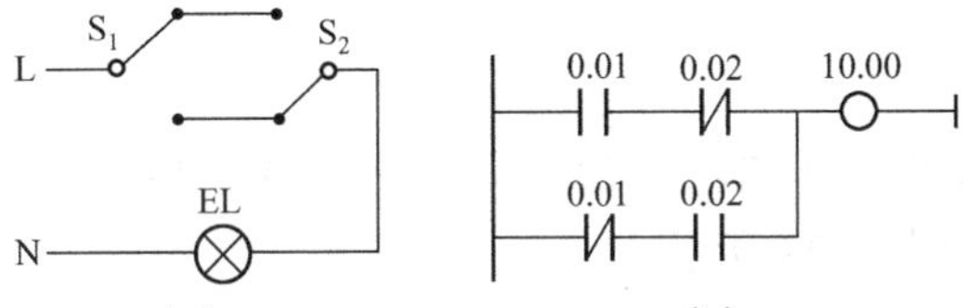

（a）　　（b）

图 8.2　例 8.2 图

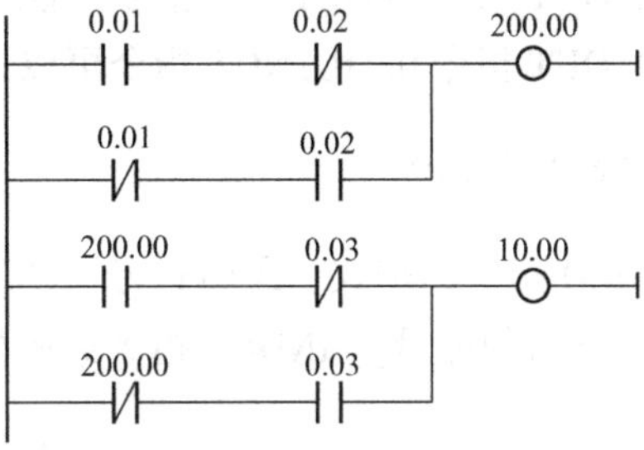

图 8.3　“一灯三控”梯形图

8. OUTNOT 指令

OUTNOT 指令的格式、逻辑符号、功能和编程操作如表 8.23 所示。表 8.22 中的 B 为指定继电器的编号，其内容如表 8.24 所示。OUTNOT 指令编程格式如表 8.25 所示。

表 8.23　OUTNOT 指令

指　　令	格　　式	逻 辑 符 号	功　　能	编 程 操 作
OUTNOT	OUTNOT　B	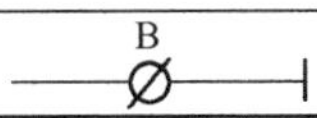	输出逻辑运算的“非”	OUTNOT +继电器编号

表 8.24　OUTNOT 指令指定继电器编号

继电器类型	输出继电器	内部辅助继电器	特殊继电器	保持继电器	辅助记忆继电器	链接继电器
B 的内容	01000 ~01915	20000 ~23115	23200 ~25515	HR0000 ~HR01915	AR0000 ~AR01515	LR0000 ~LR01515

表 8.25　OUTNOT 指令编程格式

梯　形　图	指　令　表		
	序号	指令	数据（地址）
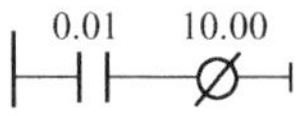	1 2	LD OUTNOT	00001 01000

OUTNOT 指令的功能：OUTNOT 指令是输出取反后的逻辑运算。它是将逻辑运算的结果取反，输出到一个指定的继电器。

例 8.3　将如图 8.4 所示的梯形图程序改写成指令助记符。

解：指令助记符见表 8.26。

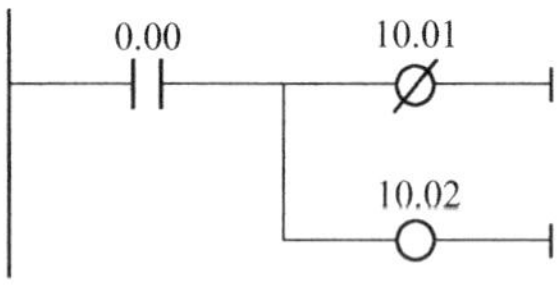

图 8.4　例 8.3 图

表 8.26　例 8.3 指令助记符

步序	操作码（助记符）	操作数参数	说　　明
1	LD	00000	动合触点 00000 接在母线上
2	OUTNOT	01001	输出继电器 01001 内容取反输出
3	OUT	01002	输出继电器 01002 输出

对上述一些指令，这里作如下几点说明：

(1) 使用 LD 或 LDNOT 指令是指一个程序执行的开始。它们分别对应逻辑行从常开或常闭开始。

(2) OUT 指令和 OUTNOT 指令不能用于驱动输入继电器。

(3) OUT 指令和 OUTNOT 指令可以连续并联使用，次数不限。

9. ANDLD 指令

ANDLD 指令的格式、逻辑符号、功能和编程操作如表 8.27 所示。指令 ANDLD 后面没有指定继电器的编号。ANDLD 指令编程格式如表 8.28 所示。

表 8.27　ANDLD 指令

指　　令	格　　式	逻 辑 符 号	功　　能	编 程 操 作
ANDLD	ANDLD	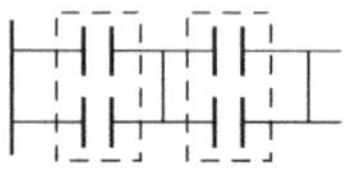	触点组逻辑“与”操作	ANDLD

表 8.28　ANDLD 指令编程格式

梯　形　图	指　令　表		
	序号	指令	数据（地址）
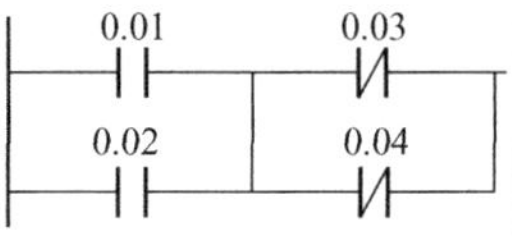	1 2 3 4 5	LD OR LDNOT ORNOT ANDLD	00001 00002 00003 00004

ANDLD 指令的功能：ANDLD 指令是两个触点组串联连接指令。所谓“触点组”是指以 LD（或 LDNOT）开头构成的一组触点。

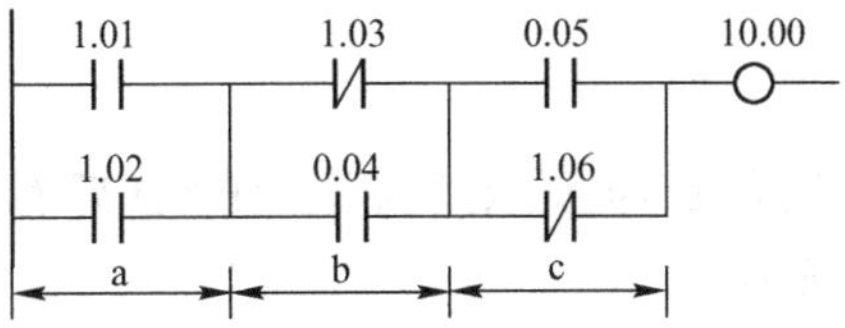

图 8.5　例 8.4 图

例 8.4　将如图 8.5 所示的梯形图转换成指令助记符。

解：该梯形图应使用 ANDLD 指令，对于三个以上触点组的串联（并联触点组也同样成立），可有两种编程方式，分别为一般编程法（见指令助记符 1）和集中编程法（见指令助记符 2）。

一般编程法（指令助记符 1）：

1.	LD	00101	a	
2.	OR	00102		
3.	LDNOT	00103	b	
4.	OR	00104		
5.	ANDLD			(a×b)
6.	LD	00105	c	
7.	ORNOT	00106		
8.	ANDLD			(a×b) ×c
9.	OUT	01000		

按一般编程法（指令助记符 1）每写完两个触点组，紧跟着就编写 ANDLD 指令，然后接着写第三个触点组，再写一个 ANDLD 指令。在程序中将三个触点组分别设为 a，b，c，按一般编程法编程，可编程序控制器运行的结果是先处理 a 和 b 两个触点组（即 a×b），然后将（a×b）看成一个新触点组与 c 触点组处理[即(a×b)×c]。

集中编程法（指令助记符 2）：

1.	LD	00101	
2.	OR	00102	
3.	LDNOT	00103	
4.	OR	00104	
5.	LD	00105	
6.	ORNOT	00106	
7.	ANDLD		(b×c)
8.	ANDLD		(b×c) ×a
9.	OUT	010000	

按集中编程法（指令助记符 2），将三个触点组都先写完，然后连续编写两个 ANDLD 指令，这种编程方式在可编程序控制器中运行的逻辑结果与一般编程法（指令助记符 1）是一致的。但在具体执行过程中却不同，它是先处理 b 和 c 两个触点组（即 b×c），然后将（b×c）看成一个新触点组与 a 触点组处理[即(b×c)×a]。

这两种编程指令程序执行中先后次序的不同，是因为集中编程法启用了存放指令的堆栈寄存器的下层空间，而一般编程法只启用堆栈寄存器的第一层。也就是说集中编程法中将指令按 a，b，c 顺序压入堆栈寄存器，当 a，b，c 从堆栈中弹出时按“先入后出”原则进行。所以最先弹出的是 c 和 b，然后才是 a，那么执行指令的结果为 b×c，然后才进行（b×c）×a 的处理。

10. ORLD 指令

（ORLD 指令的格式、逻辑符号、功能和编程操作如表 8.29 所示。）指令 ORLD 后面没有指定继电器的编号。ORLD 指令编程格式如表 8.30 所示。

表 8.29 ORLD 指令

指　　令	格　　式	逻 辑 符 号	功　　能	编 程 操 作
ORLD	ORLD	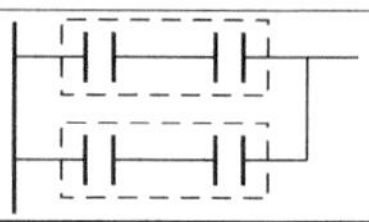	触点组逻辑“与”操作	ORLD

表 8.30 ORLD 指令编程格式

梯　形　图	指　令　表		
	序号	指令	数据（地址）
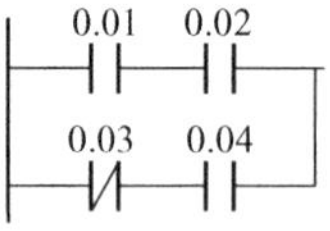	1	LD	00001
	2	AND	00002
	3	LDNOT	00003
	4	AND	00004
	5	ORLD	

ORLD 指令的功能：ORLD 指令是两个触点组并联连接指令。

例 8.5 将如图 8.6 所示梯形图转换成指令助记符。

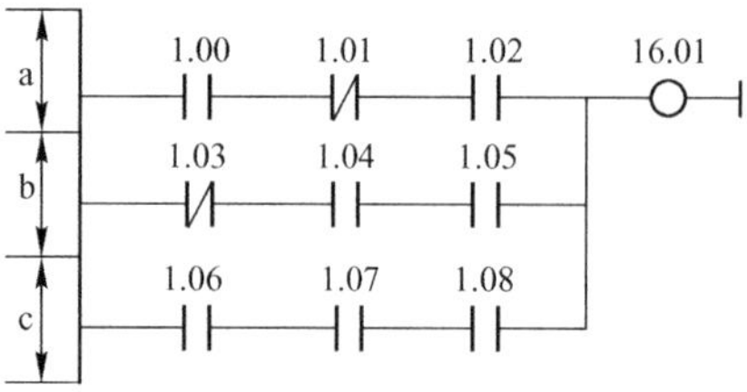

图 8.6 例 8.5 图

解：使用 ORLD 指令同样有两种编程方式，分别为一般编程法和集中编程法。

一般编程法（指令助记符 1）：

1.	LD	00100	a
2.	ANDNOT	00101	
3.	AND	00102	
4.	LDNOT	00103	b
5.	AND	00104	
6.	AND	0105	
7.	ORLD		a+b
8.	LD	0106	c
9.	AND	0107	
10.	AND	0108	
11.	ORLD		(a+b)+c
12.	OUT	01601	

集中编程法（指令助记符 2）：

1.	LD	00100	a
2.	ANDNOT	00101	
3.	AND	00102	
4.	LDNOT	00103	b
5.	AND	00104	
6.	AND	00105	
7.	LD	00106	c
8.	AND	00107	
9.	AND	00108	
10.	ORLD		b+c
11.	ORLD		(b+c)+a
12.	OUT	01601	

这里作如下几点说明：

(1) ANDLD 和 ORLD 用于串联两个或两个以上触点相并联的触点组（也称为“块”），每个电路要独立编程。

(2) 使用一般编程法，串联（或并联）的触点组（块）是无限的。

(3) 使用集中编程法串联（或并联）的触点组（块）不能超过 8 个。因为机器中存放这种指令的堆栈设计时只有 8 级，所以 ANDLD（或 ORLD）只能出现 8 次。

例 8.6　将如图 8.7 所示梯形图转换成指令助记符。

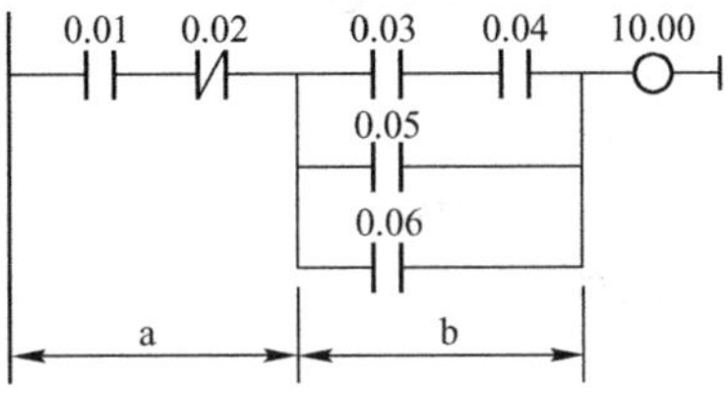

图 8.7　例 8.6 图

解：指令助记符：

1.	LD	00001	a
2.	ANDNOT	00002	
3.	LD	00003	b
4.	AND	00004	
5.	OR	00005	
6.	OR	00006	
7.	ANDLD		(a×b)
8.	OUT	01000	
9.	END		

例 8.7　将如图 8.8 所示梯形图转换成指令助记符。

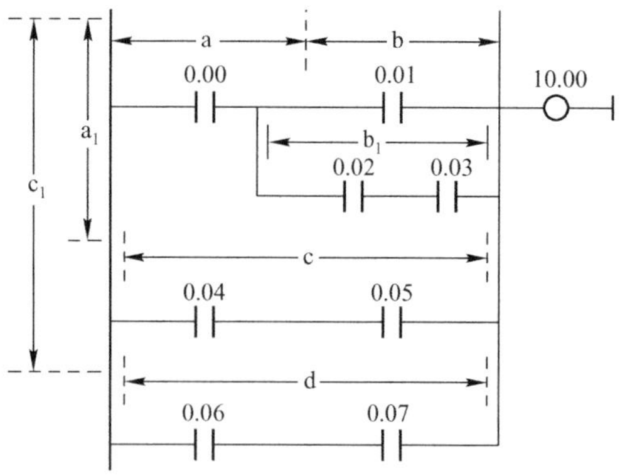

图 8.8　例 8.7 图

解：指令助记符：

1.	LD	00000	a
2.	LD	00001	b
3.	LD	00002	b_1
4.	AND	00003	
5.	ORLD		$b+b_1$
6.	ANDLD		$(b+b_1)\times a=a_1$
7.	LD	00004	c
8.	AND	00005	
9.	ORLD		$c+a_1=c_1$
10.	LD	00006	d
11.	AND	00007	
12.	ORLD		$d+c_1$
13.	OUT	01000	
14.	END		

例 8.8　将如图 8.9 所示梯形图转换成指令助记符。

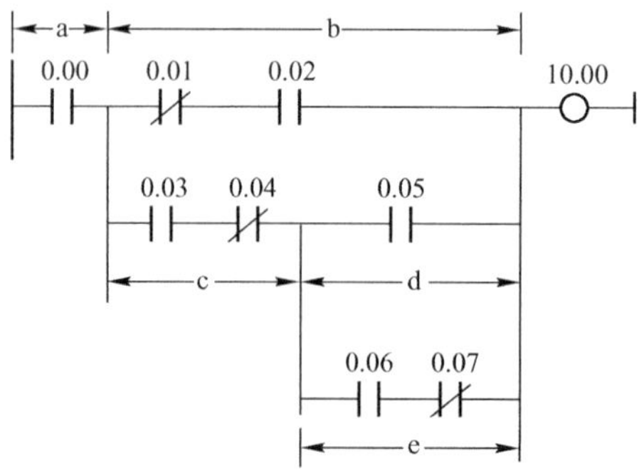

图 8.9　例 8.8 图

解：指令助记符：

1.	LD	00000	a
2.	LDNOT	00001	b
3.	AND	00002	
4.	LD	00003	c
5.	ANDNOT	00004	
6.	LD	00005	d
7.	LD	00006	e
8.	ANDNOT	00007	
9.	ORLD		d+e
10.	ANDLD		(d+e)×c
11.	ORLD		(d+e)×c+b
12.	ANDLD		[(d+e)×c+b]×a
13.	OUT	01000	
14.	END		

11. TIM 指令

TIM 指令的格式、逻辑符号、功能和编程操作如表 8. 31 所示。

表 8. 31　TIM 指令

指　　令	格　　式	逻 辑 符 号	功　　能	编 程 操 作
TIM	TIM　N SV	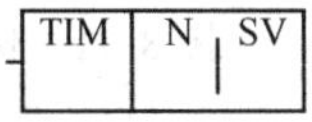	延时操作	TIM + 继电器编号 + 通道号（或#立即数）

表 8. 31 中逻辑符号说明如下。

N：定时器的编号，其数值范围是 000 ~ 127。

SV：所需定时的设定值，也可以是输入继电器、输出继电器、内部辅助继电器、保持继电器通道中的内容。

TIM 指令的功能：TIM 指令按延时设定值进行延时操作，即接通延时（定时）指令。当定时器（TIM）的输入接通时开始计时，经过设定时间后，定时器的触点动作。

TIM 指令编程格式如表 8. 32 所示。

表 8. 32　TIM 指令编程格式

梯　形　图	指　令　表		
	序号	指令	数据（地址）
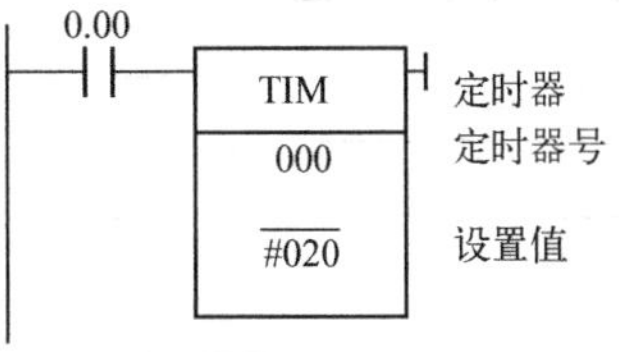	1	LD	00000
	2	TIM	00 #0020

使用 TIM 指令时应注意以下几点：

（1）TIM 指令中 SV 延时范围为 0 ~ 999. 9s，定时单位为 0. 1s，即（0 ~ 9999）×0. 1s = 0 ~ 999. 9s。例如定时设定值 SV 为 0030，则设定时间为 30 ×0. 1s = 3s。

(2) TIM 指令在其输入端断开（OFF）时复位，无论数值为多少，都将返回预置数（其触点恢复原始状态）。

(3) 电源掉电时，定时器复位。记时的当前值恢复为初始设定值。

(4) TIM 指令和后面要介绍的 CNT（计数）指令的编号不能重复使用，因为二者共同占有 128 个（000 ~ 127）编号。

(5) TIM 指令的预置数使用输入继电器、输出继电器、内部辅助继电器、保持继电器通道的内容作为设定值时，这些继电器通道的内容必须是十进制数（BCD 码）。

例 8.9　试分析如图 8.10 所示梯形图工作原理，并将其转换成指令助记符。

解： 梯形图中输入继电器 00001 闭合后接通定时器，执行 TIM 指令 8.3s 定时器输出，其动合触点 TIM000 闭合，输出继电器 01000 输出。该梯形图具有得电延时功能。

执行上述程序波形图如图 8.11 所示。00001 闭合时小于延时设定值（如果接通时间为 4s），则 TIM000 和 01000 无输出。

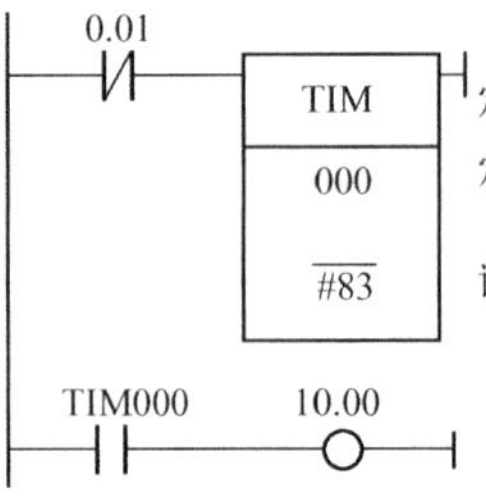

图 8.10　例 8.9 图

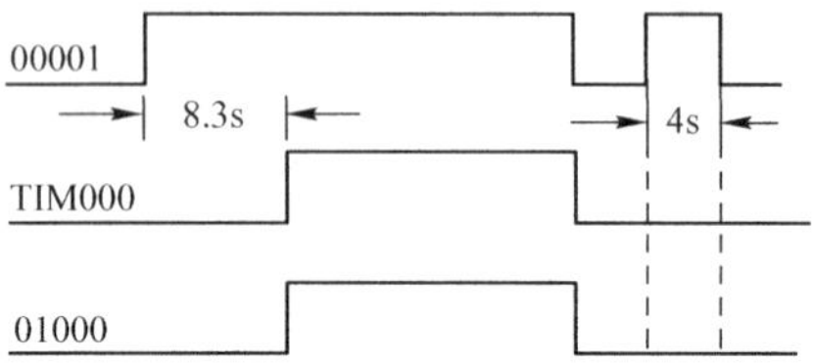

图 8.11　例 8.9 波形图

指令助记符为：

1.　LDNOT　00001
2.　TIM　000 #0083
3.　LD　TIM000
4.　OUT　01000

例 8.10　试分析如图 8.12 所示梯形图工作原理。

解： 梯形图中输入继电器 00002 闭合，一方面接通定时器，执行 TIM 指令。另一方面，输出继电器 01001 输出。8.3s 后定时器输出，其动断触点 TIM000 断开，输出继电器 01001 断电复位（不输出）。对应的波形图如图 8.13 所示。

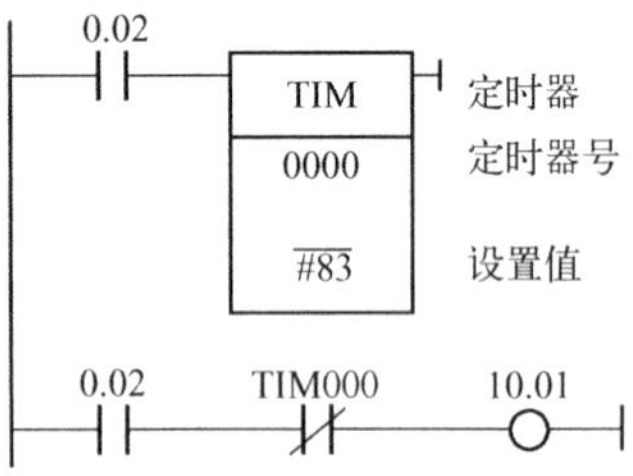

图 8.12　例 8.10 图

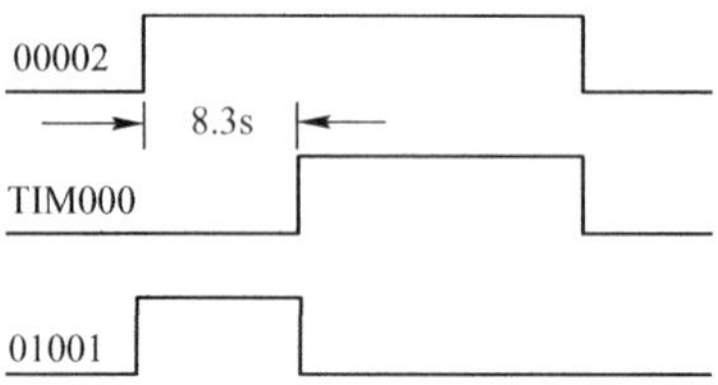

图 8.13　例 8.10 波形图

例 8.11　利用两个定时器组成长延时程序。

解： 如图 8.14 所示的梯形图构成延时时间为：500s + 500s = 1000s。

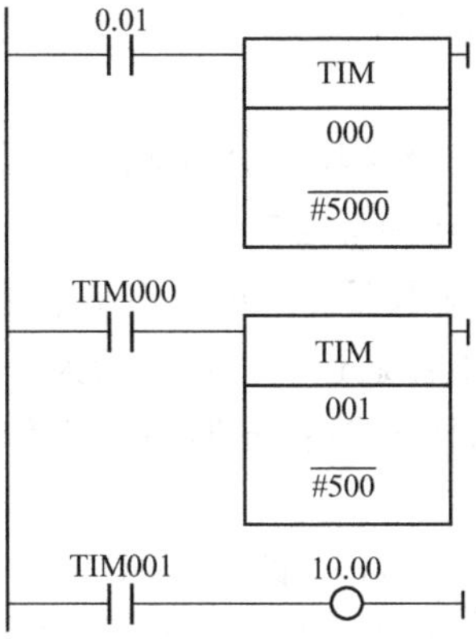

图 8.14　例 8.11 图

12. CNT 指令

CNT 指令的格式、逻辑符号、功能和编程操作如表 8.33 所示。CNT 指令编程格式如表 8.34 所示。

表 8.33　CNT 指令

指　　令	格　　式	逻辑符号	功　　能	编程操作
CNT	CNT　N　SV	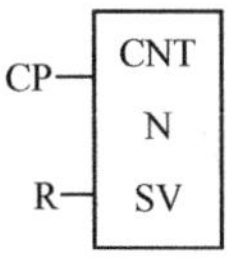	计数操作	CNT + 继电器编号 + 通道号（或#立即数）

表 8.34　CNT 指令编程格式

梯　形　图	序号	指令	数据（地址）
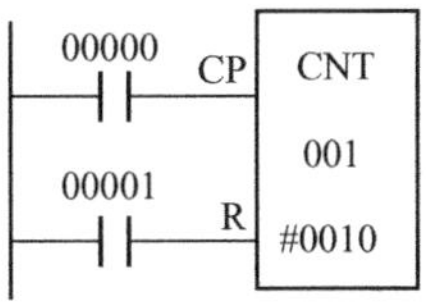	1 2 3	LD LD CNT	00000 00001 001 #0010

对表 8.31 中部分内容作说明如下：

N：定时器的编号，其数值范围为 000 ~ 127。

SV：所需计数的设定值，也可以是输入继电器、输出继电器、内部辅助继电器、保持继电器通道中的内容。

CNT 指令的功能：CNT 指令按设定值进行计数操作，即预置计数指令。当计数器（CNT）的输入变为 ON（接通）时，开始计数，经过设定数值后，计数器为 ON（计数器触点动作）。

使用 CNT 指令时应注意以下几点：

（1）CNT 指令设定范围 SV 为 1 ~ 9999。

（2）CNT 指令的 R 为复位端，当其输入端接通时，断开计数器的对外输出，同时将计数器的当前值恢复到设定值（装入设定值）。

（3）任何情况下，R 端优先执行。

（4）掉电时，计数器保留当前值，这是执行 CNT 指令和执行 TIM 指令的不同之处。

（5）可设定的 CNT 编号不能和 TIM 编号重复。

（6）CNT 指令的设定值使用输入继电器、输出继电器、内部辅助继电器和保持继电器通道中的内容作为设定值时，这些继电器通道的内容必须为十进制数（BCD 码）。

例 8.12 试分析如图 8.15 所示梯形图和波形图的工作原理，并将其转换成指令助记符。

CNT 指令设定值（预置数）SV 为 00003，即 3 个脉冲（与脉冲宽度无关），CP 端每输入一个脉冲，设定值减 1，当其输入 3 个脉冲时，计数器中的设定值为 00000，其动合触点 CNT003 闭合，输出继电器 01002 产生输出。当复位端 R 接通时，计数器断开对外输出，输出继电器 01002 断开输出。

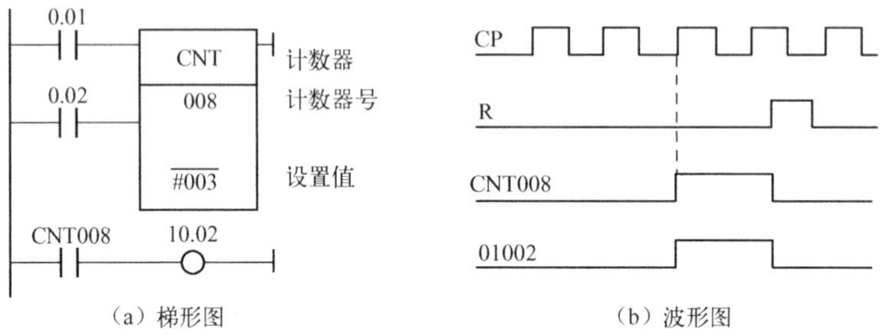

图 8.15 例 8.12 图

解：指令助记符如下：

1.	LD	00001
2.	LD	00002
3.	CNT	008 #0003
4.	LD	CNT008
5.	OUT	01002

8.2 专用（功能）指令

1. END（FUN01）

END 指令的格式、逻辑符号、功能和编程操作如表 8.35 所示。该指令后面没有指定继电器号。

表 8.35 END 指令

指　令	格　式	逻辑符号	功　能	编程操作
END	END	—[END (01)]	全部程序结束	[FUN] + [0] + [1]

END 指令的功能：END 指令是结束程序指令。写于全部程序的最后一行。

FUN01 的含义是使用编程器输入该指令时，需要先按[FUN]键、[0]键、[1]键、[WRITE]键才能将该指令输入可编程序控制器（下同）。

使用 END 指令时应注意以下几点：

表 8.36　END 指令编程格式

梯　形　图	指　令　表		
	序号	指令	数据（地址）
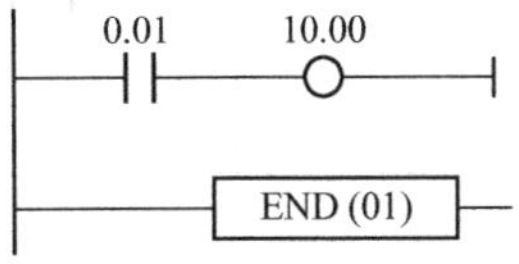	1	LD	00001
	2	OUT	01000
	3	END	

（1）END 指令总是作为程序的最后一条指令。

（2）若程序结尾没有该指令，在运行或监视程序时，显示器将显示“ON END INST”错误信息。

2. IL（FUN02）指令

IL 分支指令的格式、逻辑符号、功能和编程操作如表 8.37 所示。

表 8.37　IL 指令

指　　令	格　　式	逻 辑 符 号	功　　能	编 程 操 作
IL	IL	—[IL]	在分支处形成新母线	[FUN] + [0] + [2]

指令 IL 后面没有指定继电器号。

IL 指令的功能：IL 指令是分支指令，在分支处形成新母线。它使程序编制方便，图形直观。IL 与 ILC 指令成对使用。

3. ILC（FUN03）指令

ILC 指令的格式、逻辑符号、功能和编程操作如表 8.38 所示。指令 ILC 后面没有指定继电器号。

表 8.38　ILC 指令

指　　令	格　　式	逻 辑 符 号	功　　能	编 程 操 作
ILC	ILC	—[ILC]	消除分支	[FUN] + [0] + [3]

ILC 指令的功能：ILC 指令是分支结束指令，从分支处返回（消除分支）。

IL 和 ILC 指令编程格式如表 8.39 所示。

IL 和 ILC 是产生分支和分支结束指令。所谓分支是指一个电路需要经过几个不同触点分别输出的电路。

表 8.39　IL 和 ILC 指令编程格式

梯　形　图	指　令　表		
	序号	指令	数据（地址）
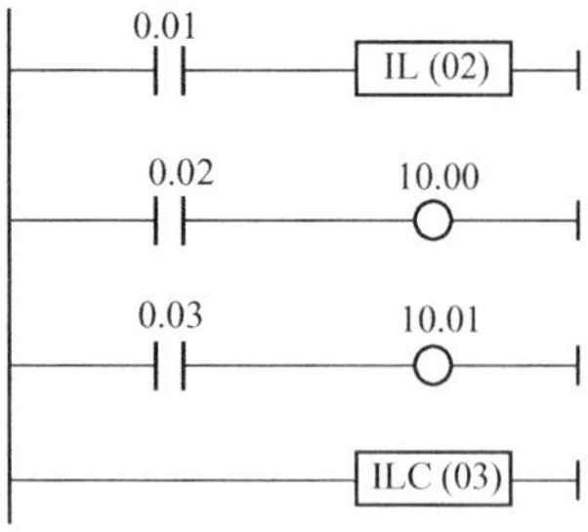	1	LD	00001
	2	IL	
	3	LD	00002
	4	OUT	01000
	5	LD	00003
	6	OUT	01001
	7	ILC	

例 8.13　将如图 8.16 梯形图转换成指令助记符。

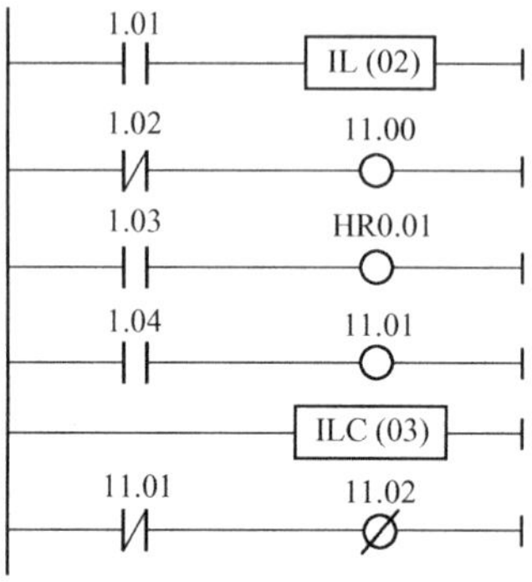

图 8.16　例 8.13 图

解：指令助记符见表 8.40。

表 8.40　例 8.13 指令助记符

步　　序	指令助记符	器　件　号	说　　明
1	LD	00101	动合触点 00101 接在母线上
2	IL		产生分支，建立新母线
3	LDNOT	00102	动断触点 00102 接在新母线上
4	OUT	01100	输出继电器 01100 输出
5	LD	00103	动合触点 00103 接在新母线上
6	OUT	HR001	保持继电器 HR001 输出
7	LD	00104	动合触点 00104 接在新母线上
8	OUT	01101	输出继电器 01101 输出
9	ILC		结束新母线，返回母线
10	LDNOT	01101	输出继电器动断触点 01101 接在母线上
11	OUTNOT	01102	输出继电器 01102 求反输出

使用 IL 和 ILC 指令时应注意以下几点：

(1) 接在分支母线上的触点都以 LD（或 LDNOT）指令开始。

(2) IL 和 ILC 指令必须在一段程序的首尾。

(3) ILC 指令可使它后面的 LD（或 LDNOT）返回到原来的公共母线上。

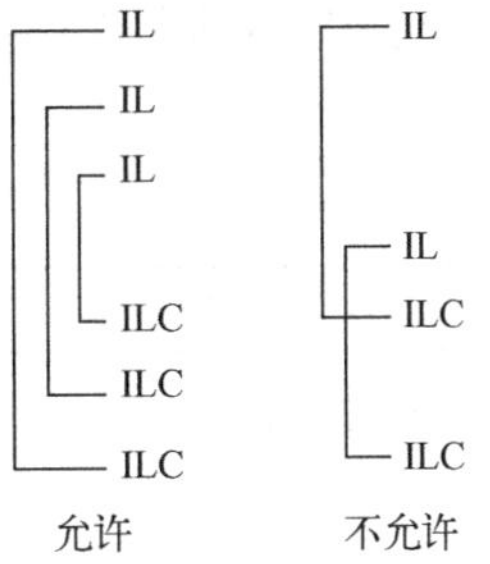

图 8.17　IL 和 ILC 指令的嵌套使用

(4) IL 和 ILC 指令允许嵌套使用，使用次数不受限制，但不能交叉使用，如图 8.17 所示。

(5) 当 IL 指令前的逻辑关系接通时，IL 和 ILC 指令之间的程序执行。当 IL 指令前的逻辑关系断开时，IL 和 ILC 指令之间的程序不执行。

(6) 在 IL 和 ILC 之间的程序不执行时，它们之间的继电器状态是不同的，即：

输出继电器、内部辅助继电器：断开；

定时器：复位；

计数器、移位寄存器、保持继电器：保持当前状态。

例 8.14　试分析如图 8.18（a）所示梯形图，并写出该梯形图的指令助记符。

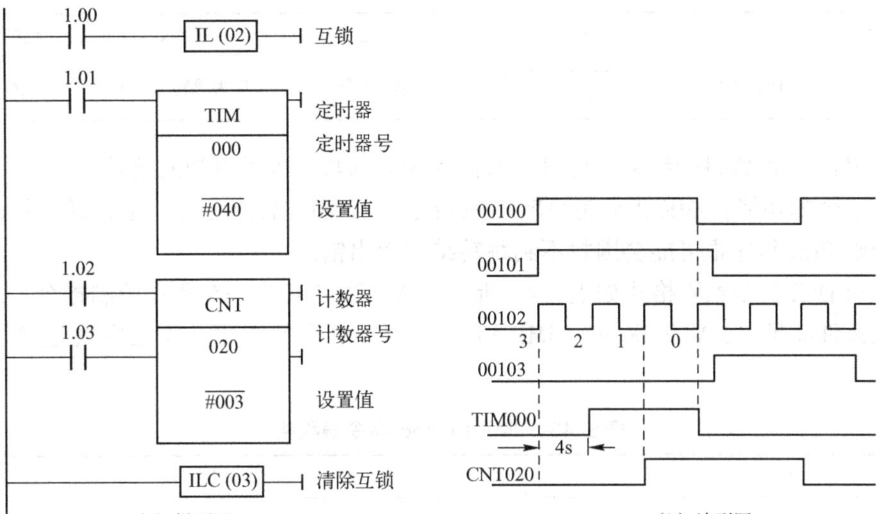

（a）梯形图　　（b）波形图

图 8.18　例 8.14 图

解：指令助记符如下：

1.	LD	00100
2.	IL	
3.	LD	00101
4.	TIM	000 # 0040
5.	LD	00102
6.	LD	00103
7.	CNT	020 # 0003
8.	ILC	

程序工作情况见图 8.18（b）所示的波形图。

4. JMP（FUN04）指令

JMP 指令的格式、逻辑符号、功能和编程操作如表 8. 41 所示。指令 JMP 后面跟跳转结束目标号，其取值为#00 ~ #49，也可以为通道号。

表 8. 41　JMP 指令

指　　令	格　　式	逻 辑 符 号	功　　能	操作数 B 的含义及范围
JMP	JMP（04）B	—[JMP (04) B]	跳转指令	B 为跳转号，其范围为：00 ~ 49

JMP 指令的功能：不执行某段指令，即跳转指令。

5. JME（FUN05）指令

JME 指令的格式、逻辑符号、功能和编程操作如表 8. 42 所示。

表 8. 42　JME 指令

指　　令	格　　式	逻 辑 符 号	功　　能	操作数 B 的含义及范围
JME	JME（05）B	—[JME (05) B]	结束跳转指令	B 为跳转号，其范围为：00 ~ 49

指令 JME 后面跟跳转结束目标号，取值为#00 ~ #49，也可以为通道号。

JME 指令的功能：JME 指令是跳转结束指令，与 JMP 配合使用，注意目标号的前后一致性，否则 PLC 程序很可能会因找不到跳转结束而出错。

JMP 和 JME 指令编程格式如表 8. 43 所示。JMP 和 JME 是一对程序控制指令，一般成对使用。在条件满足时，将依次执行 JMP 和 JME 指令之间的程序，反之则跳过该段程序不执行。

表 8. 43　JMP 和 JME 指令编程格式

梯　形　图

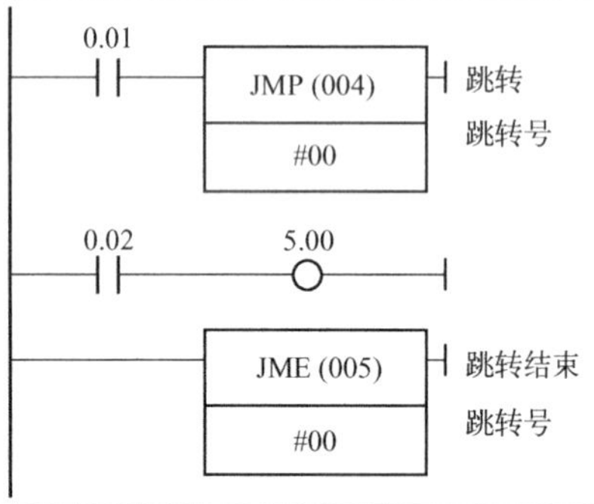

指　令　表

序号	指令	数据（地址）
1	LD	00001
2	JMP	#00
3	LD	00002
4	OUT	01000
5	JME	#00

使用 JMP 和 JME 指令应注意以下几点：

（1）一般要求 JMP 和 JME 成对出现，但有以下特例：

① 当从不同跳转起点跳向同一个跳转终点时，不同的 JMP 指令可以后跟相同目标标号；但 JME 后的目标号不能重复，此时是多个 JMP 指令对一个 JME 指令。

② 当 JMP 语句后跟的标号为通道号时，即意味着此 JMP 对应多个出口，JMP 可以根据

通道号的取值不同而转向不同的跳转结束语句，此时为一个 JMP 指令对应多个 JME 指令。例如，指令“JMP 200”，当通道号为 200 内容的值为“0”时，则跳转到“JME #0”处，当 200 内容的值为“1”时，则跳向“JME #01”处。

（2）JMP 和 JME 之间不能使用高速计数指令。

（3）要注意 JMP-JME 和 IL-ILC 指令之间的区别如下：

① 如图 8. 19 所示，00200 从接通到断开，执行 JMP-JME 指令的 01100 保持原状态，而执行 IL-ILC 指令的 01100 恢复原状态。

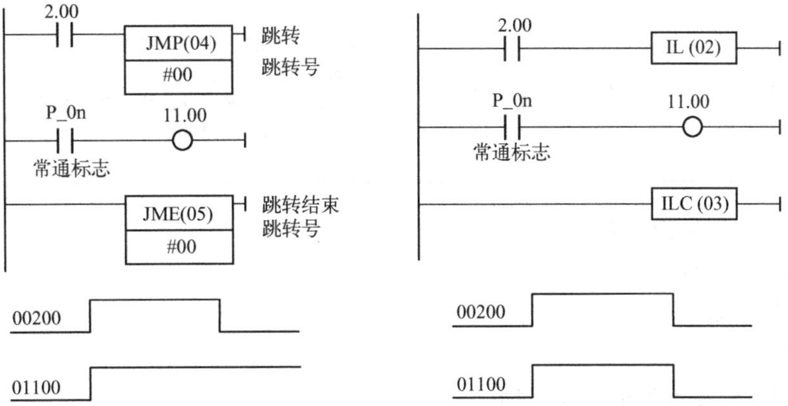

（a）使用JMP-JME指令　　（b）使用IL-ILC指令

图 8. 19　使用 JMP-JME 和 IL-ILC 指令的区别

② JMP-JME 之间定时器的当前值在 00200 为断开时，保持不变（40 – T），而 IL-ILC 指令之间定时器从当前值在 00200 为断开时复位为 40，如图 8. 20 所示。

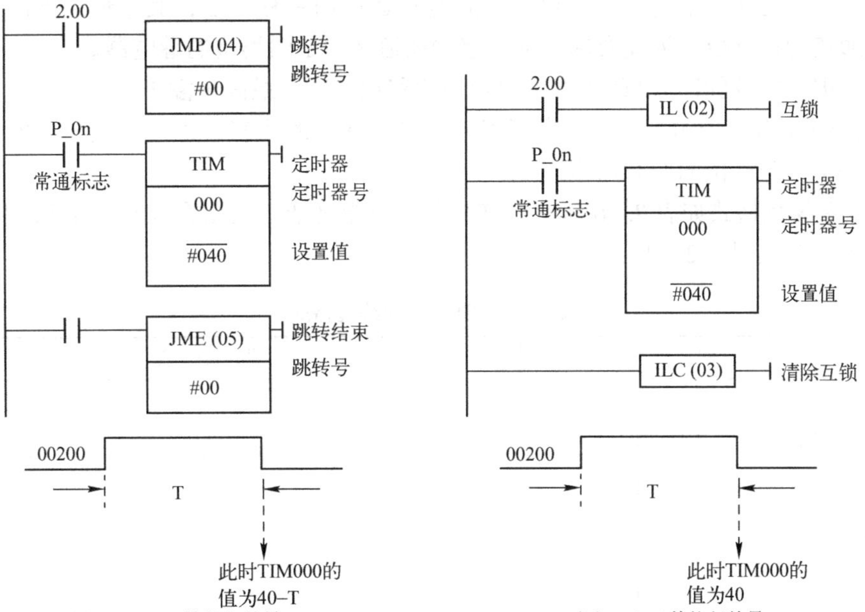

（a）JMP/JME的执行结果　　（b）IL/ILC的执行结果

图 8. 20　使用 JMP-JME 和 IL-ILC 指令的区别

③ JMP-JME 之间不能使用高速计数指令 FUN（98）。

6. SFT（FUN10）指令

SFT 指令的格式、逻辑符号、功能和编程操作如表 8.44 所示。表 8.44 中的 st 为首道通号，E 为末道通号。

表 8.44　SFT 指令

指　　令	格　　式	逻辑符号	功　　能	操作数的含义及范围
SFT	SFT　st　E	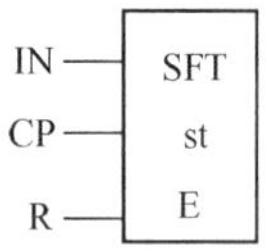	移位	St 是移位开始通道号，其范围是： IR、SR、HR、AR、LR， E 是移位的结束通道号，其范围同 St St 和 E 必须在同一区域，且 St≤E

表 8.44 中的逻辑符号为：

IN：数据输入端；

CP：脉冲输入端；

R：复位端。

st 和 E 均可以是表 8.45 中的通道。

表 8.45　SFT 中继电器的通道

继电器通道类型	输出继电器通道	内部辅助继电器通道	保持继电器通道	链接继电器通道	辅助记忆继电器通道
通道编号	010 ~ 019	200 ~ 231	HR00 ~ HR19	LR00 ~ LR15	AR00 ~ AR15

SFT 指令的功能：SFT 指令相当于一个串行输入移位寄存器。SFT 指令将输入端 IN 的数据在一个连续的区域中（从首通道到末通道）逐位向左移一位，其中低通道的最高位移入相临高通道的最低位。为此要求移动的起始通道必须是同类型的继电器。

输入数据在时钟脉冲 CP 的上升沿逐位向前移位一次，最高位溢出。

当复位端 R 有信号输入到移位寄存器时，参与移位的所有通道同时复位，即复位信号的功能就是将参与移位的所有通道清 0。

SFT 指令编程格式如表 8.46 所示。SFT 指令功能复杂，数据在 015 通道和 017 通道之间移位的示意图如图 8.21 所示。

表 8.46　SFT 指令编程格式

梯　形　图	指　令　表		
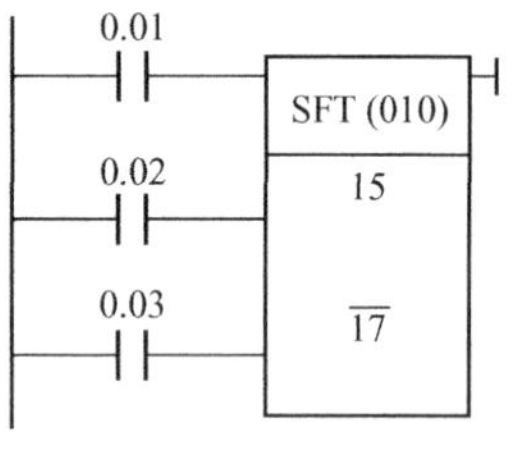	序号	指令	数据（地址）
	1	LD	00001
	2	LD	00002
	3	LD	00003
	4	SFT	015　017

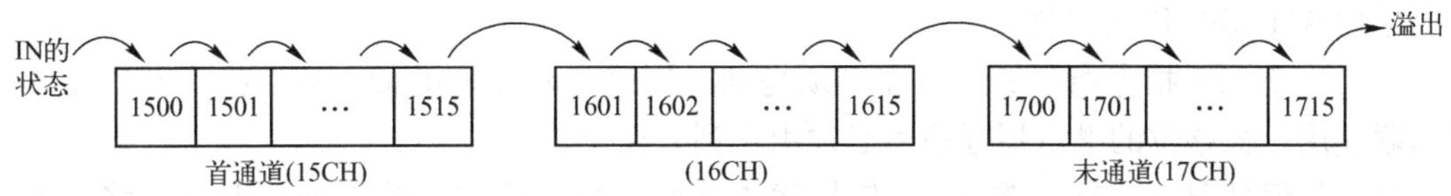

图 8.21　SFT 功能示意图

例 8.15　试分析如图 8.22 所示梯形图和波形图的工作原理，并写出与梯形图对应的指令助记符。

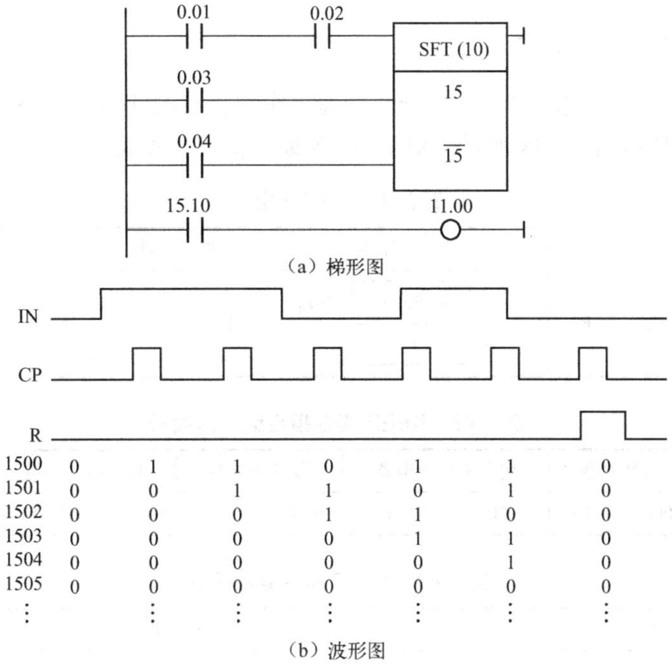

图 8.22　例 8.15 图

分析：本例题中 SFT 指令执行的首通道和末通道都是 015 通道，那么移位区域应该为 01500～01515 共 16 位。在没有复位信号时，输入脉冲（CP）可将通道内的 16 位内容一位一位地输出。数据的移位发生在输入脉冲的前沿。

复位信号前沿输入到移位寄存器时，015 通道内的 16 位（01500～01515）同时清 0。

若被指定的通道是保持继电器，电源故障期间，且输入或复位信号到来前，数据可以保存。

指令助记符如下：

1.	LD	00001
2.	AND	00002
3.	LD	00003
4.	LD	00004
5.	SFT	015　015
6.	LD	01510
7.	OUT	01100

使用 SFT 指令几点注意：

（1）一个 SFT 指令指定的继电器必须是同一通道编号相连的继电器。指令允许几个通道串联使用。被移位的继电器通道号必须由小到大设定。

（2）任何情况下，复位端（R）信号优先执行，即复位端有输入的情况下，移位寄存器不接收 CP 端的输入数据。

（3）输入数据（IN）在时钟脉冲（CP）前沿移位，每个 CP 信号移位一位。

（4）数据输入端（IN）为接通时，移位串行输入为“1”。数据输入端（IN）为断开时，移位串行输入为“0”。

7. KEEP（FUN11）指令

KEEP 指令的格式、逻辑符号、功能和编程操作如表 8.47 所示。表 8.47 中的 B 为指定继电器编号，其内容如表 8.48 所示。KEEP 指令编程格式如表 8.49 所示。

表 8.47　KEEP 指令

指　　令	格　　式	逻 辑 符 号	功　　能	编 程 操 作
KEEP	KEEP　　B	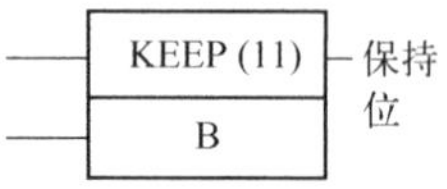	保持（自保）	FUN + 1 + 1 + 继电器编号

表 8.48　KEEP 指令指定继电器编号

继电器类型	输出继电器	内部辅助继电器	保持继电器	链接继电器通道	辅助记忆继电器通道
B 的内容	01000～01915	20000～23115	HR0000～HR1915	LR0000～LR1515	AR0000～AR1515

表 8.49　KEEP 指令编程格式

梯　形　图	指 令 表		
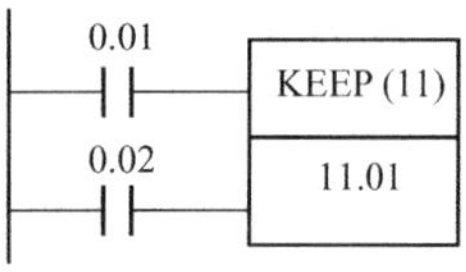	序号	指令	数据（地址）
	1	LD	00001
	2	LD	00002
	3	KEEP	01101

表 8.47 中逻辑符号 S 为置位端，R 为复位端。

KEEP 指令的功能：KEEP 是保持指令，相当于一个自锁继电器，即具有继电器自锁（自保）功能。它可以将短信号变成长信号。

例 8.16　试分析如图 8.23 所示梯形图和波形图的工作原理，并写出与梯形图对应的指令助记符。

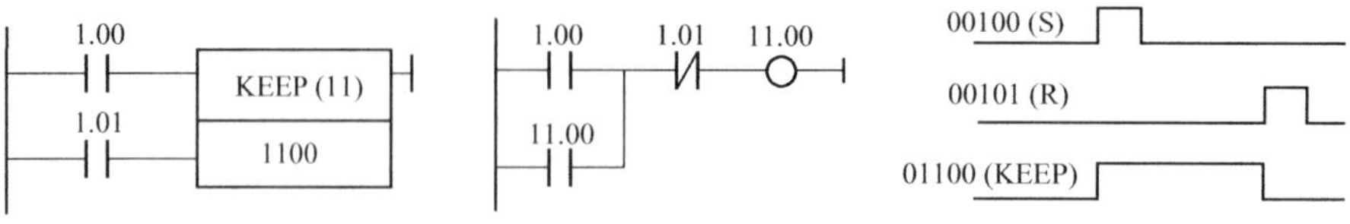

图 8.23　例 8.16 图

分析：图 8.24（a）指令助记符如下：

1.	LD	00100
2.	LD	00101
3.	KEEP	01100

图 8.24（b）指令助记符如下：

1.	LD	00100
2.	OR	01100
3.	ANDNOT	00101
4.	OUT	01100

对照图 8.23（a）、图 8.23（b）和图 8.23（c）波形图可见，KEEP 指令具有“自锁”功能。

使用 KEEP 指令时应注意以下几点：

(1) KEEP 指令在置位输入端接通时，它所指定的继电器接通。复位输入端为接通时，KEEP 指令指定的继电器断开。置位输入和复位输入同时接通时，复位端输入信号优先。

(2) 电源断电时，KEEP 指令指定的继电器若为内部辅助继电器，则其随之断开。KEEP 指令指定的继电器若为保持继电器（HR0000～HR1915），保持原状态不变。

例 8.17　利用 KEEP 指令可组成 ON/OFF 延时电路，梯形图和波形图如图 8.24 所示。

分析：该电路为延时接通、延时断开电路。当输入 00000 接通 5s 后，输入 01000 才接通；而当输入 00000 断开 3s 后，输出 01100 才断开。

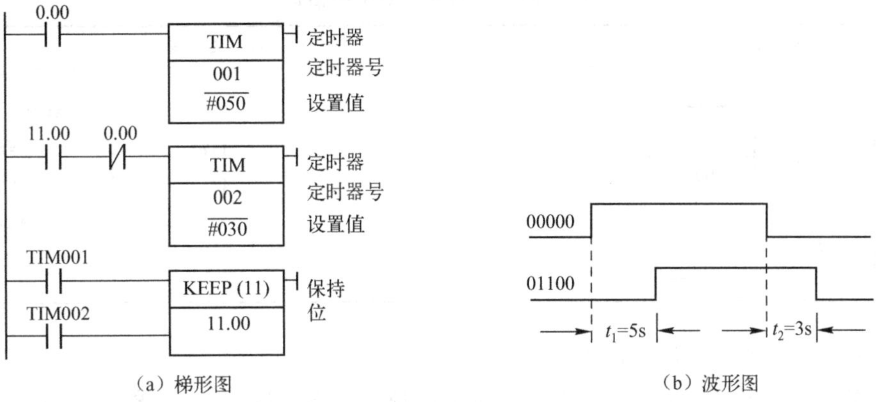

图 8.24　例 8.17 图

例 8.18　KEEP 指令配合输入信号可组成防抖动开关，其梯形图和波形图如图 8.25 所示。

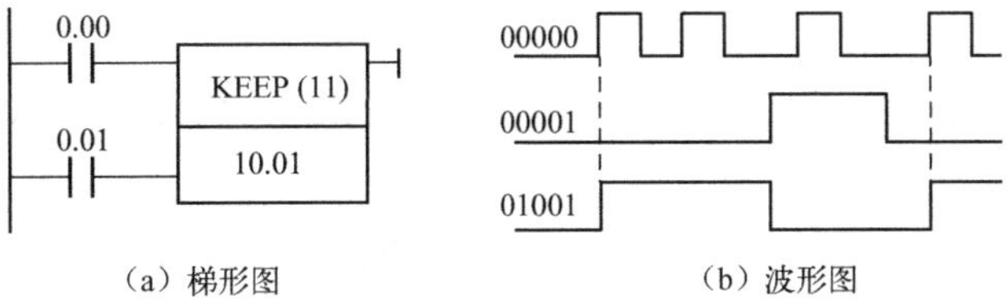

图 8.25　例 8.18 图

8. CNTR（FUN12）指令

CNTR 指令的格式、逻辑符号、功能和编程操作如表 8.50 所示。表 8.50 的逻辑符号中各项说明如下：

表 8.50　CNTR 指令

指　　令	格　　式	逻 辑 符 号	功　　能	操作数的含义及范围
CNTR	CNTR　N　SV	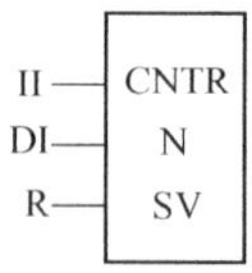	可逆计数	B 是定时器的 TC 号，范围为：000 ~127。 SV 是定时器的设定值（BCD 0000 ~ 9999），其范围为：IR、SR、HR、AR、LR、DM、＊DM、#

N：计数器的编号，其数值范围为 000 ~ 127；

SV：可以是计数值，也可以是内部辅助继电器或保持继电器的内容；

I I：加 1 计数输入端；

DI：减 1 计数输入端；

R：复位端。

CNTR 指令的功能：CNTR 指令是可逆计数。在加 1 计数输入端（II 端）信号或减 1 计数输入端（DI 端）信号的上升沿，计数器相应加 1 或减 1。CNTR 指令编程格式如表 8.51 所示。

表 8.51　CNTR 指令编程格式

梯　形　图	指　令　表		
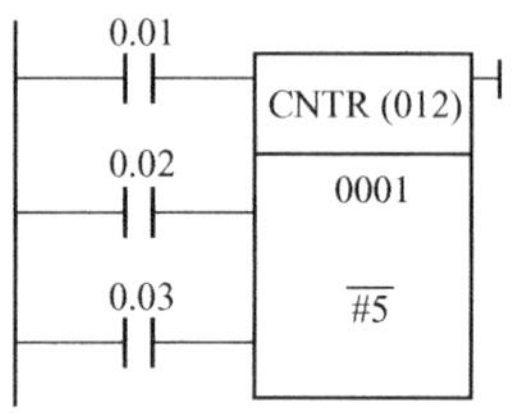	序号	指令	数据（地址）
	1	LD	00001
	2	LD	00002
	3	LD	00003
	4	CNTR	001 # 0005

使用 CNTR 指令时应注意以下几点：

（1）当计数器当前值为设定值时，在加 1 计数输入端再加 1，计数器的当前值为 00000；当计数器当前值为 00000 时，在减 1 计数输入端再减 1，计数器的当前值为设定值（可参见下例）。可见该指令相当于一个环行可逆计数器。

（2）在开始执行 CNTR 指令或复位端 R 为 ON 时，可逆计数指令的当前值为 00000，加 1 或减 1 操作在此基础上进行。

（3）当加 1 端（II）或减 1 端（DI）信号的上升沿同时到来时，CNTR 指令不作加 1 或减 1 操作。

（4）CNTR 指令的设定值必须是 4 位 BCD 码，使用通道设置时必须注意这一点，否则将不能运行 CNTR 指令。

例 8.19　试分析如图 8.26 所示的梯形图和波形图的工作原理。

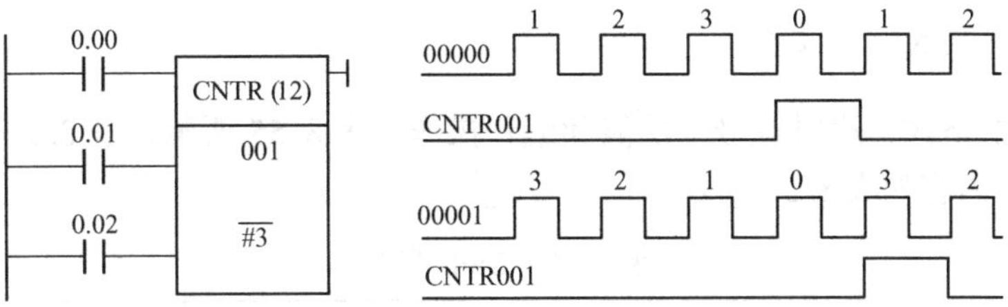

（a）梯形图　　　　（b）波形图

图 8.26　例 8.19 图

分析：由波形图可见，加 1（II）或减 1（DI）计数使可逆计数器为 ON 的区别是：

加 1 端（II）上升沿信号开始加数，计数到预定值后计数器为 ON。具体为 ON 的时间是从计数器当前值为零的上升沿到当前值为 1 的上升沿间隔内，对于本例中计数器为 ON 的起点时间对应于计数器当前值为 0，结束时间对应于 00001 的出现。

减 1 端（DI）上升沿信号开始减数，减数到零后计数器为 ON，具体为 ON 的时间是从计数器当前值为设定值的上升沿到当前值减 1 的上升沿间隔内，即计数器为 ON 的起点时间对应于计数器当前值为 3，结束时间对应于 00002 的出现。

9. DIFU（FUN13）指令

DIFU 指令的格式、逻辑符号、功能和编程操作如表 8.52 所示。表 8.52 中 B 为指定继电器的编号，其内容如表 8.53 所示。

表 8.52　DIFU 指令

指　　令	格　　式	逻 辑 符 号	功　　能	编 程 操 作
DIFU	DIFU　B	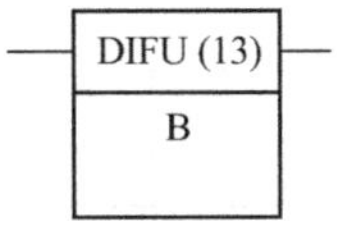	脉冲前沿微分	[FUN] + [1] + [3] + 继电器编号

表 8.53　DIFU 指令指定继电器编号

继电器类型	输出继电器	内部辅助继电器	保持继电器	链接继电器通道	辅助记忆继电器通道
B 的内容	01000 ~ 01915	20000 ~ 23115	HR0000 ~ HR1915	LR0000 ~ LR1515	AR0000 ~ AR1515

DIFU 指令的功能：DIFU 指令是上升微分指令，输入脉冲上升沿到来时，被指定继电器接通一个扫描周期，然后自动复位，即可将一长信号变成一短信号。

DIFU 指令编程格式如表 8.54 所示。

表 8.54　DIFU 指令编程格式

梯　形　图	指　令　表		
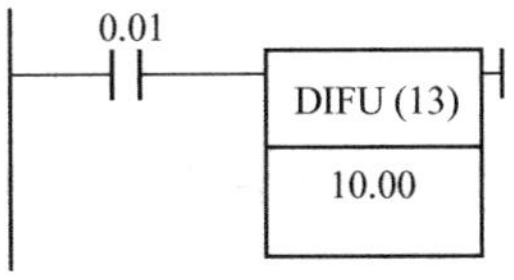	序号 1 2	指令 LD DIFU	数据（地址） 00001 01000

10. DIFD（FUN14）指令

DIFD 指令的格式、逻辑符号、功能和编程操作如表 8.55 所示。表 8.55 中 B 为指定继电器的编号，其内容如表 8.56 所示。

表 8.55　DIFD 指令

指　　令	格　　式	逻 辑 符 号	功　　能	编 程 操 作
DIFD	DIFD　　B	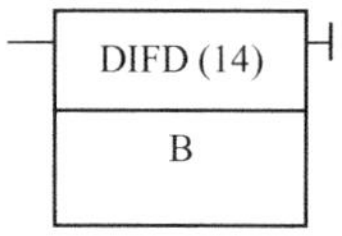	脉冲后沿微分	FUN + 1 + 4 + 继电器编号

表 8.56　DIFD 指令指定继电器编号

继电器类型	输出继电器	内部辅助继电器	保持继电器	链接继电器通道	辅助记忆继电器通道
B 的内容	01000 ~ 01915	20000 ~ 23115	HR0000 ~ HR1915	LR0000 ~ LR1515	AR0000 ~ AR1515

DIFD 指令的功能：DIFD 指令是下降微分指令，输入脉冲下降沿指定继电器接通一个扫描周期，然后自动复位。

DIFD 指令编程格式如表 8.57 所示。

表 8.57　DIFD 指令编程格式

梯　形　图	指　令　表		
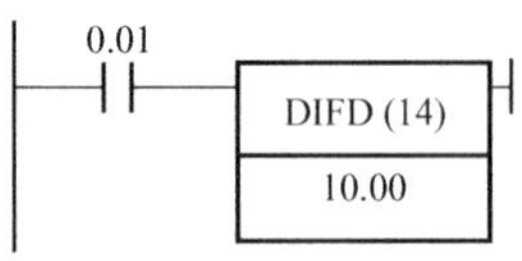	序号 1 2	指令 LD DIFD	数据（地址） 00001 01000

例 8.20　使用 DIFU 和 DIFD 指令编程的梯形图和波形图如图 8.27 所示。试分析其工作原理，并写出对应的指令助记符。

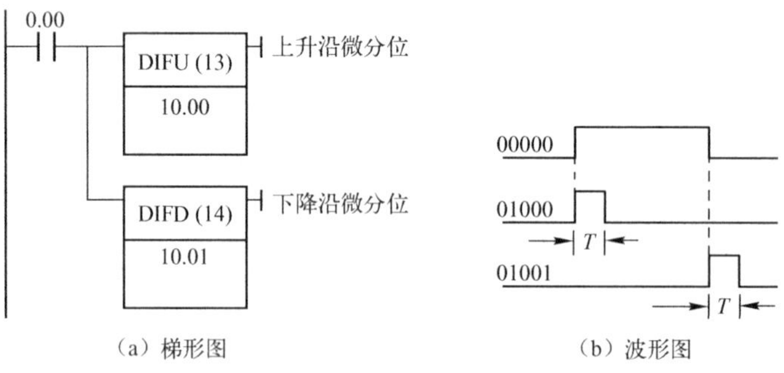

（a）梯形图　　（b）波形图

图 8.27　例 8.20 图

分析： DIFU 指令输入端 00000 接通时，并在其上升沿时，DIFU 指令指定的继电器 01000 输出一个扫描周期后断开。

DIFD 指令输入端 00000 接通时，并在其下降沿时，DIFD 指令指定的继电器 01001 输出一个扫描周期后断开。

指令助记符如下：

1.	LD	00000
2.	DIFU	01000
3.	DIFD	01001

例 8.21 利用 DIFU 和 DIFD 指令组成翻转触发器，其对应的梯形图和指令表如图 8.28 所示。

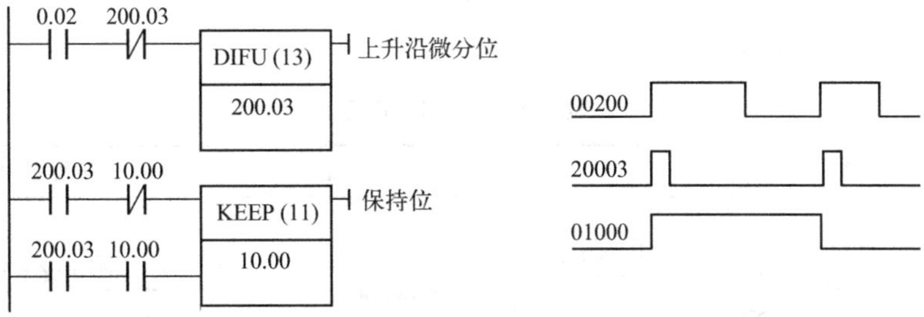

（a）梯形图　（b）波形图

图 8.28　例 8.21 图

解：当 00002 第一次接通时，在其上升沿 DIFU 产生一次扫描，输出 01000 导通，当 00002 再次接通时，其上升沿 DIFU 再次产生扫描，输出 01000 关断。

例 8.22 利用 DIFU 指令组成对输入信号（00101）的分频（二分频）电路如图 8.29 所示。

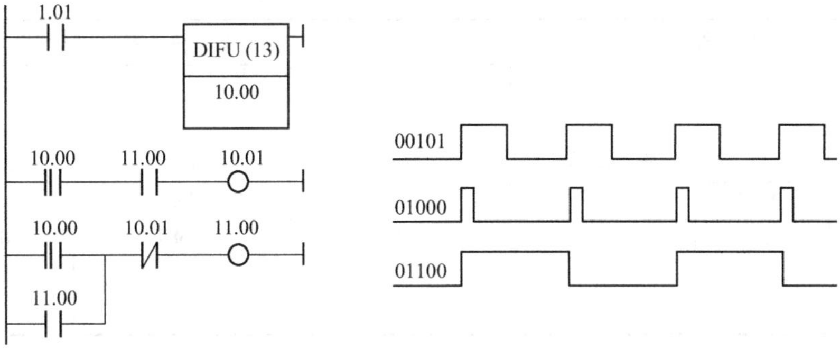

（a）梯形图　（b）波形图

图 8.29　例 8.22 图

解：当 00101 接通上升沿，01000 产生一个扫描周期宽度的脉冲。但第二逻辑行的 01000 仍然是断开的，所以 01001 没有接通。在第三逻辑行的 01000 产生输出波形的上升沿。

当 00101 再次接通上升沿时，01000 同样产生一个扫描周期宽度的脉冲。在第二逻辑行的 01001 被接通（01000 因自锁而接通），使得第三逻辑行输出 01000 断开，产生波形的下降沿。

使用 DIFU 和 DIFD 指令应注意如下几点：

（1）DIFU 和 DIFD 指令都是实现在程序循环扫描过程中某些只需执行一次的指令。不同之处是上升沿触发还是下降沿触发。

（2）上升沿微分指令主要用于把常“ON”信号变成脉冲信号。

（3）下降沿微分指令主要用于把常“OFF”信号变成脉冲信号。

11. TIMH（FUN15）指令

TIMH 指令的格式、逻辑符号、功能和编程操作如表 8.58 所示。表 8.58 中逻辑符号 N 为定时器编号，数值范围为 000～127；SV 可以是输入继电器、输出继电器、内部辅助继电器、保持继电器通道的内容。

表 8.58　TIMH 指令

指　令	格　式	逻辑符号	功　能	编程操作
TIMH	TIMH　N SV	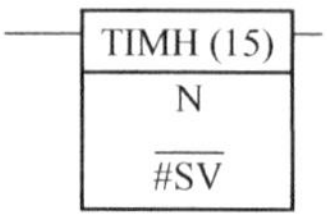	高速延时操作	[FUN] + [1] + [5] + 继电器编号 [#] + 设置数

TIMH 指令的功能：TIMH 指令是高速接通延时指令，延时单位为 0.01s。当 TIMH 指令输入端接通后，时间设定值不断减 1，当前值减为 0 时，定时器指定的继电器接通。TIMH 指令输入端断开或电源断电时，高速定时器复位，当前值变为初始设定值。

TIMH 指令编程格式如表 8.59 所示。

表 8.59　TIMH 指令编程格式

梯形图	指令表		
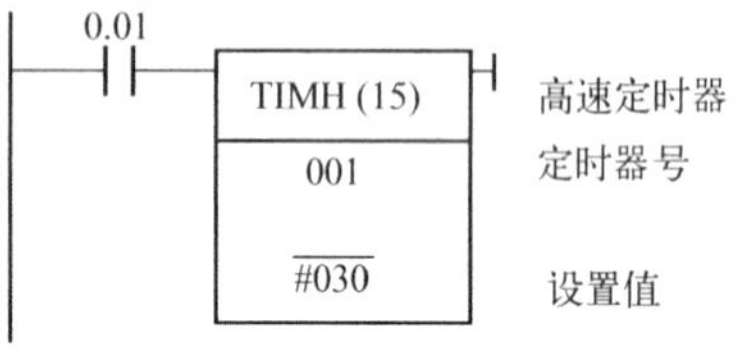	序号 1 2	指令 LD TIMH	数据（地址） 00001 01　#0030

使用 TIMH 指令时应注意以下几点：

（1）TIMH 指令接通延时范围为 0～99.99s，定时单位为 0.01s。

（2）若可编程序控制器指令扫描周期大于 10ms，TIMH 指令不能执行。

12. WSFT（FUN16）指令

WSFT 指令的格式、逻辑符号、功能和编程操作如表 8.60 所示。表 8.60 中逻辑符号 st 为首通道号，E 为末通道号，st 和 E 可以为表 8.61 所示通道。WSFT 指令编程格式如表 8.62 所示。

表 8.60　WSFT 指令

指　　令	格　　式	逻辑符号	功　　能	编程操作
WSFT	WSFT　st E	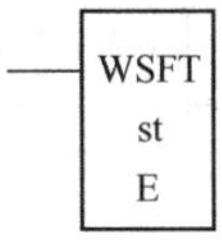	字移位	[FUN] + [1] + [6] + 起始继电器编号 [#] + 结束继电器编号

表 8.61　WSFT 指令继电器通道

继电器通道类型	输出继电器通道	内部辅助继电器通道	保持继电器通道	链接继电器通道	辅助记忆继电器通道
通道编号	010 ~ 019	200 ~ 231	HR00 ~ HR19	LR00 ~ LR15	AR00 ~ AR15

表 8.62　WSFT 指令编程格式

梯　形　图	指　令　表		
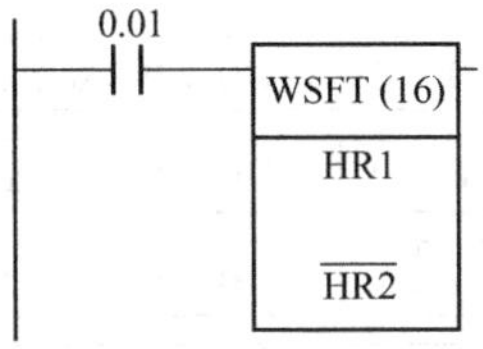	序号 1 2	指令 LD WSFT	数据（地址） 00001 HR01 HR02

在执行 WSFT 指令时，各通道作如下说明：

执行 WSFT 指令时，首、末通道必须是同类的通道，并且首通道号不得大于末通道号。

WSFT 指令的功能：WSFT 指令以通道为单位将数据从首通道（st）向末通道（E）依次移动一个字（16 位）。移动时，首通道补零，末通道数据溢出（丢失）。移位在上升沿到达时，左移一次。

例 8.23　试分析图 8.30 所示梯形图的执行情况，并写出对应指令助记符。

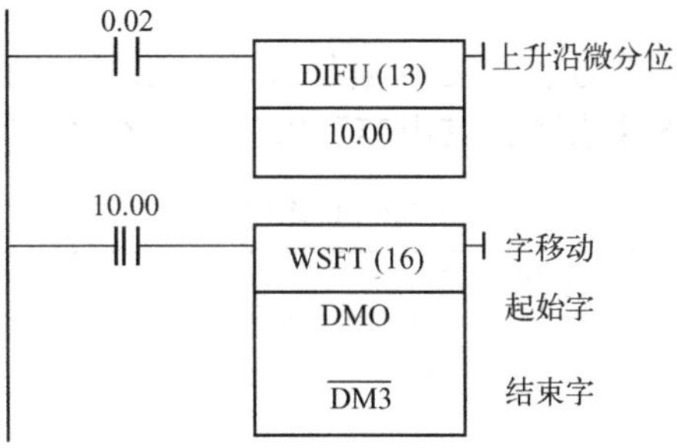

图 8.30　例 8.23 图

分析：梯形图中，在输入继电器 00002 接通的上升沿，DIFU 指令指定的继电器 01000 输出一个扫描周期，即动合触点 01000 接通一个扫描周期。在 01000 接通的上升沿，WSFT 指令指定的继电器的数值由首通道 DM00 向末通道 DM03 移动一次。

设 00002 上升沿到来前 DM00 ~ DM03 的数据为：

					→																
DM00	2	A	9	2	→	0	0	1	0	1	0	1	0	1	0	0	1	0	0	1	0
DM01	0	4	F	3	→	0	0	0	0	0	1	0	0	1	1	1	1	0	0	1	1
DM02	0	7	0	1	→	0	0	0	0	0	1	1	1	0	0	0	0	0	0	0	1
DM03	6	4	1	B	→	0	1	1	0	0	1	0	0	0	0	0	1	1	0	1	1

当00002上升沿到达时，DM00～DM03字移位，即：

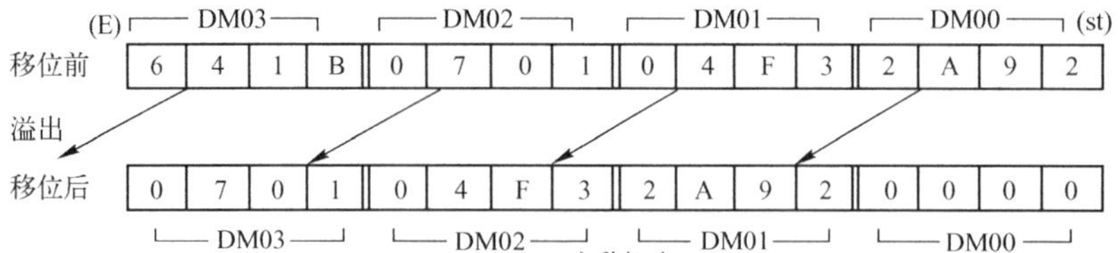

左移概念

移动一次以后DM00～DM03的数据为：

					→																
DM00	0	0	0	0	→	0	0	0	0	0	0	0	0	0	0	0	0	0	0	0	0
DM01	2	A	9	2	→	0	0	1	0	1	0	1	0	1	0	0	1	0	0	1	0
DM02	0	4	F	3	→	0	0	0	0	0	1	0	0	1	1	1	1	0	0	1	1
DM03	0	7	0	1	→	0	0	0	0	0	1	1	1	0	0	0	0	0	0	0	1

指令助记符如下：

1.	LD	00002
2.	DIFU	01000
3.	LD	01000
4.	WSFT	DM00　DM03

13. CMP（FUN20）指令

CMP指令的格式、逻辑符号、功能和编程操作如表8.63所示。表8.63中的CP1和CP2分别是比较数据1和比较数据2，其内容可以为表8.64中的继电器。

表8.63　CMP指令

指　令	格　式	逻辑符号	功　能	编程操作
CPM	CMP　CP1 CP2	CMP CP1 CP2	数据比较	[FUN] + [2] + [0] + 比较数据1 [#] + 比较数据2

表8.64　CMP指令继电器

继电器或数值	输入/输出继电器	内部辅助继电器	保持继电器	计数器、定时器	数　值	记忆继电器
通道或数据	000～019	200～231	HR00～HR19	000～127	0000～FFFF	AR00～AR15

CMP 指令的功能：CMP 指令是将指定通道内容或 4 位常数（CP1）与另一个通道或 4 位常数（CP2）进行比较。

当 CP1 数值 > CP2 数值时，专用内部辅助继电器 25505 为接通；

当 CP1 数值 = CP2 数值时，专用内部辅助继电器 25506 为接通；

当 CP1 数值 < CP2 数值时，专用内部辅助继电器 25507 为接通。

CMP 指令编程格式如表 8.65 所示。

表 8.65　CMP 指令编程格式

梯　形　图	指　令　表		
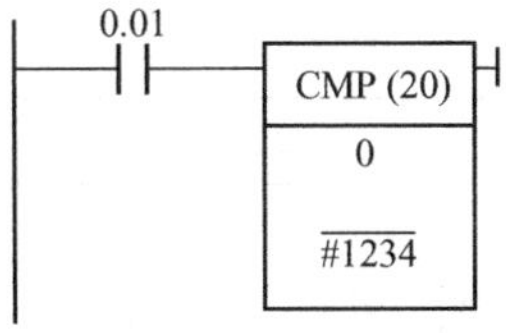	序号 1 2	指令 LD CMP	数据（地址） 00001 000　#1234

例 8.24　试分析如图 8.31 所示梯形图的工作原理，并写出对应的指令助记符。

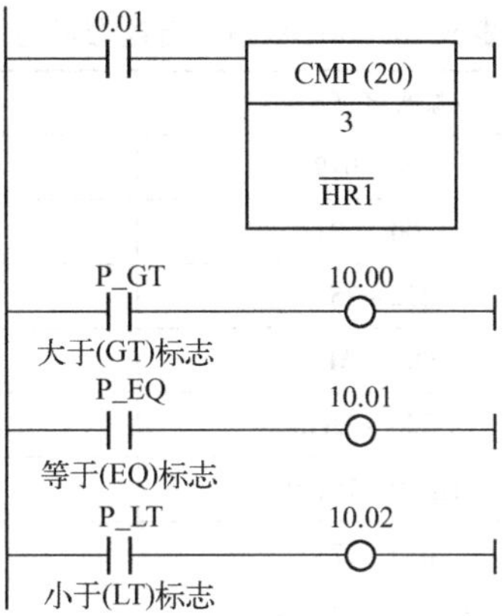

图 8.31　例 8.24 图

分析：执行 CMP 数据比较指令是针对 003 通道和 HR1 通道进行的。在 00001 接通时，CMP 指令将 003 通道内的数值和 HR1 通道内的数值进行比较。

若 003 通道的数值大于 HR01 通道的数值，动合触点 25505 闭合，输出继电器 01000 有输出，此时输出继电器 01001 和 01002 没有输出。

若 003 通道的数值等于 HR01 通道的数值，动合触点 25506 闭合，输出继电器 01001 有输出，此时输出继电器 01000 和 01002 没有输出。

若 003 通道的数值小于 HR01 通道的数值，动合触点 25507 闭合，输出继电器 01002 有输出，此时输出继电器 01000 和 01001 没有输出。

指令助记符如下：

1.	LD	00001
2.	CMP	003　HR01
3.	LD	25505

4.	OUT	01000
5.	LD	25506
6.	ONT	01001
7.	LD	25507
8.	OUT	10002

14. MOV（FUN21）指令

MOV 指令的格式、逻辑符号、功能和编程操作如表 8.66 所示。表 8.66 中逻辑符号 S 为源通道号，D 为目的通道号。S 和 D 可以为表 8.67 中继电器通道或常数。

表 8.66　MOV 指令

指　　令	格　　式	逻辑符号	功　　能	编程操作
MOV	MOV　　S 　　　　D	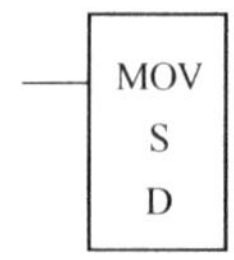	数据传送	[FUN] + [2] + [1] + 源通道号 [#] + 目的通道号

表 8.67　MOV 指令继电器通道

继电器名称及常数	源通道（S）	目的通道（D）
输入/输出继电器	000 ~ 019	010 ~ 019
内部辅助继电器	200 ~ 231	200 ~ 231
内部特殊继电器	232 ~ 255	232 ~ 255
辅助记忆继电器	AR00 ~ AR15	AR00 ~ AR15
链接继电器	LR00 ~ LR15	LR00 ~ LR15
保持继电器	HR00 ~ HR19	HR00 ~ HR19
定时/计数器	000 ~ 127	—
常数	# 00000 ~ FFFF	—
数据存储区	DM0000 ~ DM6599	DM0000 ~ DM0999、DM1022 ~ DM1023

MOV 提令的功能：MOV 指令是将一个指定通道内容或一个四位十六进制常数（S）传送到另一个通道（D）中去。

MOV 指令编程格式如表 8.68 所示。

表 8.68　MOV 指令编程格式

梯形图	指令表		
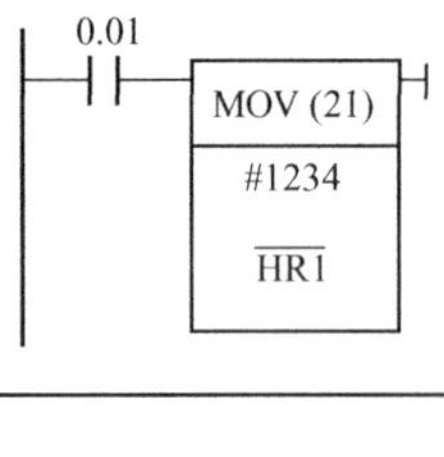	序号 1 2	指令 LD MOV	数据（地址） 00001 #1234　HR01

例 8.25　使用 MOV 指令梯形图如图 8.32 所示。试分析其工作原理，写出指令助记符。

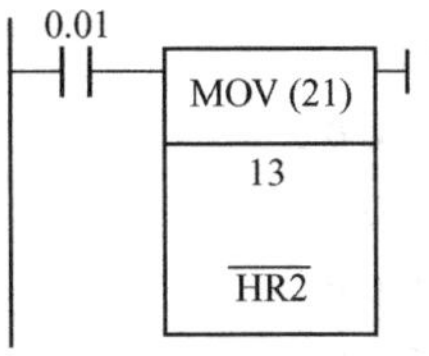

图 8.32　例 8.25 图

分析：指令助记符如下：

1.	LD	00001
2.	MOV	013 HR02

MOV 指令在 00001 为接通时，将内部辅助继电器 013 通道的内容传送到保持继电器 HR02 通道中去。也可以将四位十六进制常数传送到目的通道中去，例如，可将常数 00000 传送到某个通道中，实现对该通道“清零”功能。

例 8.26　试分析图 8.33 所示利用 MOV 指令改变 TIM/CNT 指令的设定值。

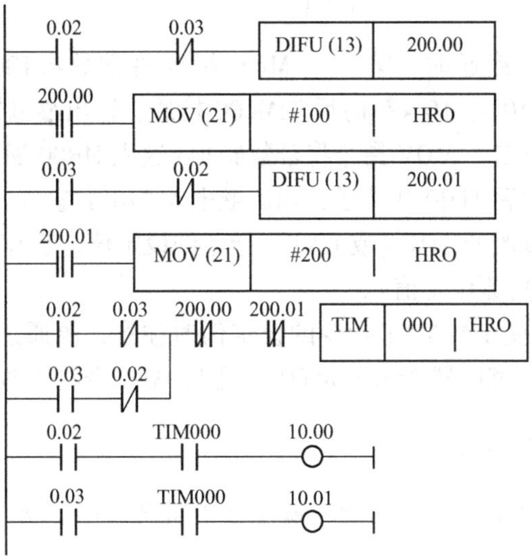

图 8.33　例 8.26 图

解：

1.	LD	0 0 0 0 2
2.	ANDNOT	0 0 0 0 3
3.	DIFU	2 0 0 0 0
4.	LD	2 0 0 0 0
5.	MOV	# 00100 HR0
6.	LD	0 0 0 0 3
7.	ANDNOT	0 0 0 0 2

8.	DIFU	2 0 0 0 1
9.	LD	2 0 0 0 1
10.	MOV	0 2 0 0
		HR0
11.	LD	0 0 0 0 2
12.	ANDNOT	0 0 0 0 3
13.	LD	0 0 0 0 3
14.	ANDNOT	0 0 0 0 2
15.	ORLD	
16.	ANDNOT	2 0 0 0 0
17.	ANDNOT	2 0 0 0 1
18.	TIM	0 0 0
		HR0
19.	LD	0 0 0 0 2
20.	AND	TIM000
21.	OUT	0 1 0 0 0
22.	LD	0 0 0 0 3
23.	AND	TIM000
24.	OUT	0 1 0 0 1

梯形图中，当 00002 接通时，第一个 MOV 指令将常数#0100 送入 HR0 通道，于是 TIM000 指令的设定值为 10 s，10 s 延时后 TIM000 接通，输出继电器 01000 输出。

当 00003 接通时，第二个 MOV 指令将常数#0200 送入 HR00 通道，于是 TIM000 指令的设定值为 20 s，20 s 延时后 TIM000 接通，输出继电器 01001 输出。

显然，传送指令可以改变 TIM（或 CNT）指令的设定值。若 00002 和 00003 同时为 ON 时，TIM000 不动作（保持原设定值）。

在使用 MOV 指令改变 TIM/CNT 指令的设定值时注意，源通道内容必须使用 4 位 BCD 码 0000 ~ 9999，否则特殊继电器 25503 为 ON，且 MOV 指令将不执行。

15. MVN（FUN32）指令

MVN 指令的格式、逻辑符号、功能和编程操作如表 8.69 所示。表 8.69 中 S 和 D 的情况同 MOV 指令一致。

表 8.69　MVN 指令

指　　令	格　　式	逻辑符号	功　　能	编程操作
MVN	MVN　S　D	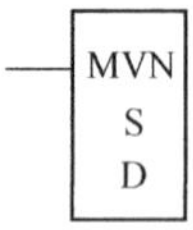	数据求反传送	FUN + 3 + 2 + 源通道号 \# + 目的通道号

MVN 指令的功能：MVN 指令是先将源通道的内容或直接数求反，再传送到目的通道中去。

例 8.27　试分析图 8.34 所示梯形图工作原理，并写出对应指令助记符。

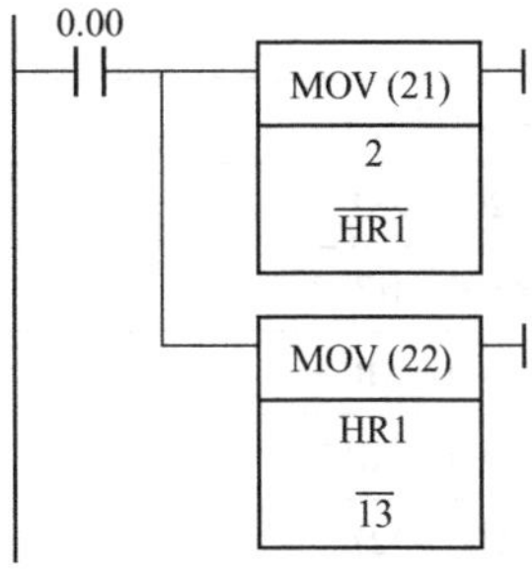

图 8.34　例 8.27 图

解：梯形图中，00000 接通时，MOV 指令将 002 通道（00200～00215）的内容传送到 HR01 通道（HR0100～HR0115）中去。MVN 指令将 HR01 通道内容求反后传送到 013 通道（01300～01315）中去，其工作情况如下（设 002 通道的值为 5555）：

002通道	00200	00201	00202	00203	00204	00205	00206	00207	00208	00209	00210	00211	00212	00213	00214	00215
(S)	0	1	0	1	0	1	0	1	0	1	0	0	0	0	0	1
	↓	↓	↓	↓	↓	↓	↓	↓	↓	↓	↓	↓	↓	↓	↓	↓
HR01通道(D/S)	HR0100	HR101	HR102	HR103	HR104	HR105	HR106	HR107	HR108	HR109	HR110	HR111	HR112	HR113	HR114	HR115
	0	1	0	1	0	1	0	1	0	1	0	1	0	1	0	1
	↓	↓	↓	↓	↓	↓	↓	↓	↓	↓	↓	↓	↓	↓	↓	↓
013通道	01300	01301	01302	01303	01304	01305	01306	01307	01308	01309	01310	01311	01312	01313	01314	01315
(D)	1	0	1	0	1	0	1	0	1	0	1	0	1	0	1	0

指令助记符如下：

```
1.    LD     00000
2.    MOV    002   HR01
3.    MVN    HR01  013
```

16. BIN（FUN23）指令

BIN 指令的格式、逻辑符号、功能和编程操作如表 8.70 所示。表 8.70 中 S 为源通道号，R 为结果通道号。S 和 R 可以为表 8.71 中所示的继电器通道。

表 8.70　BIN 指令

指　　令	格　　式	逻辑符号	功　　能	编程操作
BIN	BIN　S　R	BIN S R	数据转换	[FUN] + [2] + [3] + 源通道号 [#] + 目的通道号

表 8.71　BIN 指令继电器通道

继电器名称	源通道（S）	结果通道（R）
输入/输出继电器	000～019	010～019

续表

继电器名称	源通道（S）	结果通道（R）
内部辅助继电器	200～231	200～231
保持继电器	HR00～HR19	HR00～HR19
辅助记忆继电器	AR00～AR15	AR00～AR15
链接继电器	LR00～LR15	LR00～LR15
定时/计数器	000～127	—
数据存储区	DM0000～DM6599	DM0000～DM0999、DM1022～DM1023

BIN 指令的功能：BIN 指令是将源通道（S）中的 4 位十进制数（BCD 码）转换为 16 位二进制数（以 4 位十六进制数码表示），并把结果放到结果通道（R）中。

BIN 指令编程格式如表 8.72 所示。BIN 指令执行示意图如图 8.35 所示。

表 8.72　BIN 指令编程格式

梯　形　图	指　令　表		
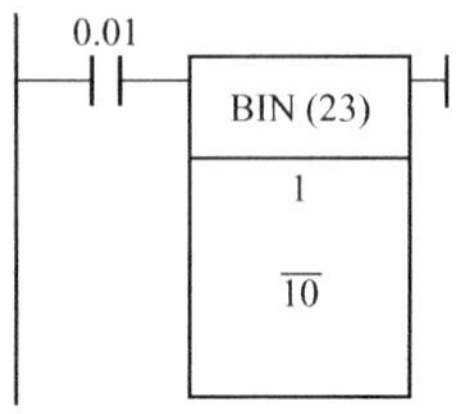	序号 1 2	指令 LD BIN	数据（地址） 00001 001　010

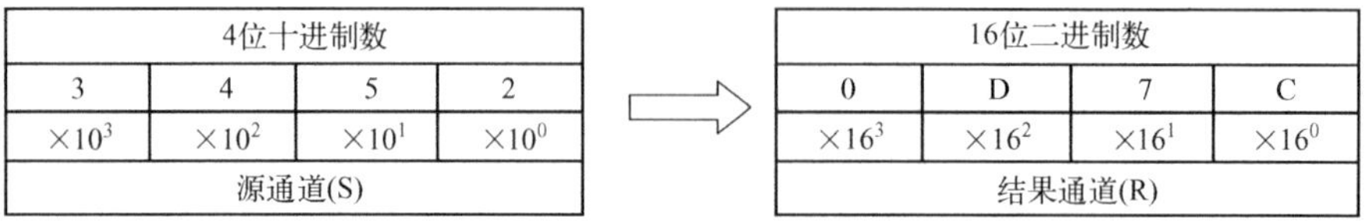

图 8.35　BIN 指令执行示意图

具体运算过程为：

16 | 3 4 5 2 ……余 12 (C)　高位

16 | 2 1 5 ……余 7

16 | 1 3 ……余 13 (D)

16 | 0 ……余 0　低位

即

$$(3452)_{BCD} = (0D7C)_{16}$$

数据在源通道中储存情况如图 8.36 所示。

17. BCD（FUN24）指令

BCD 指令的格式、逻辑符号、功能和编程操作如表 8.73 所示。表 8.73 中 S 和 R 的情况与 BIN 指令一致。

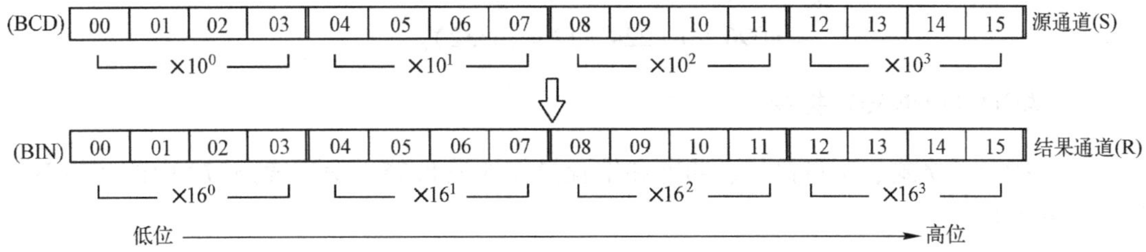

图 8.36　数据在源通道储存示意图

表 8.73　BCD 指令

指　令	格　式	逻辑符号	功　能	编程操作
BCD	BCD　S R	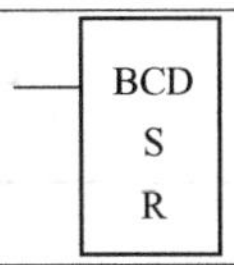	数据转换	FUN + 2 + 4 + 源通道号 # + 目的通道号

BCD 指令的功能：BCD 指令与 BIN 指令相反，将源通道（S）中的 16 位二进制数（以 4 位十六进制数码表示）转换为 4 位二－十进制数，并把结果放到结果通道（R）中去。

BCD 指令编程格式如表 8.74 所示。BCD 指令执行示意图如图 8.37 所示。

表 8.74　BCD 指令编程格式

梯形图	指令表		
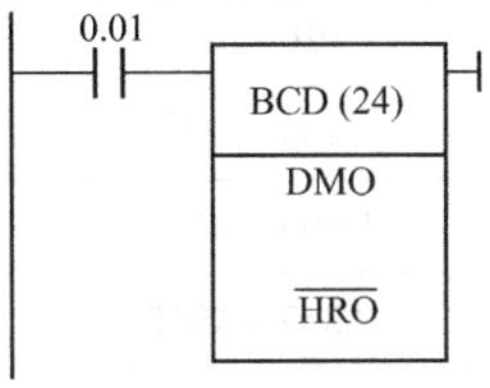	序号 1 2	指令 LD BCD	数据（地址） 00001 DM0000 HR00

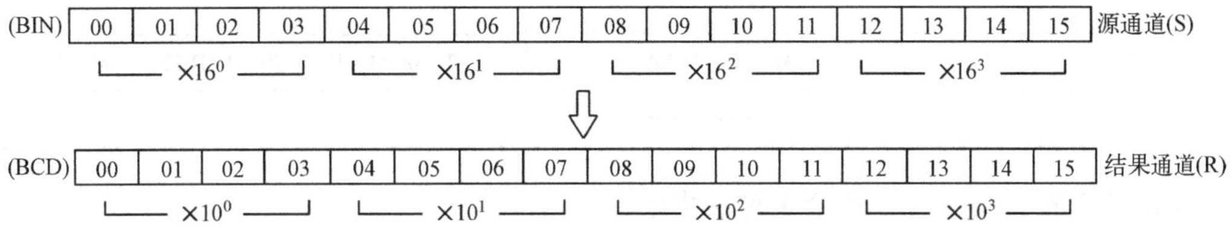

图 8.37　BCD 指令执行示意图

若源通道内数据为 10EC，那么结果通道内的数据就应为 4332，即：

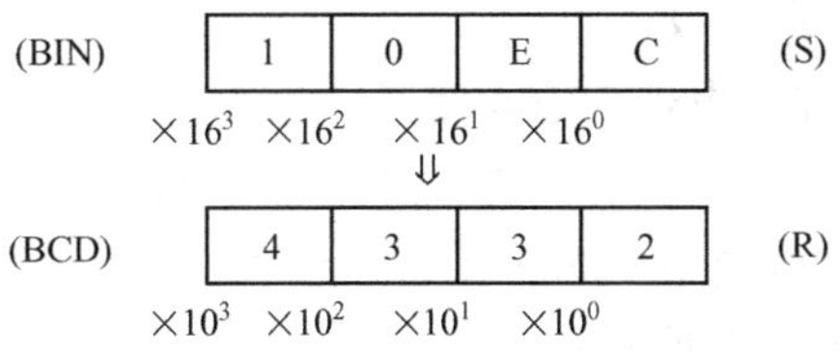

其计算过程为：

$$(10EC)_{16} = 1 \times 16^3 + 0 \times 16^2 \times 14(E) \times 16^1 + 12(C) \times 16^0$$
$$= 4096 + 0 + 224 + 12 = (4332)_{BCD}$$

18. ADD（FUN30）指令

ADD 指令的格式、逻辑符号、功能和编程操作如表 8.75 所示。表 8.75 中的逻辑符号分别说明如下：

表 8.75 ADD 指令

指　　令	格　　式	逻 辑 符 号	功　　能	操作数的含义及范围
ADD	ADD Au Ad R	ADD Au Ad R	加法	Au 是被加数（BCD），其范围为： IR、SR、HR、AR、LR、TC、DM、# Ad 是加数（BCD），其范围同 Au R 是结果通道，其范围为： IR、SR、HR、AR、LR、DM、＊DM

Au：被加数的通道号；

Ad：加数的通道号；

R：结果通道号。

Au，Ad，R 可以是表 8.76 所列通道号。

表 8.76 ADD 指令通道

继电器名称或常数	Au，Ad	R
输入、输出继电器	000～019	010～019
内部辅助继电器	200～231	200～231
保持继电器	HR00～HR19	HR00～HR19
辅助记忆继电器	AR00～AR15	AR00～AR15
链接继电器	LR00～LR15	LR00～LR15
定时/计数器	000～127	—
数据存储区	DM0000～DM6599	DM0000～DM0999、DM1022～DM1023
常数	#00000～9999	—

ADD 指令的功能：ADD 指令是加法指令。

ADD 指令加数与被加数有以下三种：

(1) 加数 Au 和被加数 Ad 都存放在两个通道内。

(2) 某个通道（存放加数 Au 或被加数 Ad）与一个 4 位 BCD 直接数。

(3) 两个都是 4 位 BCD 直接数。

相加后产生进位时，特殊继电器 25504 接通。

在执行 ADD 指令时，加数（Au）和被加数（Ad）都必须是 BCD 码（不论是存放在通道内还是直接数）。否则特殊继电器 25503 接通，且 ADD 指令不执行。

ADD 指令编程格式如表 8.77 所示。

表 8.77　ADD 指令编程格式

梯形图	指令表		
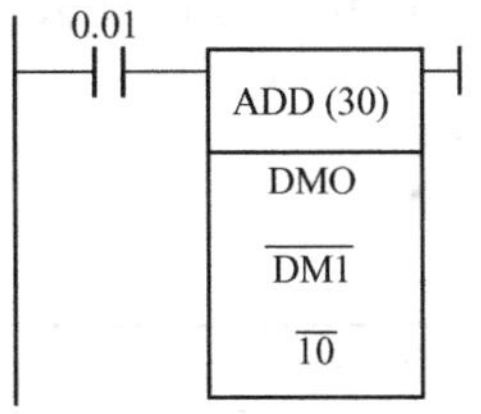	序号	指令	数据（地址）
	1	LD	00001
	2	ADD	DM0000
			DM0001
			010

ADD 指令执行示意图如图 8.38 所示。其中被加数（Au）1322 存放在 03 通道中，加数（Ad）9811 存放在 10 通道中，其结果低 16 位 1133 存放在 HR2 通道中，最高位即进位 1 存放在特殊继电器 25504 中。

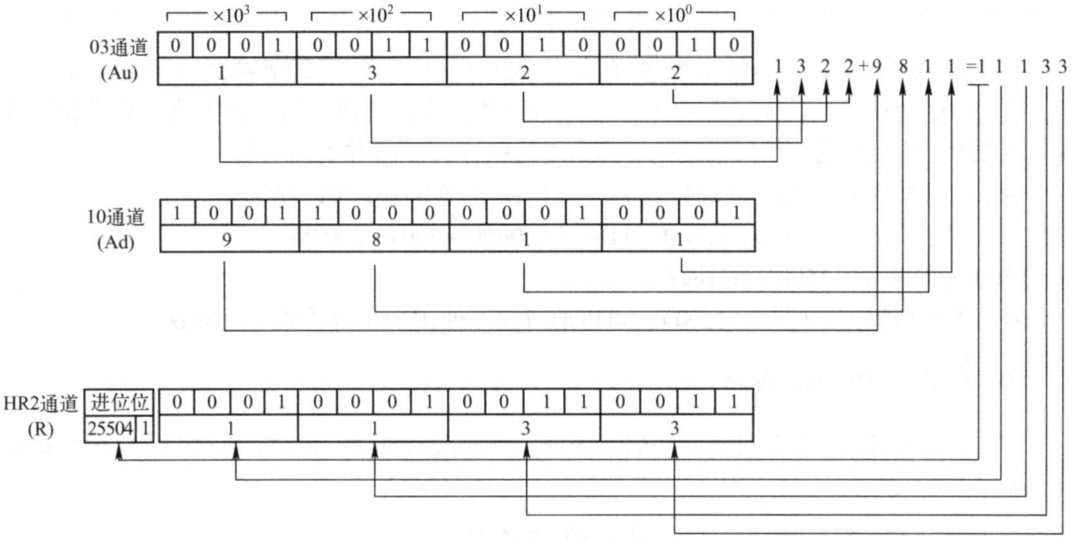

图 8.38　ADD 指令执行示意图

19. SUB（FUN31）指令

SUB 指令的格式、逻辑符号、功能和编程操作如表 8.78 所示。表 8.78 中的逻辑符号说明如下：

表 8.78　SUB 指令

指令	格式	逻辑符号	功能	编程操作
SUB	SUB　Mi SV R	SUB Mi SV R	减法	FUN + 3 + 1 + 被减数通道号 # + 减数通道号 # + 结果通道号

Mi：被减数通道号。

Sv：减数通道号。

R：结果通道号。

Mi，Sv，R 可使用的通道号与 ADD 指令一致。

SUB 指令的功能：SUB 指令是减法指令。将被减数通道（Mi）内容减去减数通道（Sv）内容或一个常数，其结果存放到指定结果通道（R）中去。

SUB 指令编程格式如表 8.79 所示。

表 8.79　SUB 指令编程格式

梯 形 图	指 令 表		
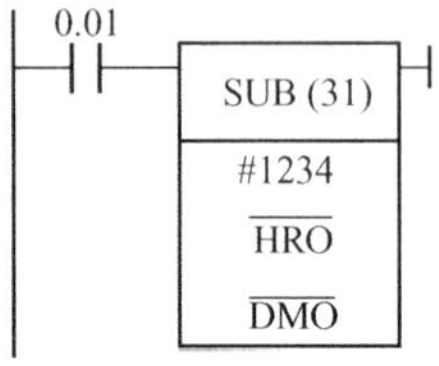	序号	指令	数据（地址）
	1	LD	00001
	2	SUB	#1234
			HR00
			DM0000

在执行 SUB 指令时，若结果为 00000，则 25506 变为接通；若被减数和减数不是 BCD 码，则 25503 为接通，且 SUB 指令不执行。若减数大于被减数，结果为负值，则借位特殊继电器 25504 变为接通，结果通道的内容为差值的补码（16 位有符号数）。

例如，被减数为 1104，减数为 2604，执行 SUB 指令的操作过程为：

$$1104-2604=1104+(10000-2604)=8500$$

8500 为差值（－1500）的补码。

若要求直接得到原码（－1500），可以通过连续使用 SUB 指令的方法解决。

20. STC（FUN40）指令

STC 指令的格式、逻辑符号、功能和编程操作如表 8.80 所示。指令 STC 后面没有指定继电器号。

表 8.80　STC 指令

指　令	格　式	逻辑符号	功　能	编程操作
STC	STC	—[STC]	强制置 1	[FUN] + [4] + [0]

STC 指令的功能：STC 指令是用于设置进位标志位，即强制特殊继电器 25504 为 ON。

STC 指令编程格式如表 8.81 所示。

表 8.81　STC 指令编程格式

梯 形 图	指 令 表		
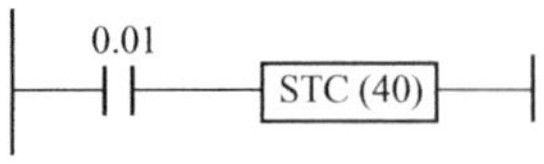	序号	指令	数据（地址）
	1	LD	00001
	2	STC	

21. CLC（FUN41）指令

CLC 指令的格式、逻辑符号、功能和编程操作如表 8.82 所示。指令 CLC 后面没有指定继电器号。

表 8.82　CLC 指令

指　令	格　式	逻辑符号	功　能	编程操作
CLC	CLC	—[CLC]	清除	[FUN] + [4] + [1]

CLC 指令的功能：CLC 指令用于清除进位标志，强制特殊继电器 25504 断开。

CLC 指令编程格式如表 8.83 所示。

表 8.83　CLC 指令编程格式

梯形图	指令表		
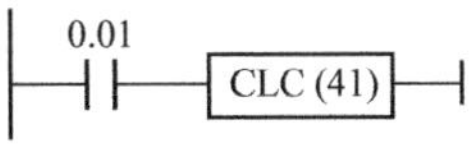	序号	指令	数据（地址）
	1	LD	00001
	2	CLC	

在使用 STC 和 CLC 指令时，当结果通道继电器（R）的内容为逻辑 0 时，这两条指令均不执行。因为在结果通道继电器为 0 时，说明操作（加法或减法）结果不需进位和借位。

22. MLPX（FUN26）指令

MLPX 指令的格式、逻辑符号、功能和编程操作如表 8.84 所示。表 8.84 中的逻辑符号 S 为源通道继电器号；Di 为标志位；R 为结果继电器号。S，Di 和 R 可以使用表 8.85 中通道。

表 8.84　MLPX 指令

指　令	格　式	逻辑符号	功　能	编程操作
MLPX	MLPX S Di R	—[MLRX S Di R]	译码	[FUN] + [2] + [6] + 源通道继电器号 [#] + 标志位 [#] + 结果通道号

表 8.85　MLPX 指令通道

继电器名称	S	Di	R
输入/输出继电器	000 ~ 019	000 ~ 019	010 ~ 019
内部辅助继电器	200 ~ 231	200 ~ 231	200 ~ 231
保持继电器	HR00 ~ HR19	HR00 ~ HR19	HR00 ~ HR19
辅助记忆继电器	AR00 ~ AR15	AR00 ~ AR15	AR00 ~ AR15
链接继电器	LR00 ~ LR15	LR00 ~ LR15	LR00 ~ LR15
定时/计数器	TIM000 ~ TIM127	TIM000 ~ TIM127	—
数据存储区	DM0000 ~ DM6599	DM0000 ~ DM6599	DM0000 ~ DM0999、DM1022 ~ DM1023
数据存储区	—	#0000 ~ 0033	—

MLPX 指令的功能：MLPX 指令是将源通道（S）的 4 位十六进制数的 1 位或几位，译成 1 个或几个十进制数，并按译码的结果将指定通道（R，R+1，R+2 等）对应的继电器接通。由标志位（Di）设置数的后两位决定源通道继电器从哪一位开始译码，以及共有几位要译码。标志位 Di 的含义如下：

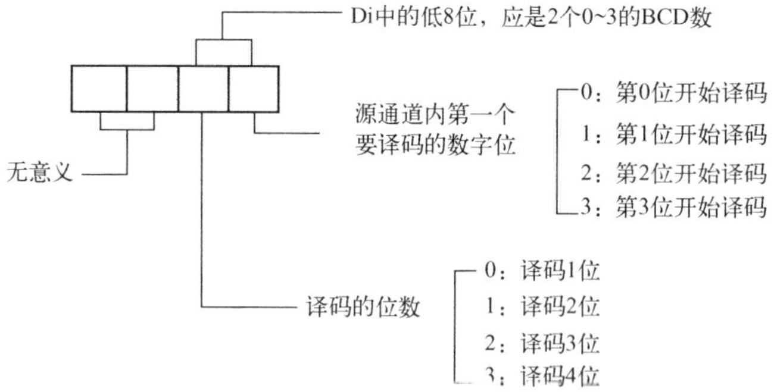

MLPX 指令编程格式如表 8.86 所示。

表 8.86　MLPX 指令编程格式

梯形图	指令表		
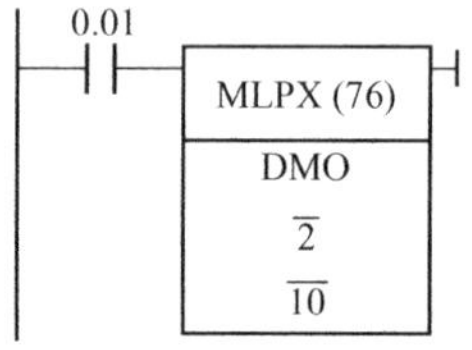	序号 1 2	指令 LD MLPX	数据（地址） 00001 DM0000 002 010

例 8.28　试说明如图 8.39 所示梯形图的工作原理。

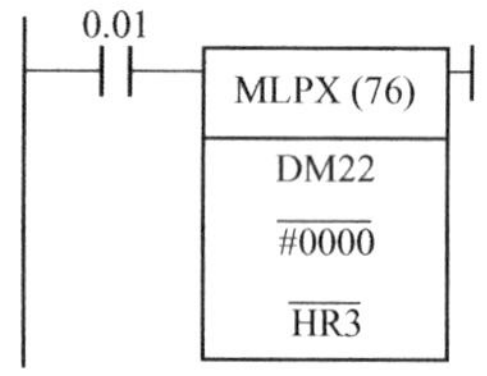

图 8.39　例 8.28 图

解：

标志 Di

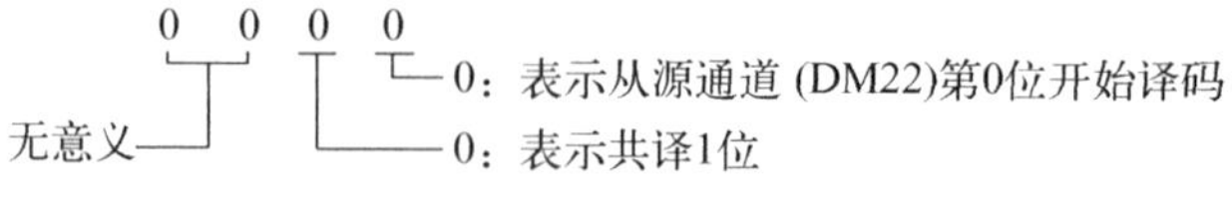

00001 接通时，执行 MLPX 指令示意图如图 8.40 所示。源通道（DM22 通道）第 0 位十六进制数为 1001，译码十进制数为 9，那么对应结果通道（HR03 通道）中的 HR0309 位置位（即为 1）。

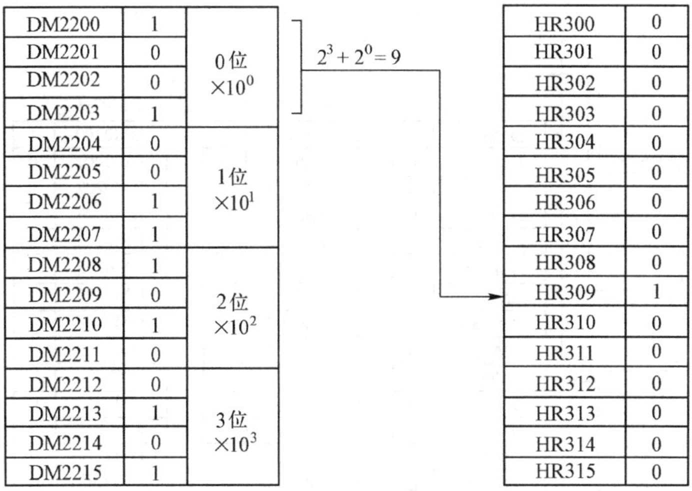

图 8.40　例 8.28 解题图

例 8.29　试说明如图 8.41 所示梯形图的工作原理。

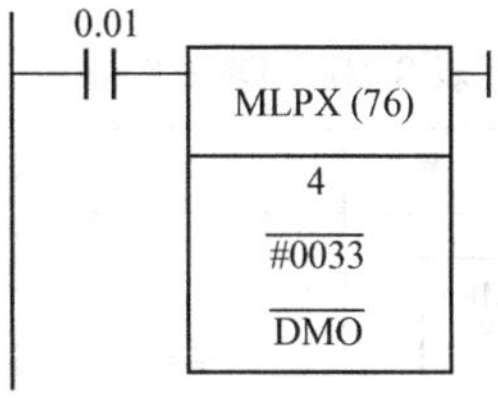

图 8.41　例 8.29 图

解：

1.　　LD　　00001

2.　　MLPX(76)　　00　# 0033　DM00

标志位 Di 含义如下：

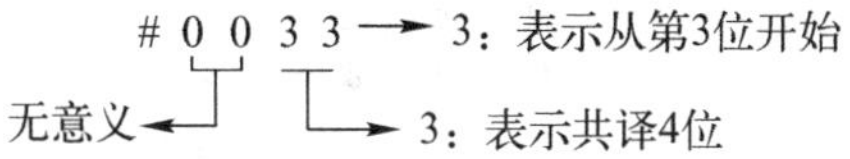

00001 接通时，执行 MLPX 指令示意图如图 8.42 所示。译码从源通道（04 通道）第 3 位开始译码，依次为第 3 位、第 0 位、第 1 位、第 2 位。译码结果将 DM0，DM1，DM2，DM3 通道内的 9，5，0，3 号继电器（即 DM009，DM105，DM200，DM303）置 1，其余位为零。

23. DMPX（FUN77）指令

DMPX 指令的格式、逻辑符号、功能和编程操作如表 8.87 所示。表 8.87 中的逻辑符号 S，R，Di 内容及含义与 MLPX 指令一致。

DMPX 指令的功能：DMPX 指令是将源通道（S）的内容为 ON 的最高位所对应的位数（十进制数），编为 4 位二进制数，并传送到结果通道（R）中去。传送的位置由标志位（Di）决定。

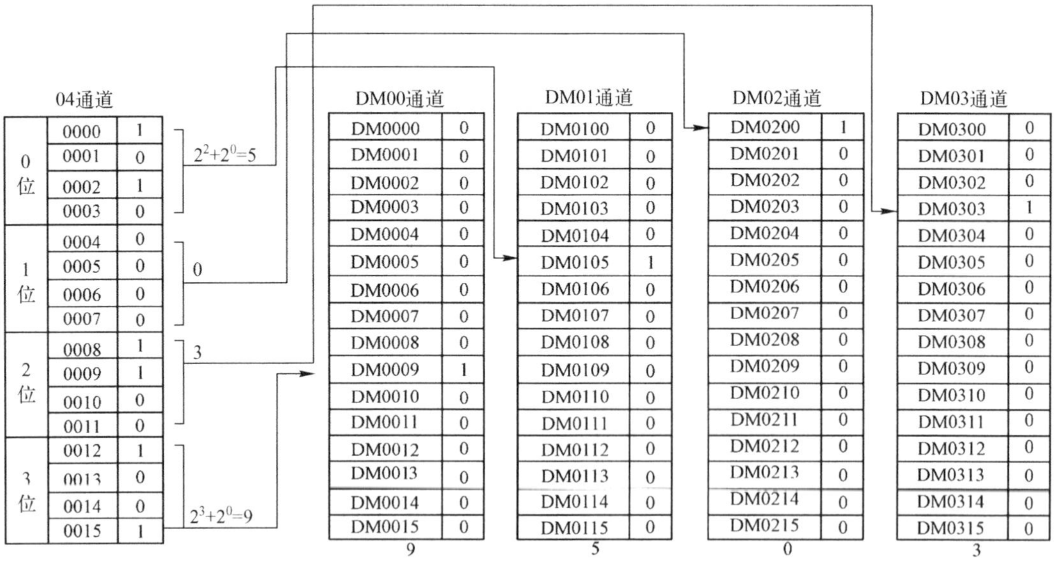

图 8.42　例 8.29 解题图

表 8.87　DMPX 指令

指　　令	格　　式	逻辑符号	功　　能	编程操作
DMPX	DMPX　S　R　Di	DMPX S R Di	编码	FUN + 7 + 7 + 源通道继电器号 # + 标志位 # + 结果通道号

标志位 Di 的含义如下：

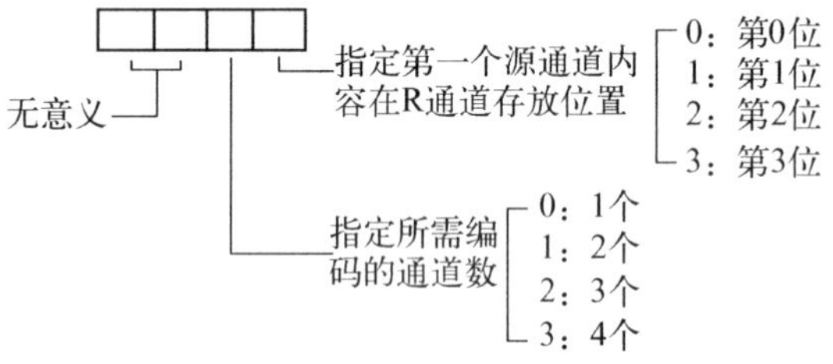

DMPX 指令编程格式如表 8.88 所示。

表 8.88　DMPX 指令编程格式

梯　形　图	指　令　表		
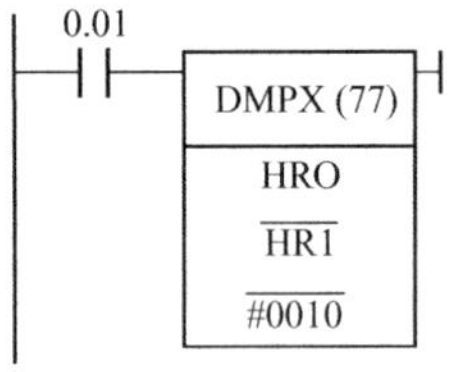	序号 1 2	指令 LD DMPX	数据（地址） 00001 HR00 HR01 #00010

例 8.30　试说明如图 8.43 所示梯形图的工作原理。

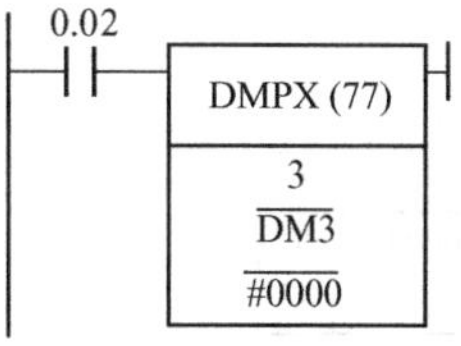

图 8.43　例 8.30 图

解：标志 Di 含义为：

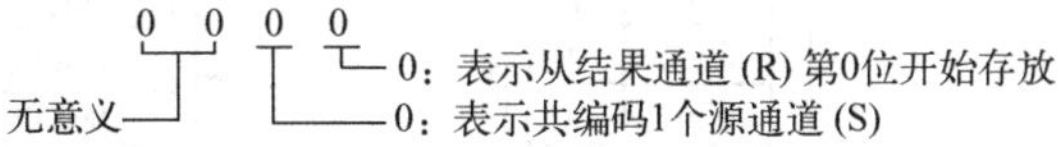

00002 接通时，执行 DMPX 指令示意图如图 8.44 所示。源通道（03 通道）最高位为 1 的是 10（对应 0310），编码后为 1010 存放在结果通道 DM03 的第 0 位。由标志位可知只进行 1 个通道的编码。

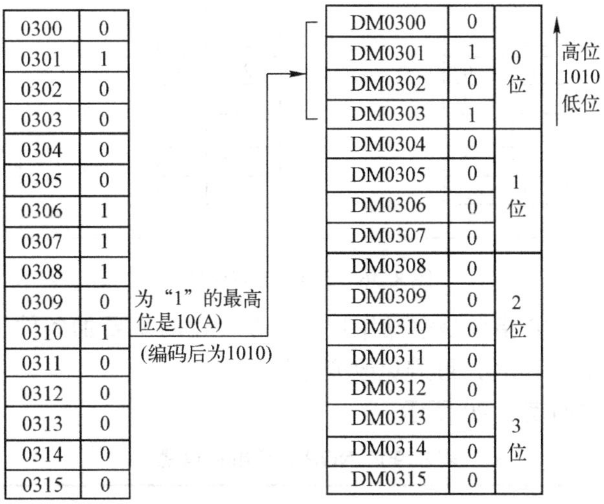

图 8.44　例 8.30 解题图

例 8.31　试说明如图 8.45 所示梯形图的工作原理。

解：标志 Di 含义为：

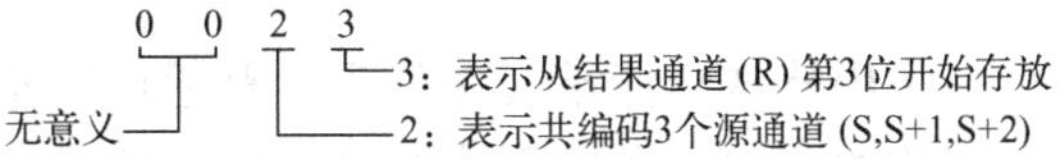

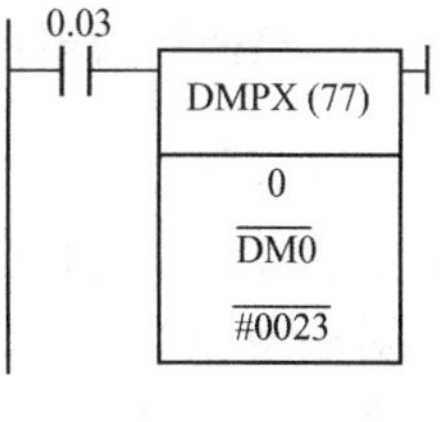

图 8.45　例 8.31 图

00003 接通时，执行 DMPX 指令示意图如图 8.46 所示。源通道 S（00 通道）最高位为 1 的是 13（对应 0013），源通道 S+1（01 通道）最高位为 1 的是 4（对应 00104），源通道 S+2（02 通道）最高位为 1 的是 0（对应 0200），编码后分别为 1101，00100，00000 存放在结果通道 DM00 的第 3 位、第 0 位、第 1 位。由标志位可见进行了 3 个通道的编码。

24. NOP 指令

NOP 指令的格式、逻辑符号、功能和编程操作如表 8.89 所示。

表 8.89　NOP 指令

指　令	格　式	逻辑符号	功　能	编程操作
NOP	NOP	—[NOP]	空操作	[NOP]

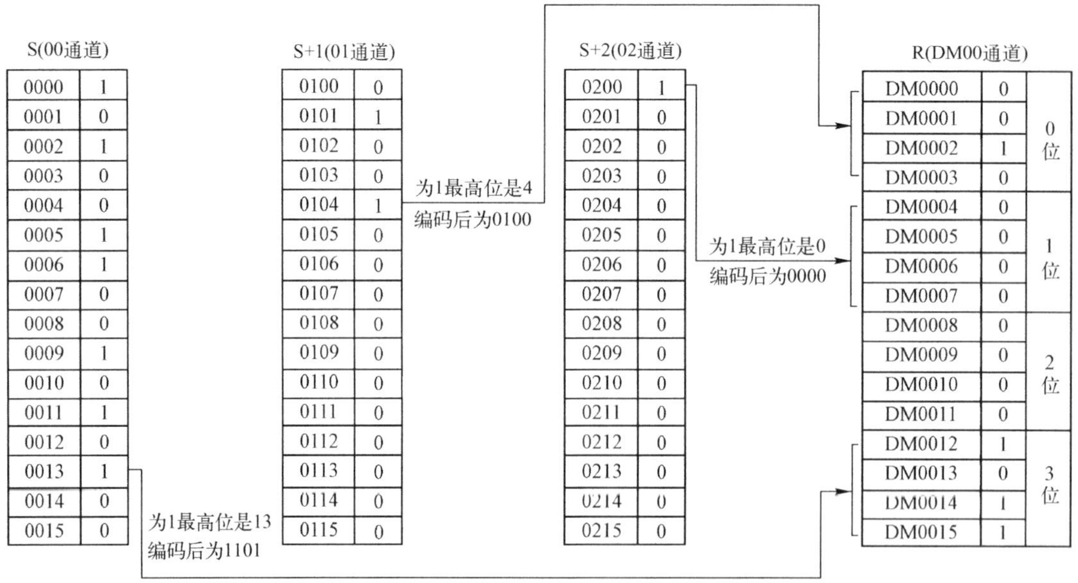

图 8.46　例 8.31 解题图

NOP 指令的功能：NOP 指令是空操作指令，在使用时不要加条件。在程序中预先插入一些 NOP 指令，当修改程序时，可避免改变序号。

NOP 指令编程格式如表 8.90 所示。

表 8.90　NOP 指令编程格式

梯形图	指令表		
NOP (00)	序号 1	指令 NOP	数据（地址）

25. 高速计数器控制指令

对高频脉冲信号的计数，大、中型 PLC 是采用特殊功能单元来处理。普通计数器 CNT 的计数脉冲频率受扫描周期及输入滤波时间常数的限制，所以不能对高频脉冲信号进行计数。对小型 PLC，专门设置了高频脉冲信号的输入点，配合相关的指令及必要的设定，可以处理高频脉冲信号的计数问题。

（1）高速计数器的计数模式。

① 递增计数模式。被计数的高频脉冲信号由 00000 点输入。在输入计数脉冲信号的前沿，高速计数器的当前值加 1。递增计数的最高计数频率是 5kHz，递增计数的计数范围是 0～65535（00000000～0000FFFF）。

② 增减计数模式。在增减计数时可使用旋转编码器的 A 相脉冲接在 00000 输入点，B 相脉冲接在 00001 输入点，复位信号接在 00002 输入点。

递增计数：当 A 相超前 B 相 90°时，在 A、B 相脉冲的前沿，计数器当前值加 1。

增减计数：当 B 相超前 A 相 90°时，在 A、B 相脉冲的前沿，计数器当前值减 1。

增减计数的最高计数频率是 2.5kHz，计数范围是 －32767 ～ ＋32767（F0007FFF～00007FFF，第一位的 F 表示负数）。

（2）高速计数器的复位方式。高速计数器复位时，其当前值 PV = 0。CPM1A 系列 PLC 的高速计数器有两种复位方式。

① 硬件复位 Z 信号 + 软件复位。这种复位分两种情况：若高速计数器的复位标志位 25200 先为 ON 时，在复位 Z 信号 ON 的前沿时刻，高速计数器复位；若复位 Z 信号为 ON 时，在 25200 为 ON 后一个扫描周期时，高速计数器复位。

② 软件复位。当 25200 为 ON，一个扫描周期后，高速计数器复位。

（3）高速计数器的设定。使用高速计数器前必须进行设定，对 CPM1A 系列 PLC，其设定值在 DM6642 中（可用编程器写入设定值）。DM6642 的内容和含义如表 8.91 所示。

表 8.91　高速计数器的设定

通　道　号	位　　号	各位数字的含义
DM6642	00 ~ 03	高速计数器的计数模式设定（4：递增计数，0：递减计数）
	04 ~ 07	高速计数器的复位方式设定（0：Z 信号 + 软件，01：软件复位）
	08 ~ 15	高速计数器使用/不使用设定（00：不使用，01 使用）

（4）高速计数器的溢出。高速计数器计数时，若从上限开始进行递增计数就会发生上溢出，其当前值为 0FFFFFFF；若从下限开始进行增减计数就会发生下溢出，其当前值为 FFFFFFFF。

（5）高速计数器的当前值存储区。高速计数器的当前值放在 248 和 249 中。248 存放当前值的低 4 位，249 存放当前值的高 4 位。

（6）高速计数器的中断功能。高速计数器有两类中断方式，即目标值比较中断和区域比较中断。

① 目标值比较中断。在采取目标值比较中断时，要建立一个目标值比较表，如图 8.47（a）所示。目标值比较表占用一个区域的若干个通道，其中首通道存放目标值个数（BCD 数）。比较表中最多存放 16 个目标值，每个目标值占 2 个通道（各存放目标值的低 4 位和高 4 位）。每个目标值对应一个中断子程序，存放 16 个子程序号需 16 个通道，所以目标值比较表最多占用 48 个通道。目标值比较表中的数据可用编程器预先写入。

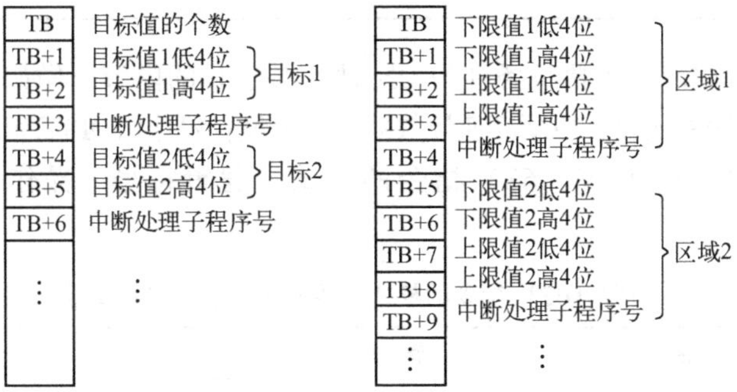

（a）目标值比较表　（b）区域比较表

图 8.47　两种比较表的结构

② 区域比较中断。在采取区域比较中断时，要建立一个区域比较表，如图 8.47（b）所示。区域比较表分 8 个区域，每个区域占 5 个通道，其中两个通道用来存放下限值的低 4

位和高4位，两个通道用来存放上限值的低4位和高4位，一个通道存放该区域对应的中断子程序号。8个区域要占40个通道。当实际使用的比较区域不满8个时，要把其余区域存放上、下限值的通道都置为0，将存放子程序号的通道都置为FFFF。区域比较表中的数据可用编程器预先写入。

（7）高速计数器的控制指令。

① CTBL（63）指令。CTBL（63）指令的格式、逻辑符号、操作数的含义及范围如表8.92所示。

表8.92 CTBL（63）指令

指　令	格　式	逻辑符号	操作数的含义及范围
CTBL（63）	CTBL（63） P C TB	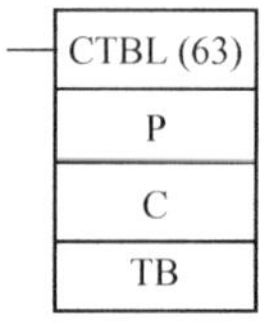	P是端口定义，固定为000；C是控制数据，其含义为： 000：登录一个目标值比较表，并启动比较 001：登录一个区域比较表，并启动比较 002：登录一个目标值比较表，用INI启动比较 003：登录一个区域比较表，用INI启动比较 TB是比较表开始通道，其范围为： IR、SR、HR、AR、LR、DM、*DM

功能：比较表登录。当执行条件为ON时，根据C的内容，登录一个目标值比较表或区域比较表；根据C的内容，决定启动比较的方式。

② INI（61）指令。INI（61）指令的格式、逻辑符号、操作数的含义及范围如表8.93所示。

表8.93 INI（61）指令

指　令	格　式	逻辑符号	操作数的含义及范围
INI（61）	INI（61） P C P1	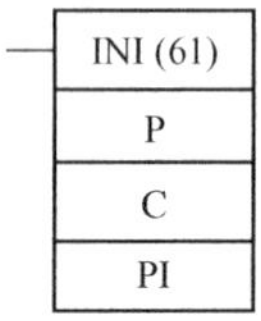	P是端口定义，固定为000　C是控制数据，其含义为：000：启动CTBL比较表；001：停止CTBL比较表（上述取值时P1固定为000）002：改变高速计数器当前值，将P+1（高4位）P1（低4位）的内容传送到IR248、249中，作为高速计数器新的当前值003：停止脉冲输出（此时P1固定为000）P1是设定值开始通道，其范围为：IR、SR、HR、AR、LR、DM、*DM

功能：操作模式控制。当执行条件为ON时，根据C的内容，做如下操作：

启动和停止比较表的比较；更新高速计数器的当前值；停止由01000和01001脉冲输出。

③ PRV（62）指令。PRV（62）指令的格式、逻辑符号、操作数的含义及范围如表8.94所示。

表8.94 PRV（62）指令的格式、逻辑符号、操作数的含义及范围

指　令	格　式	逻辑符号	操作数的含义及范围
PRV（62）	PRV（62） P C D	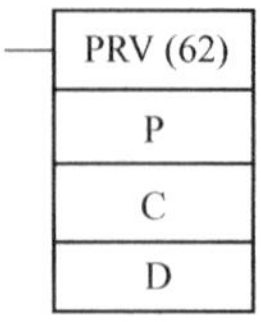	P是端口定义，固定为000 C是控制数据，固定为000 D是目的开始通道，其范围为： IR、SR、HR、AR、LR、DM、*DM

功能：当前值读出。当执行条件为 ON 时，高速计数器的当前值读出，并传送到目的通道 D（放低 4 位）和 D+1（放高 4 位）中去。

26. 步进控制指令

步进控制指令的格式、逻辑符号、操作数的含义及范围、指令功能如表 8.95 所示。

表 8.95　步进控制指令

格　式	逻辑符号	操作数的含义及范围	功能及执行指令对标志位的影响
SNXT（09）B STEP（08）B	SNXT（09）B STEP（08）B	B 是步的控制位号，其范围为： IR、HR、AR、LR	SNXT 是步启动指令，STEP 是定义步开始的指令，该指令无执行条件。当 SNXT 指令的执行条件为 ON 时，结束上一步的执行，并复位上一步用过的定时器和数据区，同时启动以 B 为控制位的且以 STEP B 定义的下一个步
STEP（08）		无操作数	步结束指令，无执行条件 当所有步都执行完毕时，要安排 SNXT（09）B（B 是虚控制位）和 STEP 指令以结束步程序

步进程序的结构可以分为三种类型，即顺序执行类、选择分支执行类、并行分支执行类。图 8.48 是几种类型的步进程序结构示意图，也称步进程序的流程图。

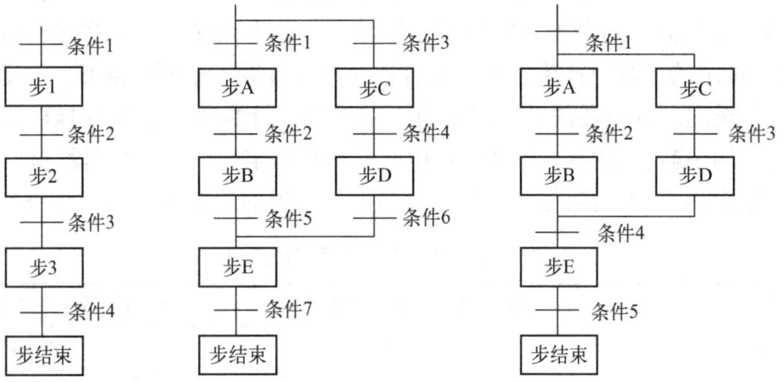

（a）顺序执行类　（b）选择分支执行类　（c）并行分支执行类

图 8.48　步进程序的几种结构

8.3　中断控制指令

CPM1A 系列 PLC 除了高速计数器的中断功能外，还有外部输入中断和间隔定时器中断的功能。

8.3.1　外部输入中断功能

1. 外部输入中断的输入点

CPM1A 系列 PLC 中，20，30，40 点的主机，其 00003～00006 在四个点是外部输入中断的输入点。10 点的主机，00003 和 00004 是外部输入中断的输入点。外部发生的事件所产生的信号通过中断输入点送入 PLC，当某个中断输入点为 ON 或 ON 一定次数时，产生中断请求信号。当不使用中断功能时，这些点可以作为普通输入点使用。各中断输入点的编号为：

00003：中断输入 0

00004：中断输入 1

00005：中断输入 2

00006：中断输入 3

2. 外部输入中断的优先

若几个中断输入点同时为 ON，则这些中断的优先顺序为：

中断输入 0→中断输入 1→中断输入 2→中断输入 3

3. 外部输入中断的模式

外部输入中断有输入中断和计数中断两种模式。

（1）输入中断模式。在非屏蔽情况下，主要中断输入点接通则产生中断响应。若在屏蔽情况下，即使中断输入点接通也不能产生中断响应，但该中断信号被记忆下来，待屏蔽解除后立即产生中断。若屏蔽解除后不希望响应所记忆的中断，可用指令清除该记忆。

（2）计数中断模式。这种模式的中断，是对中断输入点接通的次数进行高速计数（减计数），当达到设定的次数时产生中断，且计数器停止计数、中断被屏蔽。若想再产生中断需使用指令进行设定。计数器的计数范围为 0 ~ 65535，计数频率最高为 1kHz。

对计数模式的中断，CPM1A 系列规定用通道 240 ~ 243 存放计数器设定值，通道 244 ~ 247 存放计数器当前值 – 1 的数据。各输入点与上述通道的对应关系如表 8.96 所示。

表 8.96　输入点与通道对应关系

中断输入点	存放计数器设定值的通道	存放计数器（当前值 – 1）的通道
输入点 0003	SR240	SR244
输入点 0004	SR241	SR245
输入点 0005	SR242	SR246
输入点 0006	SR243	SR247

4. 外部输入中断的子程序

外部输入中断的子程序用 SBN 定义其开始，用 RET 定义其结束，而且中断处理子程序必须放在主程序之后和 END 之前。外部输入点对应中断处理子程序编号是固定的，其对应关系为：

中断输入 0（输入点 00003）：子程序号为 000

中断输入 1（输入点 00004）：子程序号为 001

中断输入 2（输入点 00005）：子程序号为 002

中断输入 3（输入点 00006）：子程序号为 003

当不使用中断功能时，这些子程序号可以作为普通子程序编号使用

5. 外部输入中断的设定

在外部中断应用之前，要用编程器对 DM6628 进行设定，若不进行设定就没有中断功能。DM6628 设定的内容和含义为：

03　　02　　01　　00

输入点 00003（0：普通输入点，1：中断输入点）

输入点 00004（0：普通输入点，1：中断输入点）

输入点 00005（0：普通输入点，1：中断输入点）

输入点 00006（0：普通输入点，1：中断输入点）

8.3.2　间隔定时器的中断功能

1. 间隔定时器

CPM1A 系列 PLC 有一个间隔定时器，它是递减计数器（从设定值开始按一定的时间间隔进行减计算），当其定时时间到时，可以不受扫描周期的影响，停止主程序并建立断点，立即转去执行中断子程序，从而实现高精度的定时中断处理。

2. 间隔定时器的中断模式

间隔定时器有两种工作模式，即单次模式和重复模式，因此由间隔定时器产生的中断也有两种模式。

（1）单次中断模式。当间隔定时器的定时时间到时，停止定时并中断信号，但只执行一次中断。

（2）重复中断模式。重复中断模式是每隔一定时间产生一次中断，因此是循环地执行中断，直到定时器停止计数为止。

3. 间隔定时器的中断处理子程序

不论是单次中断模式还是重复中断模式，其子程序都由 STIM 指令来确定，其范围为 000 ~ 049。

编写中断处理子程序应注意：中断处理子程序内部可以定义新的中断，也可以解除中断。中断处理子程序内部不可以调用别的中断处理子程序，也不可以调用普通子程序。

8.3.3　中断的优先级

CPM1A 系列 PLC 有高速计数器中断、外部输入中断、间隔定时器中断等几种中断功能，执行各种中断的优先级顺序如下：

外部输入中断 0→外部输入中断 1→外部输入中断 2→外部输入中断 3→间隔定时器中断→高速计数器中断。

8.3.4　中断控制指令

1. INT（89）指令

INT（89）指令的格式及符号如表 8.97 所示。

表 8.97 INT（89）指令的格式及符号

指 令	格 式	逻辑符号	操作数的含义及范围
INT（89）	INT（89） CC 000 D	INT (89) CC 000 D	P 是端口定义，固定为 000 C 是控制数据，固定为 000 D 是目的开始通道，其范围为： IR、SR、HR、AR、LR、DM、＊DM

当执行条件为 ON 时，根据 CC 的数据完成以下 6 种功能中的一种。CC 是控制码，其取值和含义如下：

（1）CC＝000：对 00003～00006 输入点屏蔽/不屏蔽。是否屏蔽由 D 的位 00～03 决定。

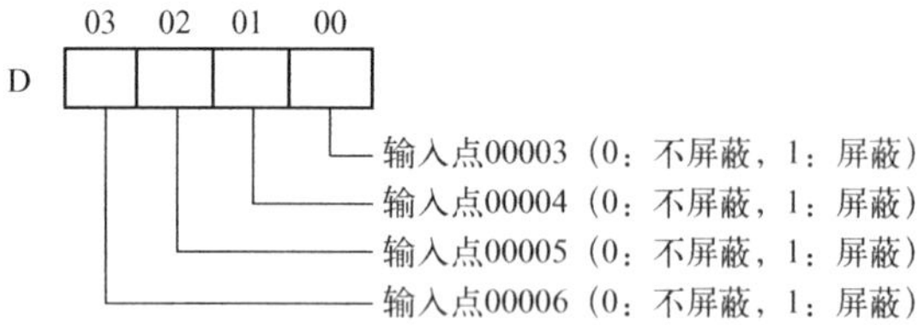

（2）CC＝001：清除/不清除输入中断记忆。是否清除由 D 的位 00～03 决定。

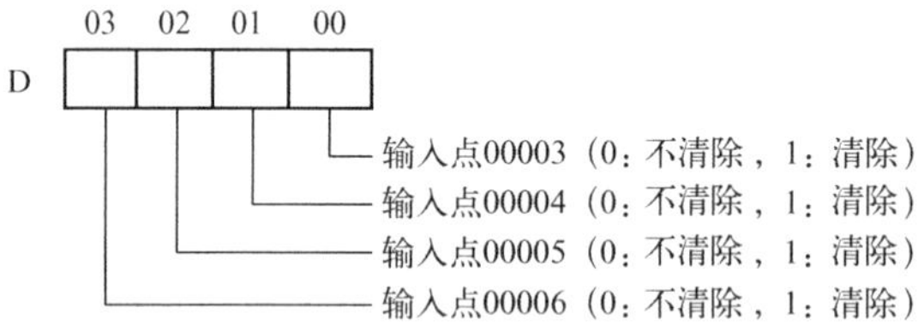

（3）CC＝002：读出 00003～00006 输入点的当前屏蔽状态写入 D 中。00003～00006 输入点屏蔽/不屏蔽。是否屏蔽由 D 的位 00～03 决定。

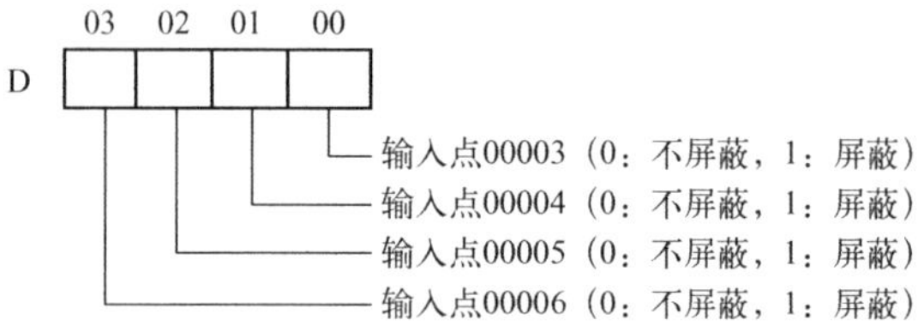

（4）CC＝003：更新/不更新 00003～00006 输入点的计数器设定值。是否更新设定值，由 D 的位 00～03 决定。

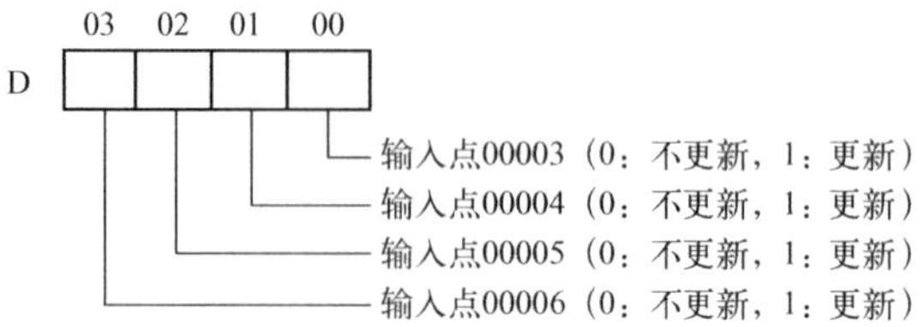

（5）CC＝100：屏蔽所有中断。屏蔽期间若有中断请求将不响应，但可记忆各种中断信号，待屏蔽解除后立即响应中断。

（6）CC＝200：解除所有中断屏蔽，即恢复到执行 INT“屏蔽所有中断”之前的状态，但不解除单独中断类型的中断。

当 CC = 100 和 CC = 200 时，D = 0000 为固定设置，屏蔽所有中断与解除所有中断屏蔽应成对使用，不是十分必要，一般不要使用屏蔽所有中断。

2. SIM（69）指令

SIM（69）指令的格式及符号如表 8.98 所示。

表 8.98　中断控制指令格式及符号

指　　令	格　　式	逻 辑 符 号	操作数的含义及范围
SIM（69）	SIM（69） C1 C2 C3	SIM (69) C_1 C_2 C_3	功能：间隔定时器中断指令 操作数的含义： C1 是控制码 C2、C3 是设定值

当执行条件为 ON 时，根据 C1 的数据完成以下 4 种功能中的一种。C2，C3 的取值根据 C1 的状态来决定。

（1）C1 = 000：启动单次中断模式。

① C2 若为常数（BCD0000 ~ 9999）时，则为定时器的设定值。时间间隔固定为 1ms，实际定时时间即为该常数值，单位为 ms。C3 为子程序号。

② C2 若为通道号，则其内容（BCD0000 ~ 9999）为定时器的设定值。时间间隔为 C2 + 1 的内容(BCD0005 ~ 0320)，对应（0.5 ~ 32ms）确定，实际定时时间为：[C2 的内容 ×（C2 + 1）的内容] × 0.1ms，故实际定时时间的范围是 0.5 ~ 319968ms。C3 为子程序号。

（2）C1 = 003：启动重复中断模式。C2，C2 + 1，C3 的意义及定时时间的计算方法同启动单次中断模式。

（3）C1 = 006：读出定时器的当前值。可读出计数器减 1 的次数、时间间隔、从上一次减 1 到当前时刻的时间，读出的数据分别放在 C2，C2 + 1，C3 中，由此计算出定时开始的当前时刻的时间为：[C2 的内容 ×（C2 + 1）的内容 + C3 的内容] × 0.1ms。

（4）C1 = 010：停止间隔定时器工作，此时 C2，C3 固定为 000。

本 章 小 结

欧姆龙 CPM1A 系列 PLC 的指令系统有两大类：基本指令和专用（功能）指令。

基本指令：LD 指令、LDNOT 指令、AND 指令、ANDNOT 指令、OR 指令、ORNOT 指令、OUT 指令、OUTNOT 指令、ANDLD 指令、ORLD 指令、TIM 指令、CNT 指令。

专用（功能）指令：END 指令、IL 指令、ILC 指令、JMP 指令、JME 指令、SFT 指令、KEEP 指令、CNTR 指令、DIFU 指令、DIFD 指令、TIMH 指令、WSFT 指令、CMP 指令、MOV 指令、MVN 指令、BIN 指令、BCD 指令、ADD 指令、SUB 指令、STC 指令、CLC 指令、MLPX 指令、DMPX 指令、NOP 指令、高速计数控制指令，步进控制指令、中断控制指令。

在使用这些指令编写程序时，要特别注意指令的格式、逻辑符号、功能以及指令指定继电器编号的内容，否则所编写的程序会因出错而无法正常工作。

习　题　8

一、绘图题

8.1　绘出下列指令程序的梯形图，并比较其功能，指出哪个更加合理。

（1）LD	1000	（2）LD	00002
LD	00000	AND	00003
ANDNOT	00001	AND	00004
ORLD		LD	00000
LD	00002	ANDNOT	00001
AND	00003	ORLD	
AND	00004	OR	1000
ORLD		OUT	1000
OUT	1000		

8.2　将下列指令助记符转换成梯形图，并说明其工作情况。

```
LD      00005
TIM001  #00010
LD      TIM001
OUT     01001
```

二、问答题

8.3　举例说明什么是 ANDLD 和 ORLD 的集中编程法。

8.4　CNT 指令的功能是什么？其输入端 CP 和 R 哪个优先执行？

8.5　END 指令的功能是什么？如果程序结尾没有编写该指令，可编程序控制器能否正常工作？

8.6　IL－ILC 指令使用时要注意哪些问题？

8.7　IL－ILC 和 JMP－JME 指令的区别是什么？

8.8　SFT 指令指定的继电器是否一定是同一通道编号相连的继电器？为什么？

8.9　CNTR 指令符号有几个输入端？各有什么作用？

8.10　数据比较（CMP）指令执行后比较的结果是如何区分的？

8.11　执行 BIN 指令前后，源通道和结果通道中各存在什么数制的数？

8.12　译码（MLPX）指令的功能是什么？简述其标志位的含义。

8.13　高速计数与一般计数读数特点有何不同？

第 9 章　PLC 系统的设计

内容提要

PLC 系统设计方法基本步骤；顺序控制设计法；逻辑设计法；经验设计法。

9.1　顺序控制设计法

顺序控制设计法的特点是规律性很强，按照相对固定的模式，即可完成程序的编写，虽然编出的程序偏长，但程序结构简单清晰、便于阅读，是其他方法所不能及的。

顺序控制设计法将控制系统的工作全过程按其状态的变化划分为若干个阶段，这些阶段称为“步”。图 9.1 中所示为 10 步，划分的依据是 PLC 输出量的状态有无变化。除某些步是由时间决定的外，步在时间长短上是没有规定的。

各相邻步之间的转换是由转换条件决定的。当不满足转换条件时，系统继续执行当前步；当系统满足转换条件时，则从当前步进入下一步。常见的转换条件有按钮、限位开关传感器的通/断、定时器、计数器动合触点的接通等。

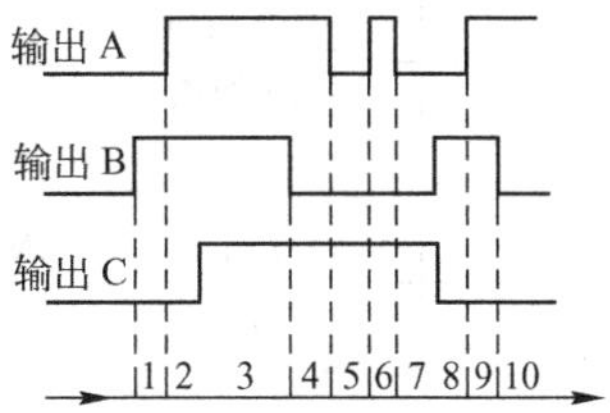

图 9.1　转换条件的表达

流程图又叫状态转移图、状态图或功能表图。流程图不是一种语言形式，并不涉及所描述的控制功能的具体技术，而是一种主要适用于顺序控制功能的专门的程序设计结构形式，是描述控制系统的控制过程、功能和特性的一种图。

9.1.1　流程图的基本结构

1. 顺序功能流程图的概念

顺序功能流程图又称顺序功能表图，主要由步、转换、转换条件、有向连线（即路径）和动作（或命令）组成。图 9.2 给出了一个较典型的顺序功能流程图的基本结构。

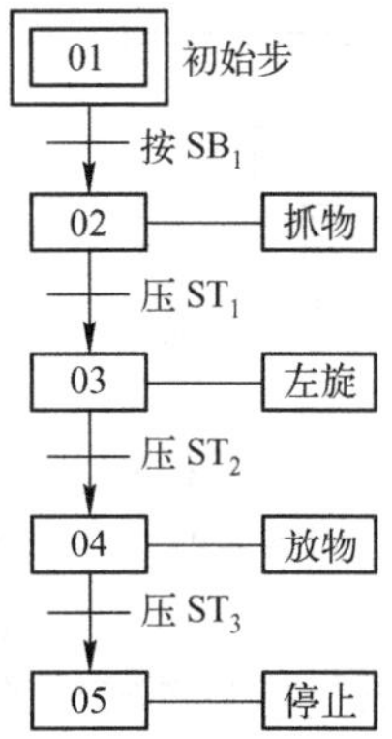

图 9.2　机械手控制功能流程图

（1）步。步用矩形方框表示，方框中的数字是步的编号，有时也用编程元件（如 PLC 的内部继电器）代表各步，因此也可用相应编程元件号作为步的编号。步在顺序控制流程图中一般用单线方框表示。图 9.2 中除起始框外共有四个控制功能步，完成四种控制功能。

在顺序功能流程图中，动作用与相应的步的矩形框相连的矩形框以及其中的文字或符号表示。如果某一步有几个动作，可以用图 9.3 中的两种画法来表示，在每一步内的动作是同时进行的，一般不分先后。

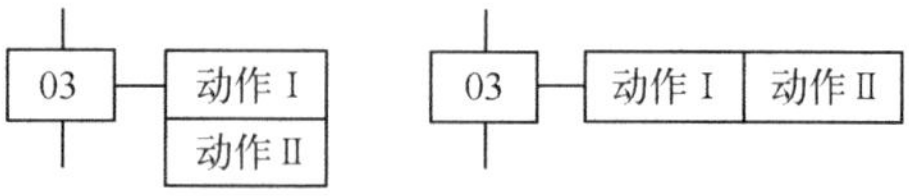

图 9.3　几个动作的画法

当系统在某一步处于活动状态时，该步则称为“活动步”。

控制过程开始阶段的活动步与初始状态相对应，称为“初始步”。初始步用双线框表示。每一个流程图至少应该有一个初始步。步与步之间用有向连线连接，步与步之间又用转换将其隔开，表示当相邻两步之间的转换条件得到满足时，转换才能得以实现。

（2）转换。转换是结束某一步的操作而启动下一步操作的条件，这种条件是各种控制信号的综合结果；若条件不满足则继续执行本步操作。转换在顺序控制流程中一般用与有向连线垂直的短横线表示。图 9.2 中共有四种转换条件，分别控制四个步的执行情况。

图 9.4 中表示几种不同转换条件的方式，转换条件可以用文字语言、布尔代数表达或图形符号标注在表示转换的短线旁边。例如，转换条件 X 和$\overline{X}$分别表示当二进制逻辑信号 X 为“1”状态和为“0”状态时，转换实现。符号↑X 和↓X 分别表示当 X 从 0→1 状态和从 1→0 状态时，转换实现。当 5 为高电平时，表明步是活动的，否则是不活动的。

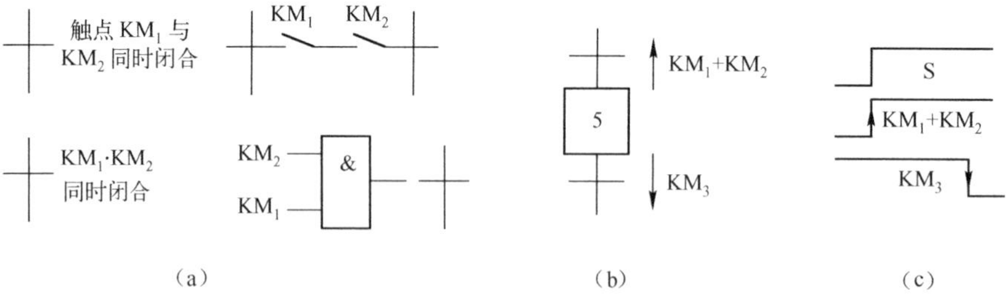

图 9.4　转换条件的表达

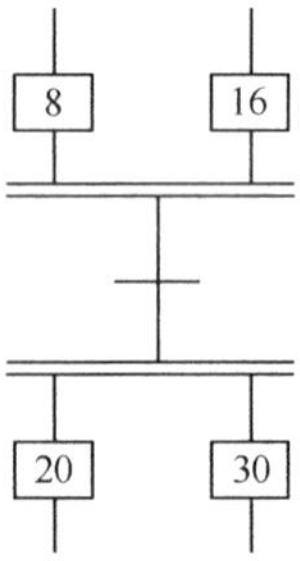

图 9.5　转换的同步实现

如果转换的前级步或后续步不止一个，转换的实现称为同步实现，如图 9.5 所示。如果某转换的所有前级步都是活动的，并且满足相应的转换条件，则转换实现。同步实现的有向连线水平部分用双线表示，如果在画图时有向连线必须断开（如在复杂的图中，或者用几个图来表示一个流程图），应在断开处标明下一步的标号和页数，如“步 294 页”。

（3）路径。路径表示了各功能步之间的连接顺序关系。这种连接顺序关系包括选择路径和并行路径。选择路径之间的关系是指哪条路径的转换条件最先得到满足，这条路径就被选中，程序就按这条路径向下执行。选择路径的分支与合并一般用单横线表示。并行路径之间的关系是指只要转换条件得到满足，其下面的所有路径必须同时都被执行。并行路径分支与合并一般用双横线表示。

PLC 对顺序功能流程图的扫描遵照从上至下、从左至右的原则，先从起始开始向下执行，遇到选择路径就依据转换条件去执行相应路径上的步。遇到并行路径就首先执行最左边的路径，然后依次向右执行，直至完成全部并行路径后再向下执行。当执行到结束步时，根据结束步的转换条件决定是结束，还是返回执行起始步，依次循环。

9.1.2 流程图类型

由于功能表可以描述各种不同的控制功能，所以就具有多种不同的结构，大体上可分为单序列结构、选择序列结构和并行序列结构三种。

1. 单序列

前述机械手控制功能流程图 9.2 所示为单序列结构功能表图。这种结构的流程图没有分支，它是由一系列相继激活的步组成，每个步后只有一个步，步与步之间只有一个转换条件。

2. 选择序列

图 9.6 所示是选择序列结构流程图。选择序列的开始称为分支，如图 9.6 中的上半部所示，图中的步 01 之后有三个分支，转换符号只能标在水平连线的之下。各选择分支不能同时执行。例如，当 01 为活动步且条件 a 满足时则转向步 02；当 01 为活动步且条件 b 满足时则转向步 03；当 01 为活动步且条件 c 满足时则转向步 04。无论步 01 转向哪个分支，当其后续步成为活动步时，步 01 自动变为不活动步。

当已选择了转向某一个分支，则不允许另外几个分支的首步成为活动步，也就是说一般只允许选择一个分支。那么在逻辑上应该使各选择分支之间互锁。

选择序列的结束成为合并。图 9.6 中的下半部分，无论哪个分支的最后一步成为活动步，当转换条件满足时都要转向步 05。转换符号只允许标在水平线之上。

3. 并行序列

图 9.7 所示是并行序列结构的流程图。并行序列的开始也成为分支，为了区别于选择序列结构的流程图，用双线来表示并行序列分支的开始，转换条件放在双线之上。图 9.7 中的步 01 之后有三个并行分支，当步 01 为活动且条件 a 满足时，则步 02、03、04 同时被激活变为活动步，而步 01 则变为不活动步。图 9.7 中步 02 和步 05、步 03 和步 06、步 04 和步 07 是三个并行的单序列。

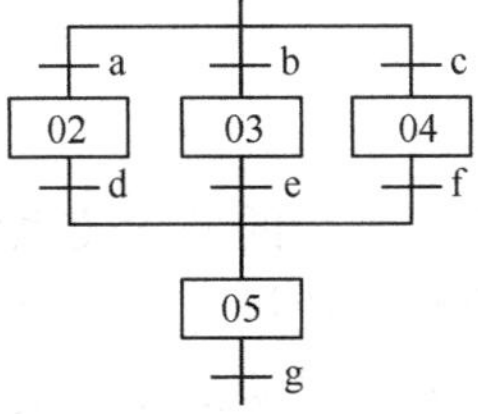

图 9.6 选择序列

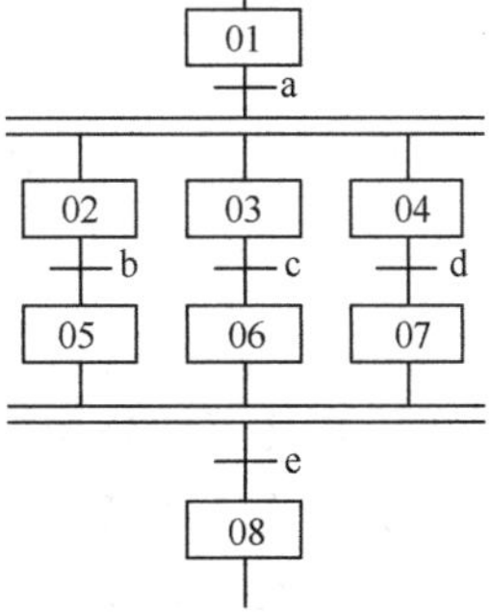

图 9.7 并行序列

并行序列的结束称为合并，用双线来表示并行序列分支的合并，转换条件放在双线之下。在图9.7中，当各并行序列的最后一步，即步05，06，07都为活动步且条件e满足时，将同时转换到步08，且步05，06，07同时都变为不活动步。

图9.8（a）所示是一个三工位钻床的工作台示意图，图9.8（b）所示是该钻床控制系统的流程表图。

步01是初步，由于步01后是并行序列的结构，因此当按下启动按钮后，三个工位同时工作。在其中一个工位，送料机构将工件送到圆形工作台上，然后送料机构退回。在同一时刻，在另一个工位上将工件夹紧并钻孔，然后钻头返回初始位置，并松开工件。在最后一个工位则自动用深度计测量加工的孔是否合格。如果合格则测量头自动上升，并自动卸下加工好的工件，然后卸料机构返回。如果不合格，测量头返回后，工作台顺时针旋转120°，以便为下一次送料、装夹及加工、测量的循环工作做好准备，最后系统返回初始步。步04，09，14是等待步，它们并不完成什么动作，而是为同时结束三个并行序列在时序上给予等待服务。图9.8（b）中水平线之下的转换条件“=1”，表示转换条件始终是满足的。即只要步04，09，14都是活动的（它们缺一不可，否则不会向并列结束进展），就会发生步04，09，14到步17的进展，步04，09，14变为不活动步，而步17变为活动步。

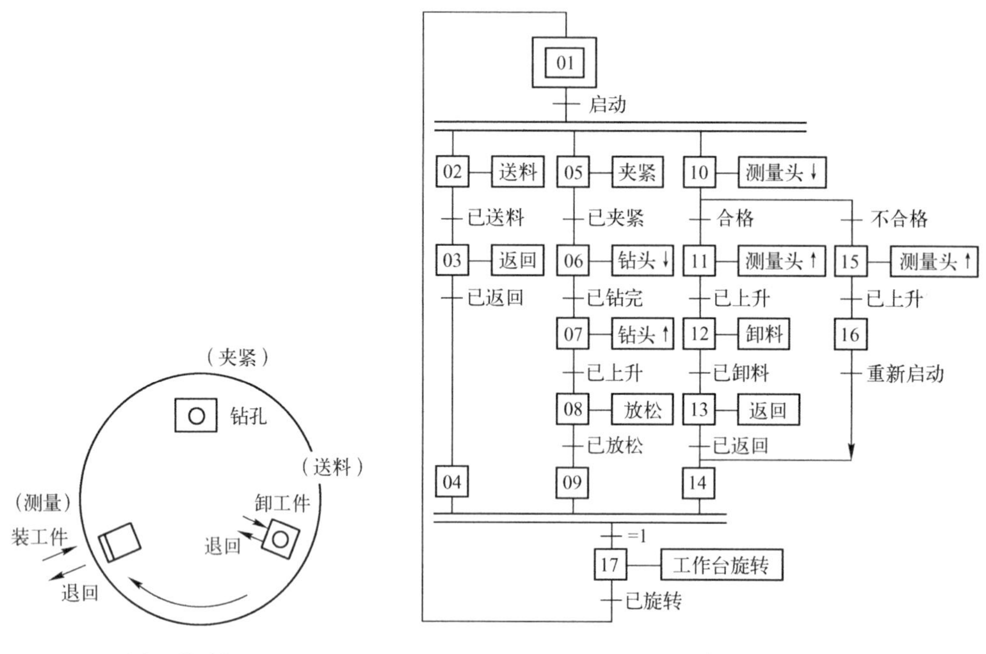

（a）工作示意图　　（b）功能表图

图9.8　三工位钻床

4. 子步

在流程图中，某一步又可划分为一系列子步和转换。子步的概念使系统设计者在总体设计时用更加简洁、明了的方式来表述的整体概念和概貌，使设计者容易抓住系统的主要矛盾，而避免一开始就陷入某些细节的纠缠之中。设计者可以从最简明扼要的对整个系统的全面描述开始，在取得整体描述的可靠成果后，再深入某些细节，用子步的方法画出更详细的概念表图。子步中还可以包含更详细的子步。这种设计方法的逻辑性很强，可以最大限度地减少设计中的错误，缩短总体设计和查错所需要的时间。

9.1.3 流程图与梯形图的对应关系

步进控制的每个步可设置一个控制位，当某步的控制位为 ON 时，该步成为活动步（激活下一步的条件之一），下一步的控制位为 ON，而上一步的控制位变为 OFF，且上一步对应的程序停止执行。显然，只要在顺序上相邻的控制位之间进行互锁，就可以实现这种步进控制。

图 9.9 所示为步程序梯形图示例。线圈 KA_1，KA_2，KA_3 等是各步的控制位，SB_1，SB_2 等是各步的转换条件。某一步成为活动步的条件是：前一步是活动步且转换条件满足。所以图 9.9 中将动合触点 KA 和 SB_1 以及 KA_1 和 SB_2 相串联作为步启动的条件。由于转换条件是短信号，因此每步要加自锁。当后续步成为活动步时，前一步要变为不活动步，所以图 9.9 中将动断触点 KA_2 和 KA_3 与前一步的控制位线圈相串联。

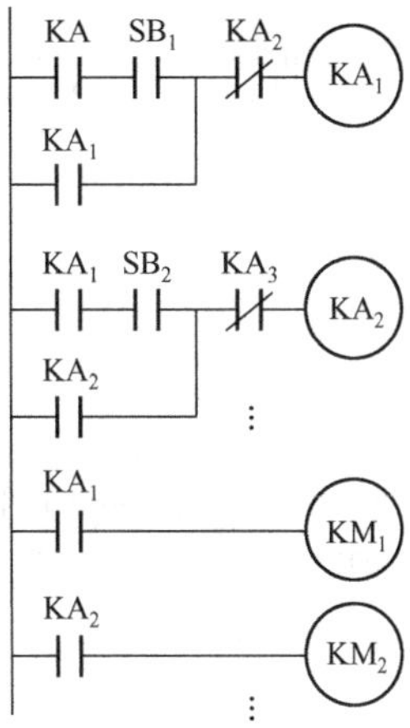

图 9.9 步程序梯形图

当某一步成为活动步时，其控制位为 ON，这个 ON 信号可以控制输出继电器以实现相应的控制，例如，图 9.9 中的 KM_1，KM_2。

9.1.4 根据流程图画梯形图

图 9.10 所示流程图总体上是并行的，其对应的梯形图应有几个部分组成。

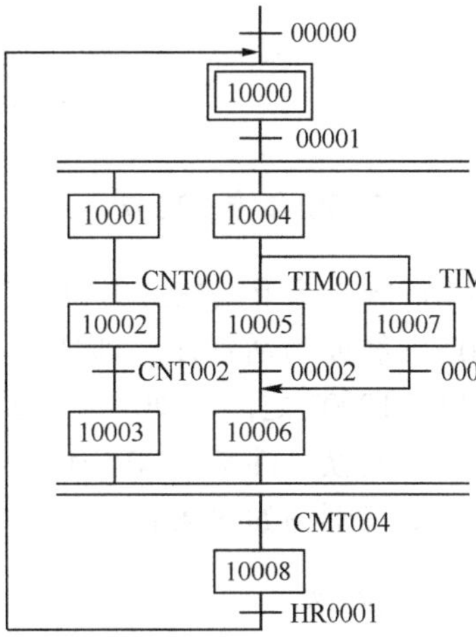

图 9.10 流程图

1. 步 10000

步 10000 为初始步，在它前面有两个选择分支。合并步 10000 成为活动步的条件是：或 00000 为 ON，或步 10008 为活动步且 HR0001 为 ON。当步 10001 和 10004 成为活动步时，步 10000 变为不活动步。所以把动断触点 10001 和 10004 与步 10000 的控制位线圈相串联，再加上本位的自锁，画出的梯形图如图 9.11（a）所示。

2. 步 10001、步 10002 和步 10003

步 10001 是单序列的开始步，其成为活动步的条件是：步 10000 为活动步且转换条件 00001 为 ON。当步 10002 成为活动步时，步 00001 变为不活动步，所以把动断触点步 10002 与步 10001 的线圈相串联，再加上本位的自锁，画出的梯形图如图 9.11（b）所示。

步 10002 和步 10003 的梯形图与步 10001 相似，画出的梯形图如图 9.11（c）、9.11（d）所示。

3. 步 10004

步 10004 是选择序列的开始，该步后续是两个选择分支。步 10004 的梯形图与步 10001 相似，但其线圈要与动断触点 10005 和 10007 相串联。这是因为，无论选择了哪个分支，即不论步 10005 还是步 10007 成为活动步，步 10004 都要成为不活动步。画出的梯形图如图 9.11（e）所示。

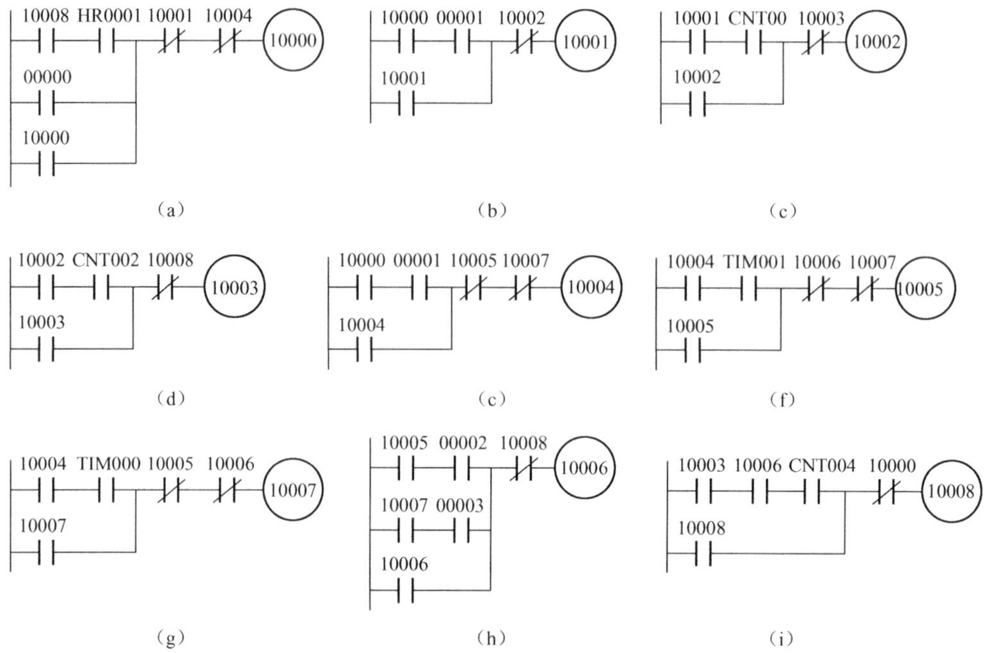

图 9.11　对应图 9.10 各步的梯形图

4. 步 10005 和步 10007

步 10005 的梯形图如图 9.11（f）。线圈 10005 与动断触点 10006 和 10007 相串联，如果步 10007 已经成为活动步，即使步 10005 的条件满足也不会成为活动步，从而实现了步 10005 和步 10007 之间（即两个选择分支之间）的互锁。步 10007 的梯形图与步 10005 相似，只是其转换条件是 10004 和 TIM003 串联，10007 的线圈要与动断触点 10006 和 10005 相串联，其梯形图如图 9.11（g）所示。

5. 步 10006

步 10006 是选择分支的合并步。步 10006 成为活动步的条件是：或步 10005 为活动步且 00002 为 ON，或 10007 为活动步且 00003 为 ON，所以这两个条件之间是“或”的关系。当 10008 为活动步时，步 10006 为不活动步，所以 10006 的线圈要与动断触点 10008 串联。画出的梯形图如图 9.11（h）所示。

6. 步 10008

步 10008 是并行序列的合并步。步 10008 成为活动步的条件为：步 10003 和步 10006 均为活动步且 CNT004 为 ON，三个条件是“与”的关系。当 10000 成为活动步时，其变为不活动步，所以 10008 的线圈要与动断触点 10000 串联。画出的梯形图如图 9.11（i）所示。

9.2 其他设计法

9.2.1 逻辑设计法

逻辑设计法适用于主要对开关量进行控制的系统。它是以逻辑代数及其化简法为基础，是一种实用可靠的程序设计方法。逻辑设计法是将控制电路中元件的通、断电状态视为以触点通、断电状态为逻辑变量的逻辑函数，对经过化简的逻辑函数，利用 PLC 的逻辑指令设计出满足要求的且较为简单的控制程序。

为了便于学习逻辑设计法，避开大量的理论陈述，这里以一个简单的控制为例介绍这种编程方法。

通风机运行系统中有一个监视子系统，其任务是对 4 台通风机工作状态进行监视，并按其工作状态不同发出不同形式信号：

（1）三台及三台以上开机时，绿灯常亮。

（2）两台开机时，绿灯以 5Hz 的频率闪烁。

（3）一台开机时，红灯以 5Hz 的频率闪烁。

（4）全部停机时，红灯常亮。

对于这种通风机运行状态监视的问题，必须把 4 台通风机的各种运行状态的信号输入到 PLC 中（由 PLC 外部的输入电路来实现）；各种运行状态对应的显示信号是 PLC 的输出。假设 4 台通风机分别为 Y_1，Y_2，Y_3，Y_4，红灯为 R，绿灯为 G。由于各种运行状态所对应的显示状态是唯一的，故可将几种运行情况分开进行程序设计。

1. 红灯常亮

当 4 台通风机都停机时红灯常亮。设灯常亮为“1”、灭为“0”，通风机开机为“1”、停机为“0”，其状态如表 9.1 所示。由状态表可得 R 的逻辑函数：

$$R=\overline{Y_1}\,\overline{Y_2}\,\overline{Y_3}\,\overline{Y_4}$$

根据逻辑函数可以画出其梯形图，如图 9.12 所示。

表 9.1　红灯常亮状态表

Y_1	Y_2	Y_3	Y_4	R
0	0	0	0	1

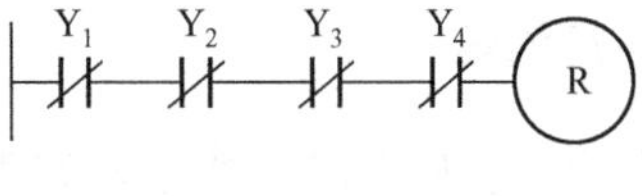

图 9.12　红灯常亮梯形图

2. 绿灯常亮

能引起绿灯常亮的情况有 5 种，状态表见表 9.2。

由状态表可得 R 的逻辑函数：

$$G=\overline{Y_1}Y_2Y_3Y_4+Y_1\overline{Y_2}Y_3Y_4+Y_1Y_2\overline{Y_3}Y_4+Y_1Y_2Y_3\overline{Y_4}+Y_1Y_2Y_3Y_4$$

显然，此时的逻辑函数表达式没有经过化简，如果根据这个逻辑函数画梯形图会很烦琐，所以必须对它进行化简。化简后的逻辑函数式为：

$$G=Y_1Y_2(Y_4+Y_3)+Y_3Y_4(Y_1+Y_2)$$

画出的梯形图如图 9.13 所示。

表 9.2　绿灯常亮状态表

Y_1	Y_2	Y_3	Y_4	G
0	1	1	1	1
1	0	1	1	1
1	1	0	1	1
1	1	1	0	1
1	1	1	1	1

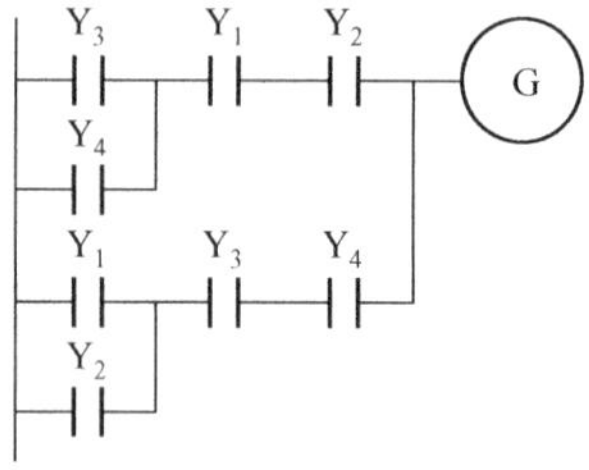

图 9.13　绿灯常亮梯形图

3. 红灯闪烁

设红灯闪烁为“1”，状态表如表 9.3 所示。由状态表可得 R 的逻辑函数：

$$R=\overline{Y_1}\,\overline{Y_2}\,\overline{Y_3}Y_4+\overline{Y_1}\,\overline{Y_2}Y_3\overline{Y_4}+\overline{Y_1}Y_2\overline{Y_3}\,\overline{Y_4}+Y_1\overline{Y_2}\,\overline{Y_3}\,\overline{Y_4}$$

化简后为：

$$R=\overline{Y_1}Y_2(\overline{Y_3}Y_4+Y_3+\overline{Y_4})+\overline{Y_3}\,\overline{Y_4}(\overline{Y_1}Y_2+Y_1\overline{Y_2})$$

画出的梯形图如图 9.14 所示。其中 25501 能产生 0.2s 即 5Hz 的脉冲信号。

表 9.3　红灯闪烁状态

Y_1	Y_2	Y_3	Y_4	R
0	0	0	1	1
0	0	1	0	1
0	1	0	0	1
1	0	0	0	1

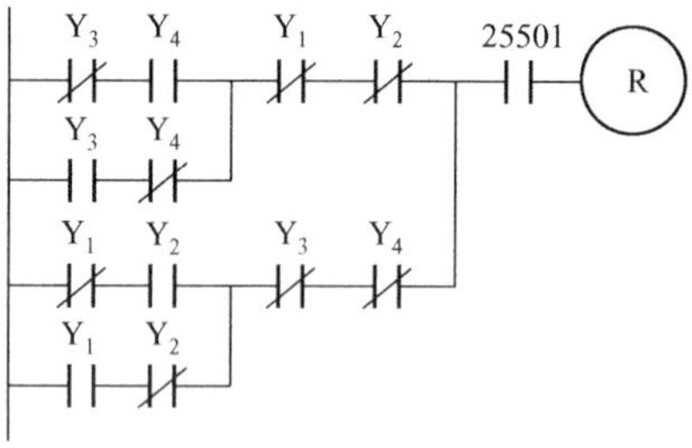

图 9.14　红灯闪烁梯形图

4. 绿灯闪烁

设绿灯闪烁为“1”，状态表如表 9.4 所示。由状态表可得 G 的逻辑函数：

$$G=\overline{Y_1}\,\overline{Y_2}Y_3Y_4+\overline{Y}Y_2\overline{Y_3}Y_4+\overline{Y_1}Y_2Y_3\overline{Y_4}+Y_1\overline{Y_2}\,\overline{Y_3}Y_4+Y_1\overline{Y_2}Y_3\overline{Y_4}+Y_1Y_2\overline{Y_3}\,\overline{Y_4}$$

化简后为：

$$G=(\overline{Y_1}Y_2+Y_1\overline{Y_2})(\overline{Y_3}Y_4+Y_3\overline{Y_4})+\overline{Y_1}\,\overline{Y_2}Y_3Y_4+Y_1Y_2\overline{Y_3}\,\overline{Y_4}$$

画出的梯形图如图 9.15 所示。

表 9.4　绿灯闪烁状态

Y_1	Y_2	Y_3	Y_4	G
0	0	1	1	1
0	1	0	1	1
0	1	1	0	1
1	0	0	1	1
1	0	1	0	1
1	1	0	0	1

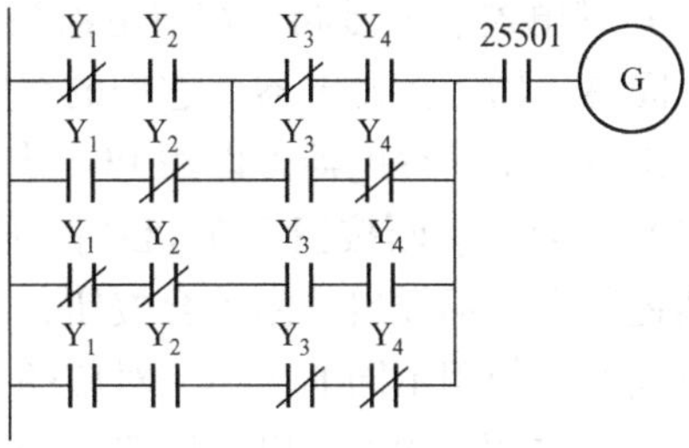

图 9.15　绿灯闪烁梯形图

5. PLC 的 I/O 点分配

通风机监视子系统有 Y_1，Y_2，Y_3，$Y_4$4 个输入信号，R，G 两个输出，其 I/O 点分配如表 9.5 所示。

表 9.5　I/O 点分配表

输　入				输　出	
Y_1	Y_2	Y_3	Y_4	R	G
00101	00102	00103	00104	01101	01102

根据 I/O 点分配及图 9.12、图 9.13、图 9.14、图 9.15 可得到梯形图如图 9.16 所示。

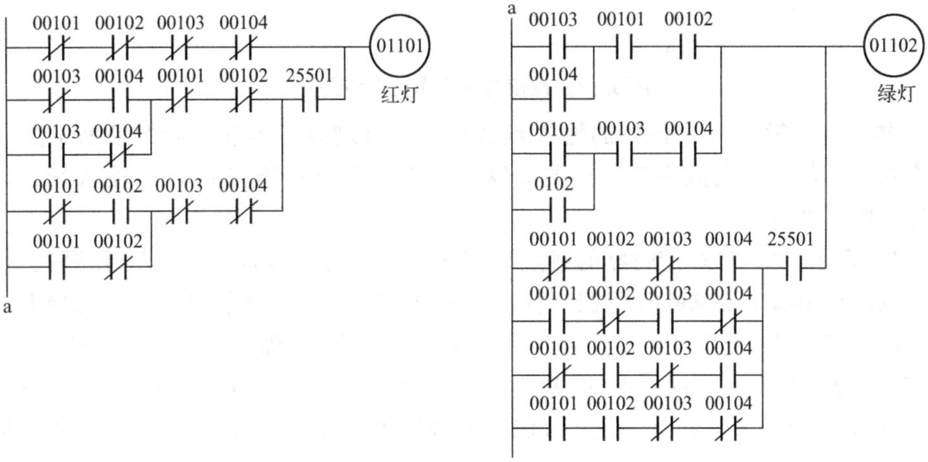

图 9.16　通风机运行状态显示的梯形图

逻辑计算法要求对数字电路基本知识较熟悉，特别是逻辑函数化简方法能够运用自如。

9.2.2　经验设计法

有些继电器控制的系统或设备，可以在原继电器控制电路的基础上，把继电器控制转换成 PLC 控制。这可以使用“经验设计法”，也称为“转换设计法”。这种设计法要求既熟悉继电器控制电路又能理解 PLC 的指令概念。

1. 几个需妥善处理的问题

经验设计法要求以下几个问题要妥善处理，才能设计出合理、可靠的 PLC 系统。

（1）继电器、电磁阀。在继电器控制系统中，大量使用交直流接触器、电磁阀、电磁铁、中间继电器等控制电器。它们的线圈是执行元件，要为它们分配相应的 PLC 输出继电器是输出点。中间继电器可以用 PLC 内部的辅助继电器来代替。

（2）动合、动断按钮。在 PLC 控制系统中，启动和停车一般都用动合按钮，而不是像继电器控制电路那样启动用动合按钮，停车用动断按钮。这样对 PLC 系统可靠性的提高是极为有利的。使用不同的按钮，对应的 PLC 梯形图是不同的。

在图 9.17 中，SB_1是启动按钮，KM 是交流接触器线圈。图 9.17（a）的停车用动合按钮，对应梯形图中的 00001 是动断触点；图 9.17（b）中的停车用动断按钮，对应梯形图中的 00001 是动合触点。

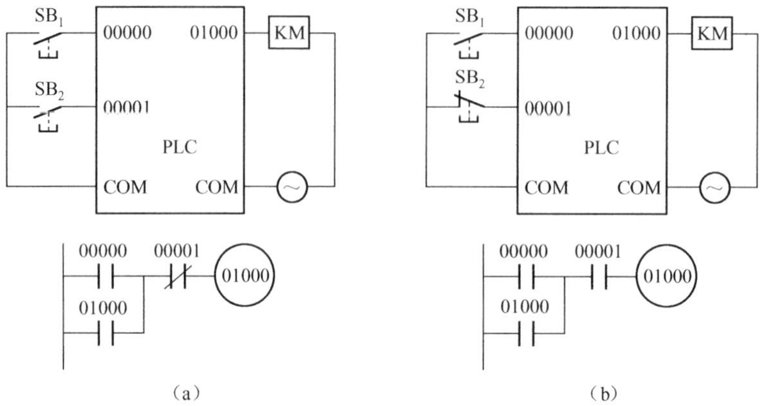

图 9.17　按钮与梯形图的对应关系

（3）热继电器触点。若 PLC 的输入点数较多，有剩余，热继电器的动断触点可占用 PLC 的输入点，若输入点数不多，热继电器的动断触点可不连接到 PLC 输入端，而接在 PLC 的外部控制电路中。

（4）时间继电器。PLC 定时器的触点只有通电延时闭合和通电延时断开两种，但通过编程，可以设计出满足要求的时间控制程序。图 9.18（a）控制电路中，时间继电器是通电延时型的。当流过继电器 KA 的动合触点接通时，时间继电器开始定时，延时后 KM 线圈得电，该图对 KM 实现了延时接通的控制。对图 9.18（a）中的电器作 I/O 分配：KA 对应 PLC 输入点为 00000，KM 对应输出点为 01000。KT 用 TIM000 代替。画出 PLC 的梯形图如图 9.18（b）所示。

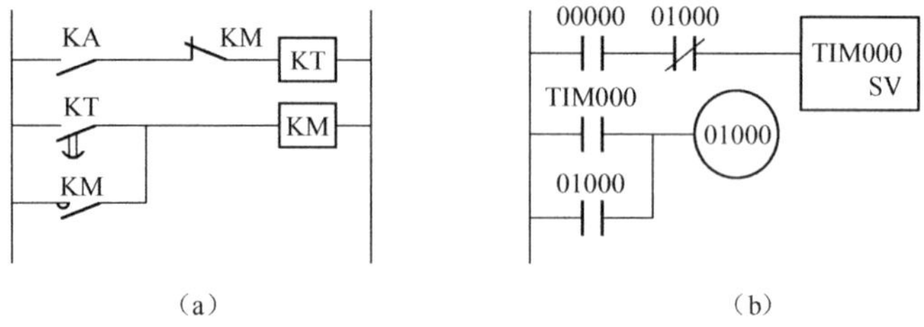

图 9.18　通电延时接通的控制

2. 经验设计法举例

送料小车给 8 个工位送原材料。对送料小车的控制要求为：

（1）PLC 上电后，车停止在某工位，若没有用车呼叫（下称“呼车”）时，则各工位的指示灯亮，表示各工位可以呼车。

（2）若某工位呼车（按本位的呼车按钮）时，各位的指示灯均灭，表示此后再呼车无效。

（3）停车位呼车则小车不动。当呼车位号大于停车位号时，小车自动向高位行驶，当呼车位号小于停车位号时，小车自动向低位行驶。当小车到达呼车位时自动停车。

（4）小车到达某位时应停留 30s 供该位使用，不能立即被其他工位呼走。

（5）临时停电后再复电，小车不会自行启动。

针对上述 5 条控制要求，程序设计按以下步骤进行：

（1）确定输入、输出电器。每个工位设置一个限位开关（$SQ_1 \sim SQ_8$）和一个呼车按钮（$SB_1 \sim SB_8$），这些是 PLC 的输入元件；小车要用一台电动机拖动，电动机正转时小车驶向高位，反转时小车驶向低位。电动机正转和反转各需要一个接触器，它们是 PLC 的执行（输出）元件。另外各工位还要有指示灯作呼车显示。电动机和指示灯是 PLC 的控制对象。

各工位的限位开关和呼车按钮的布置如图 9.19 所示，行程开关选用可自动复位式。

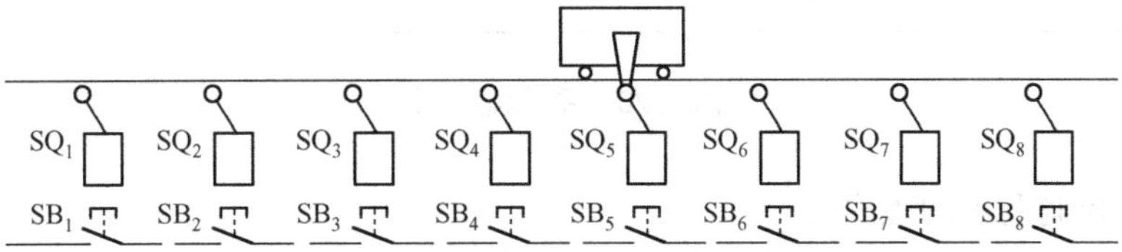

图 9.19　各工位的限位开关和呼车按钮的布置

（2）确定 PLC 机型和 I/O 分配。为了减少占用 PLC I/O 点的个数，考虑到各工位的呼车指示灯状态一致，因此指示灯可选用小电流的发光元件并联在一起，然后接在一个 PLC 输出点 01102 上。I/O 分配如表 9.6 所示。

表 9.6　I/O 分配

输　入				输　出	
限位开关 SQ_1	00001	呼车按钮 SB_1	00101		
限位开关 SQ_2	00002	呼车按钮 SB_2	00102	电动机正转接触器线圈	01000
限位开关 SQ_3	00003	呼车按钮 SB_3	00103	电动机反转接触器线圈	01001
限位开关 SQ_4	00004	呼车按钮 SB_4	00104	呼车指示灯	01102
限位开关 SQ_5	00005	呼车按钮 SB_5	00105		
限位开关 SQ_6	00006	呼车按钮 SB_6	00106		
限位开关 SQ_7	00007	呼车按钮 SB_7	00107		
限位开关 SQ_8	00008	呼车按钮 SB_8	00108		
启动按钮	00000				
停止按钮	00100				

（3）系统动作过程的流程图。系统动作过程的流程图如图9.20所示。

（4）编写程序。针对本例的控制要求，一般会想到用MOV指令和CMP指令，即先把小车所在的工位信息传送到一个通道中，再把呼车的工位号传送到另一个通道中，然后将这两个通道的内容进行比较。若呼车的位号大于停车的位号，则小车向高位行驶；若呼车的位号小于停车的位号，则小车向低位行驶。

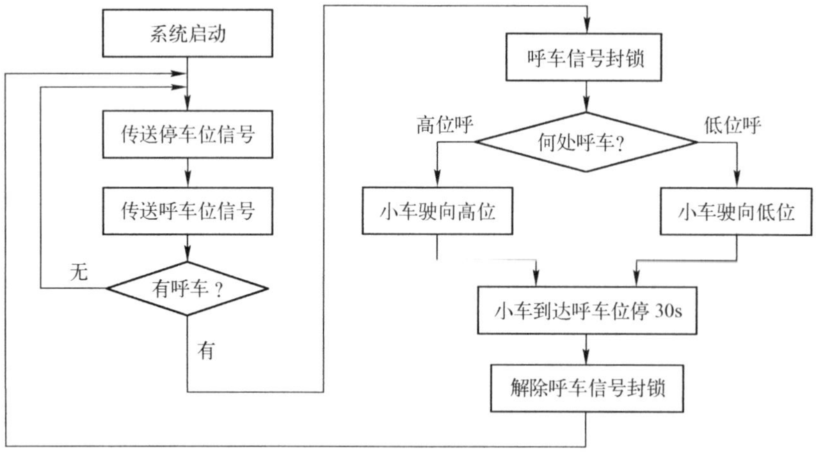

图9.20　系统流程图

另外其他控制要求的程序是：

（1）若有某位呼车则应立即封锁其他位的呼车信号。

（2）小车行驶到位后应在该位停留一段时间（30s），即延时一定时间再解除对呼车信号的封锁。

（3）失压保护程序。

（4）呼车显示程序。

结合系统流程图，将各环节编写的程序合理地联系起来，可得到满足控制要求的程序，如图9.21所示。

程序控制功能简要分析如下：

（1）用MOV指令分别向DM0000通道传送车位信号，向DM0001通道传送各位的呼车信号。没有呼车时，20100为OFF，01102为ON，各位的指示灯亮，示意各工位可以呼车。

（2）用KEEP指令进行呼车封锁和解除封锁的控制。只要某位呼车，就执行KEEP指令，将20100置为ON，从而使其他传送呼车信号的MOV指令不能执行，实现先呼车的优先用车。同时指示灯灭，示意别的位呼车封锁开始。

（3）执行CMP指令可以判别呼车位号比停车位号大还是小，从而决定小车的行驶方向。若呼车的呼车位号比停车位号大，则01000为ON，小车驶向高位。在行车途中经由各位时，必然要压动各位的限位开关，即行车途中000通道的内容随时改变，但由于其位号比呼车位号小（001通道中的呼车位号不变），故可继续行驶直至到达呼车位。若呼车的呼车位号比停车位号小，则小车驶向低位。在行车途中要压动各位的限位开关，但其位号比呼车位号大，故可继续行驶直至到达呼车位。

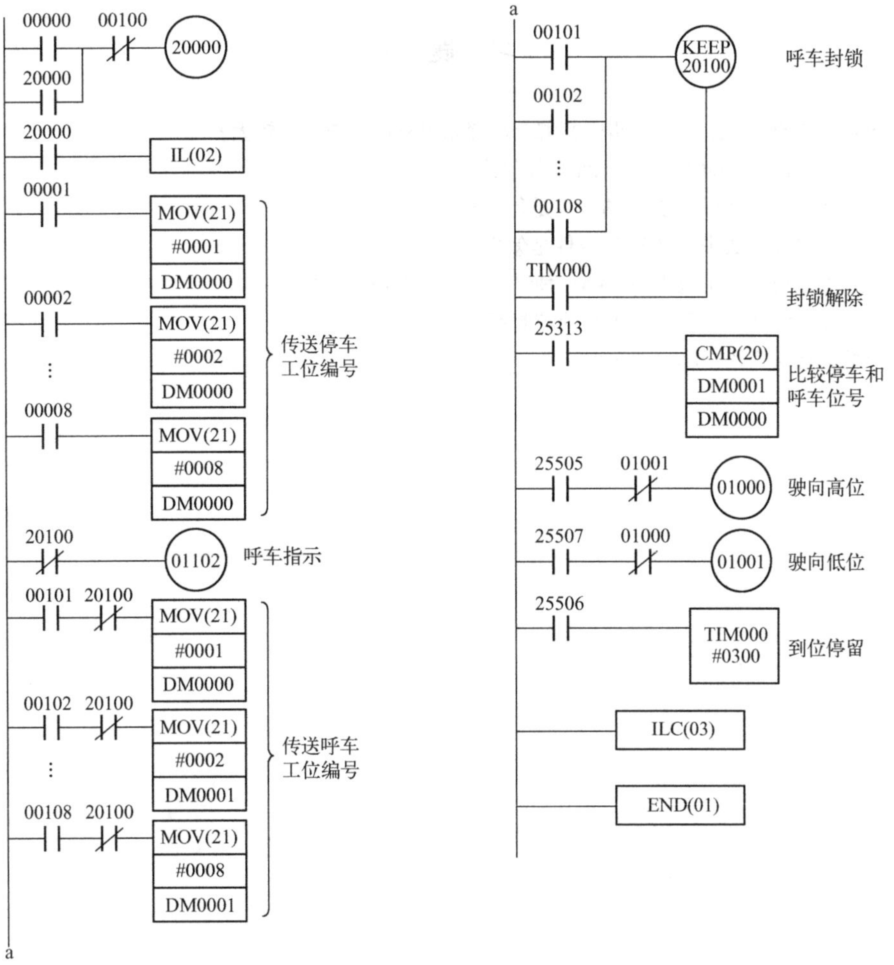

图 9.21　控制程序

（4）当小车到达呼车位时，25505 或 25507 变为 OFF，使 01000 或 01001 为 OFF，小车停在呼车位；25006 变为 ON，则立即启动 TIM000 开始定时，使小车的呼车位停留 30s。30s 到，使 20100 复位，指示灯亮并解除呼车封锁。此后各工位可以开始呼车。

（5）若系统运行掉电再复电时，不按下启动按钮程序是不会执行的。另外，在 PLC 外部也设置失压保护措施，所以掉电再复电时，小车不会自行启动。

本 章 小 结

顺序控制设计法将控制系统的工作全过程按其状态的变化划分为若干个阶段“步”，划分的依据是 PLC 输出量的状态有无变化。按步进行设计。

逻辑设计法是以逻辑代数及其化简法为基础，是一种实用可靠的程序设计方法。

经验设计法要求既熟悉继电器控制电路又能理解 PLC 的指令概念。

习　题　9

9.1　PLC 系统设计一般分几个步骤？哪个步骤相对来说工作量比较大？

9.2　PLC 系统设计中输入/输出元件是如何确定的？

9.3　顺序控制设计法中“步”的含义是什么？

9.4　顺序控制设计法中“转换”条件是怎样表达的？

9.5　顺序控制设计法中流程图有哪三种结构？其特点是什么？

9.6　逻辑设计法适用于哪些量进行的控制系统？

9.7　经验设计法适用于哪种情况？

第 10 章　可编程序控制器编程应用基础举例

内容提要

梯形图编程规则（格式与编程规则）；三相异步电动机控制（单向直接启动，点动控制，正、反转控制，星形－三角形降压启动控制）。

10.1　梯形图编程格式与规则

10.1.1　梯形图编程格式

梯形图编程格式是由多个梯级组成的。如图 10.1 所示，每个输出单元构成一个梯级，每个梯级由一个或多个支路组成，支路中安排触点（动合或动断），它们组成输出执行条件的逻辑控制，安排在梯形图左侧。右侧安排输出单元，触点不能放在输出单元的右边，如图 10.2 所示。

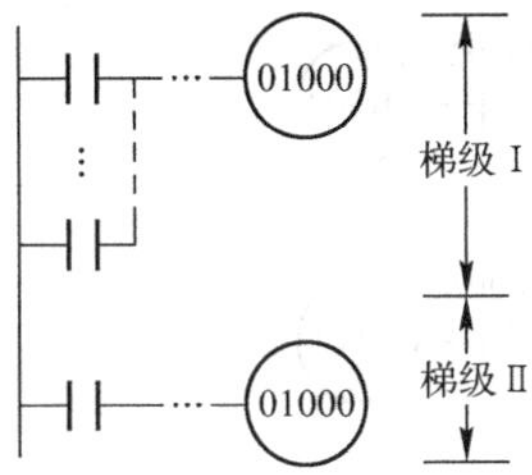

图 10.1　梯级示意图

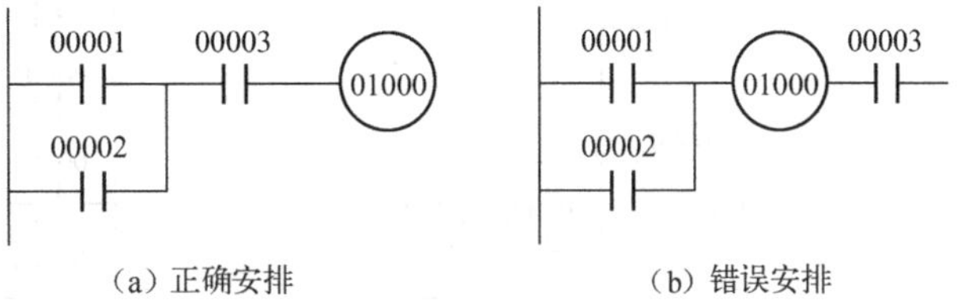

图 10.2　输出单元与触点正确安排

10.1.2　梯形图编程规则

（1）继电器（输入继电器、输出继电器、内部辅助继电器）、定时/计数器等器件的触点可以多次重复使用，不必用复杂的程序结构来减少触点的使用次数，也就是说内部继电器的触点数是无穷多，可以任意使用。

（2）线圈不能直接与左边母线相连。如果需要，可以通过一个没有使用的内部辅助继电器的动断触点或者使用专用内部辅助继电器 25313（常 ON 继电器）来连接，如图 10.3 所示。

（3）同一编号的线圈在同一程序中应避免使用两次，否则易引起误操作。

（4）梯形图中串联触点和并联触点的个数没有限制，可以无限制地串联和并联触点，如图 10.4 所示。

（5）两个以上线圈可以并联输出。如图 10.5 所示。

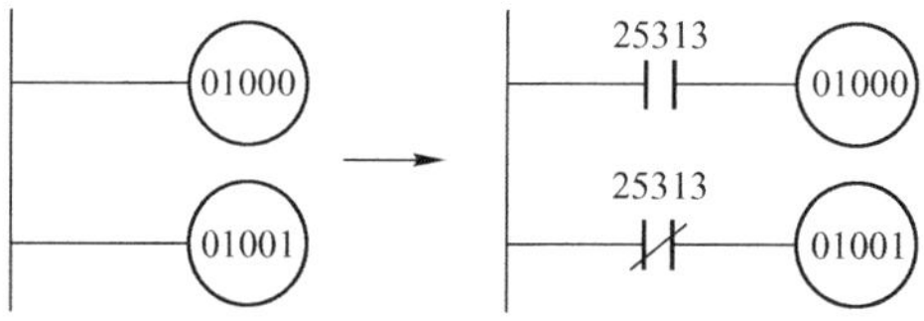

（a）错误　　（b）正确

图 10.3　线圈不能直接与母线相连

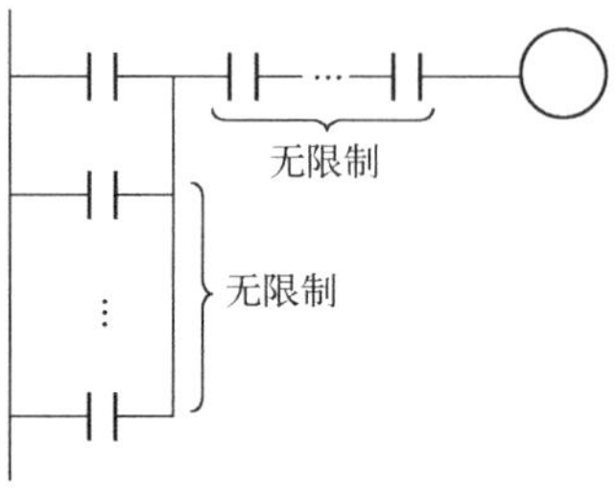

图 10.4　梯形图中串联触点和并联触点的个数无限制

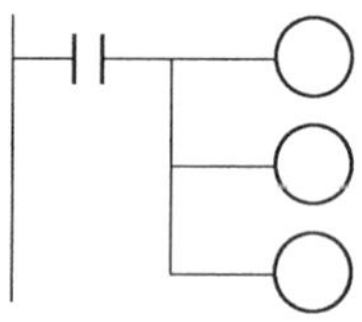

图 10.5　两个以上线圈可以并联输出

（6）梯形图应符合顺序执行的原则，即从左到右、从上到下地执行，如果不符合顺序执行的电路不能直接编程。也就是说，触点应画在水平线上，不画在垂直线上。如图 10.6（a）所示梯形图中 00003 触点就无法直接编程，可修改成图 10.6（b）所示进行编程。

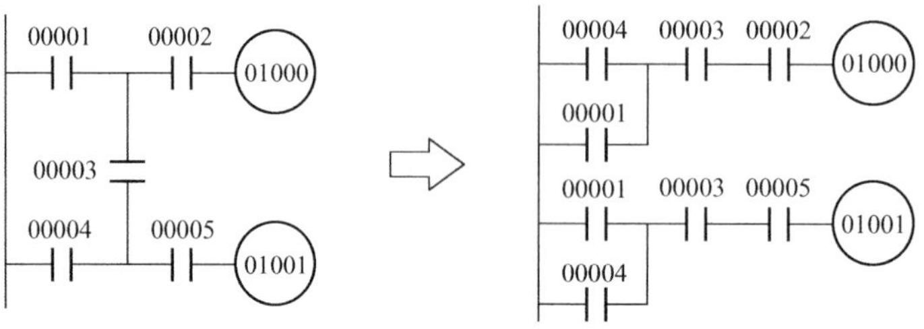

（a）不符合顺序执行原则　　（b）符合顺序执行原则

图 10.6　编程应符合顺序执行原则

（7）编程按“上重下轻”、“左重右轻”原则进行时，可使程序指令减少，既节省编程时间，也减少了占用内部存储器的空间。例如，图 10.7（a）所示梯形图将触点多的支路安排在下面，将触点少的支路安排在上面，就不符合“上重下轻”的原则，应将触点多的支路安排在上面，将触点少的支路安排在下面，如图 10.7（b）所示。

图 10.7（a）的指令表程序为：

1. LD	00002
2. LD	01000
4. ORLD	
5. OUT	01000

图 10.7（b）的指令表程序为：

1. LD　　　　00001
2. AND　　　 01000
3. OR　　　　00002
4. OUT　　　 01000

对比图 10.7（a）、（b）的指令表程序可见，图 10.7（b）少使用了 ORLD 指令，这在程序较大的软件编制过程中，就会体现出优势。

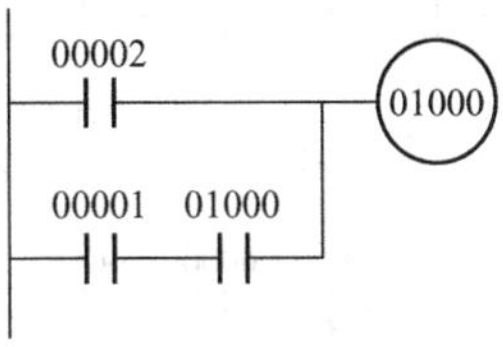

（a）要使用“OR-LD”指令

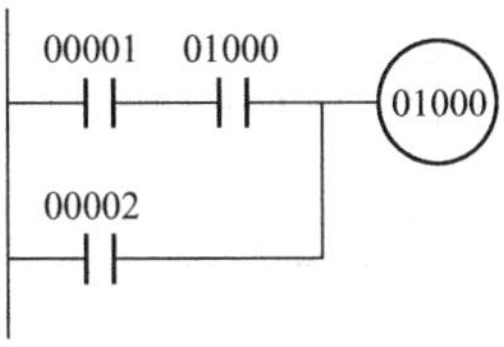

（b）不使用“OR-LD”指令

图 10.7　按“上重下轻”原则安排触点的梯形图

对如图 10.8（a）所示梯形图，可改成图 10.8（b）所示梯形图，这样就符合“左重右轻”的原则。

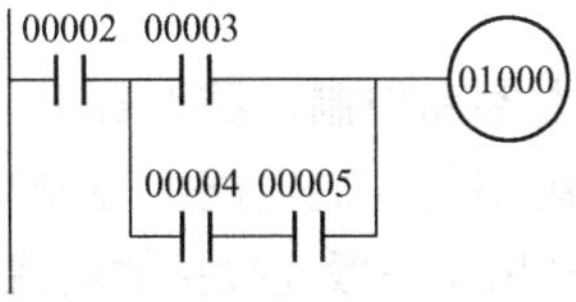

（a）不符合“左重右轻”原则

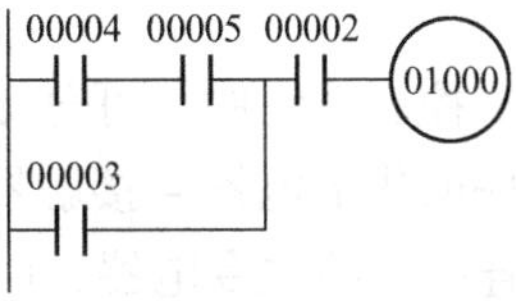

（b）符合“左重右轻”原则

图 10.8　按“左重右轻”安排触点的梯形图

图 10.8（a）的指令表程序为：

1. LD　　　　00002
2. LD　　　　00003
3. LD　　　　00004
4. AND　　　 00005
5. ORLD
6. ANDLD
7. OUT　　　 01000

图 10.8（b）的指令表程序为：

1. LD　　　　00004
2. AND　　　 00005
3. OR　　　　00003
4. AND　　　 00002
5. OUT　　　 01000

（8）复杂电路的处理。对于结构复杂的电路，可以重复使用一部分触点画出它们的等效电路，充分利用可编程序控制器内部继电器触点数可以无限制使用的特点，然后再编程就比较容易了，如图 10.9（a）所示。

对照图 10.9（a）、(b）中的虚线可见，对应输出继电器 01000 的 4 条支路逻辑关系没有发生变化，所以这两个图是等效的，但图 10.9（b）编程要简单得多，而且很直观，不过使用的指令数可能会增多。

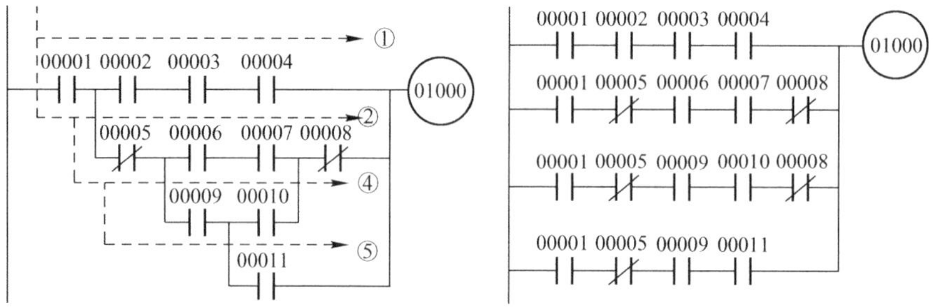

（a）处理前的“复杂电路”　　（b）处理后的“复杂电路”

图 10.9　复杂电路的处理

10.2　三相异步电动机单向直接启动、点动控制

在继电器 - 接触器控制系统中，可分成主电路和控制电路两部分。使用可编程序控制器技术，就是用其程序取代继电器 - 接触器系统中的控制电路的控制功能。所以可编程序控制器的输入端一般连接一些主令电器，而其输出端一般连接接触器或电磁阀的线圈。

可编程序控制器输入端、输出端与外部连接电路称为 I/O 配线图，配合梯形图和程序清单，就可以组成可编程序控制器控制系统。通常情况下，可编程序控制器只起逻辑控制作用，不直接驱动负载（例如电动机）。

为了便于分析，下面以继电器 - 接触器电路为例，逐步引入可编程序控制器的梯形图。

10.2.1　继电器 - 接触器控制电路

电动机单向直接启动、点动控制继电器 - 接触器电路如图 10.10 所示。图中，

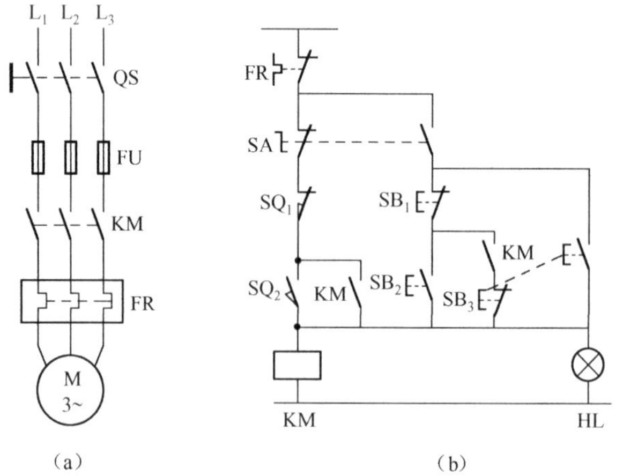

（a）　　（b）

图 10.10　电动机单向直接启动、点动控制继电器 - 接触器电路

SA：选择开关。可进行自动－手动控制（图示 SA 位置为“自动”）。

SQ_1、SQ_2：行程开关。在 SA 置于自动位置时，由机械装置上的撞块压合 SQ_1 或 SQ_2，可自动完成单向启动和停止控制。

SB_1、SB_2：停止、启动按钮。当 SA 置于“手动”位置时，SB_1 和 SB_2 可进行单向停止和启动控制。

SB_3：点动按钮。当 SA 置于“手动”位置时，SB_3 可进行点动控制。

FR：热继电器。对电动机进行过载保护。

HL：信号灯。指示电动机工作状态。

10.2.2 可编程序控制器控制的 I/O 配线图

I/O 配线图是可编程序控制器的输入/输出连接图，也是可编程序控制器外部接线图。可编程序控制器所要连接的外部电气元件，根据其功能不同，应分别连接在可编程序控制器的输入端或输出端，这些电气元件可参见图 10.10（b）所示控制电路的元件。对于可编程序控制器输入端或输出端连接的元件，应确定其对应连接端子上的编号，这就是外部的电气元件在可编程序控制器上的 I/O 编码。

电气元件编码如下。

输入元件：

自动－手动选择开关 SA——00000

停止行程开关 SQ_1——00001

启动行程开关 SQ_2——00002

停止按钮 SB_1——00003

长动按钮 SB_2——00004

点动按钮 SB_3——00005

输出元件：

接触器线圈 KM——01000

信号灯 HL——01001

将输入元件和输出元件连接于可编程序控制器的相应端子上，就构成可编程序控制器的 I/O 配线图，如图 10.11 所示。

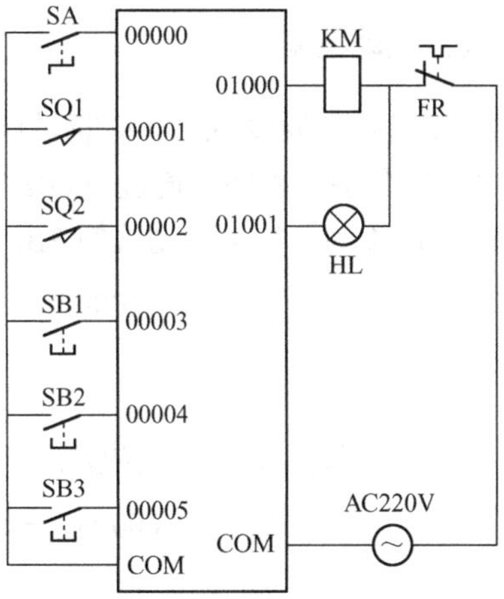

图 10.11　单向直接启动、点动控制 I/O 配线图

在图 10.11 中，全部输入元件都使用其动合触点接入。特别要提醒注意的是停止按钮 SB_1，在图 10.10（b）继电器－接触器控制线路中是使用动断触点，在这里是使用动合触点，这样便于输入端连线，不易发生接线错误，但其对应的输入继电器 00003 在梯形图中采用动断触点。热继电器 FR 的动断触点仍接在可编程序控制器的输出端。所选用的输入、输出元件的电气规格，要与所用可编程序控制器的输入、输出端所规定的电气规格一致。

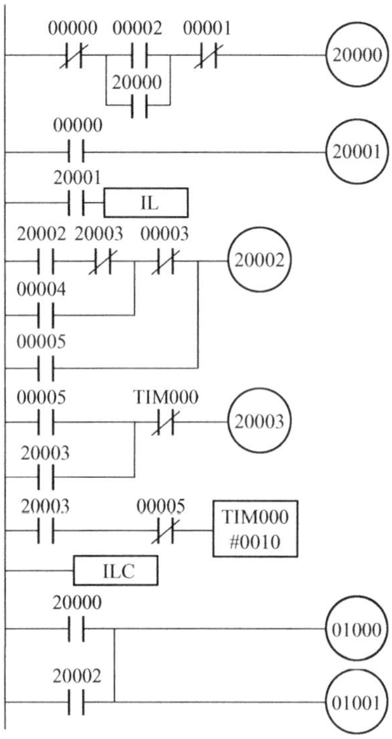

图 10.12　单向直接启动、点动控制梯形图

10.2.3　可编程序控制器控制的梯形图

可编程序控制器控制的梯形图如图 10.12 所示。

梯形图工作情况分析：SA 自动 – 手动选择开关对应的可编程序控制器输入继电器 00000 的触点使用了两个（动合、动断各一个）。当 SA 为断开状态时，利用其动断触点 00000 执行自动程序，由内部辅助继电器 20000 驱动输出继电器 01000 和 01001。当 SA 为闭合状态时，利用其对应的动断触点 00000 断开，自动程序不被执行；动合触点 00000 闭合，通过内部辅助继电器 20001 和分支指令 IL 执行手动程序。因为内部辅助继电器 20002 的触点和自动程序内部辅助继电器 20000 的触点并联。同样可以驱动输出继电器 01000 和 01001。梯形图工作过程如下。

1. 自动

SA 断开，通过 00000 动断触点执行自动程序，利用 20000 驱动 01000（KM）和 01001（HL）。自动工作上一个循环结束时，行程开关 SQ_2 被压下，使 00002 闭合：

$$00002^{\pm} — 20000^{+}_{自} \begin{cases} 01000^{+}(KM^{+} — M^{+}) \xrightarrow[\text{压下 } SQ_1]{\Delta S} 00001^{-} — 20000^{-} \begin{cases} 01000^{-}(KM^{-} — M^{-}) \\ 01001^{-}(HL^{-}) \end{cases} \\ 01001^{+}(HL^{+}) \end{cases}$$

上述表达式中，$00002^{\pm}$ 表示该触点先闭合后断开（它对应行程开关 SQ_2 先被压和后释放）；$20000^{+}_{自}$ 表示该内部继电器得电后自锁。其他依次类推。

2. 手动控制

SA 闭合，通过 00000 动断触点断开，动合触点闭合，执行手动程序，利用 20001 和 IL 与 ILC 指令手动程序，通过 20002 同样驱动 01000（KM）和 01001（HL）。

（1）长动。按下启动按钮 SB_2（00004）：

$$00004^{\pm} — 20002^{+}_{自} \begin{cases} 01000^{+}(KM^{+} — M^{+}) \\ 01001^{+}(HL^{+}) \end{cases}$$

（2）停车。按下停车按钮 SB_1（00003）：

$$00003^{\pm} — 20002^{-} \begin{cases} 01000^{-}(KM^{-} — M^{-}) \\ 01001^{-}(HL^{-}) \end{cases}$$

（3）点动。点动按钮 SB_3（00005）有三对 00005 的触点，配合内部辅助继电器 20003 和延时继电器 TIM000 实现点动控制。

注意：TIM000 是在 SB_3松开（00005）才得电开始计时的，然后使用串联于 20002 自锁回路中的 20003 复位，这个过程就相当于控制电路中复合按钮 SB_3复位动作的过程。因此，TIM000 设定时间越短越好，取 0.1s 以保证紧接下一步手动启动时能够可靠自锁。

10.2.4 I/O 配线图与梯形图的改进

对于图 10.11 和图 10.12 的设计方案，是可以实现电动机单向启动控制功能的。如果考虑到 I/O 配线的合理性和对点数的节省等因素，可对上述线路进行改进，以便取得更好的控制效果。

1. 输入设备采用动合或动断触点接入

在图 10.11 中，输入设备全部采用动合触点接入，与一般继电器 - 接触器系统相比，不同之处是行程开关 SQ_1和停止按钮 SB_1都改为动合触点方式接入。这种方式的 I/O 配线，其优点是对可编程序控制器进行 I/O 外部接线施工时，对所有的输入设备统一按动合触点接线，可以有效地防止接线错误。但就其安全性考虑，还是应该将 SQ_1和 SB_1按照图 10.10 中动断方式接入。因为动断方式接入时，在 SQ_1或 SB_1的动断触点发生触点接触不良、线路断路、接线螺丝松动等故障时，可以作为一种故障停机信号送入可编程序控制器，使电动机停转。如果采用动合触点方式接入，就无法反映这类外部故障。

如果 SQ_1和 SB_1用动断触点方式接入，图 10.12 所示梯形图中对应的输入继电器触点状态也应改变，应用 00001 和 00003 的动合触点代替图中的动断触点。

2. 热继电器动断触点的处理

在应用可编程序控制器组成的控制系统中，原则上都应该把输出端被控对象的动作状态作为输入信号接到输入端，这样可以充分发挥可编程序控制器的控制功能。

在前述图 10.11 电动机单向直接启动、点动控制 I/O 配线图中，是按照继电器 - 接触器系统控制方式，将热继电器动断触点 FR 和接触器 KM 线圈串联，作为过载保护，这实质上是一种外部保护。其保护过程是当电动机发生过载时，热继电器 FR 动断触点断开，切断接触器 KM 线圈供电电路，电动机因接触器主触点断开（复位）而停车。这种保护方式此时只切断了可编程序控制器输出端的外部电路，而可编程序控制器主机本身并没有停机，那么此时输出继电器 01000 对接触器 KM 线圈仍然有输出信号，只是接触器 KM 线圈不通路而已。这种情况下若按动热继电器 FR 的复位按钮，那么其因过载而断开的触点会瞬时闭合，导致接触器 KM 线圈被立即接通，电动机也会随之转动，极易引起设备损坏或人身安全事故。

解决这类问题的方法是将电动机的过载信号引入可编程序控制器输入端，以便在电动机停转的同时，使可编程序控制器主机也停止工作，改进后 I/O 配线图和梯形图如图 10.13 所示。

图 10.13（a）中，将接触器 KM 的一对动合触点接于可编程序控制器输入端。图 10.13（b）中，在 20000 和 20002 自锁支路增加与接触器 KM 动合触点对应的输入继电器 00006 动合触点。电动机工作正常（接触器 KM 线圈得电，其动合触点闭合）时 00006 闭合，保证自锁支路能够正常工作。当电动机过载时，热继电器 FR 动作，切断接触器 KM 线圈供电电路，接触器 KM 所有触点都复位，其接在可编程序控制器输入端的动合触点就会把电动机过

载信号送入可编程序控制器主机，使图 10.13（b）梯形图中的 00006 触点断开，迫使可编程序控制器主机停止工作。这种改进是将与负载状态信号对应的 00006 在梯形图中作为自锁条件串接于自锁支路中，一旦发生过载，就可以从可编程序控制器内部使其停止工作。

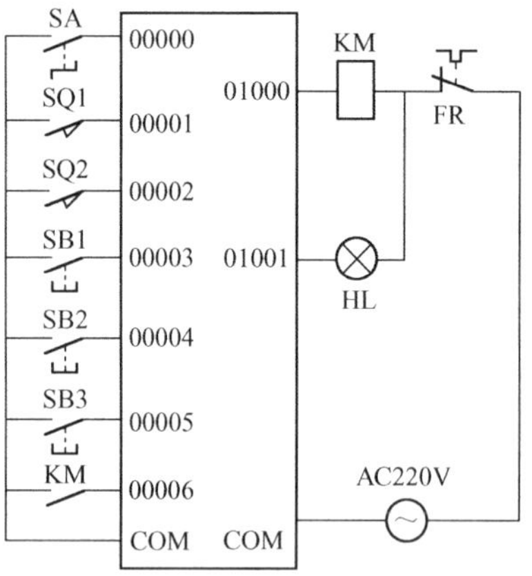

（a）I/O 配线图

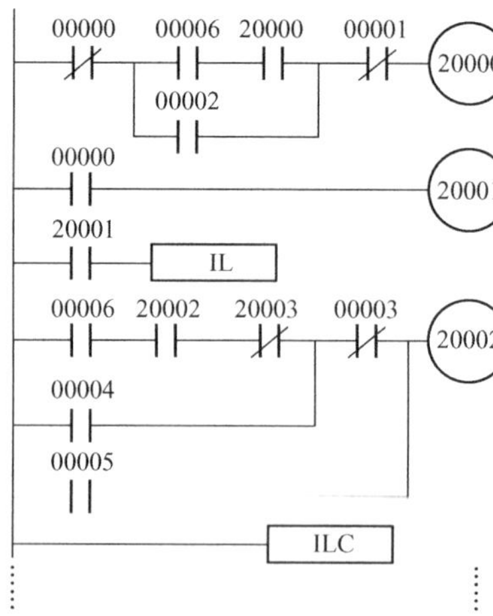

（b）梯形图

图 10.13　过载保护改进方案

另外，也可以直接将热继电器 FR 动断触点作为可编程序控制器的一个输入信号接至输入端，适当修改梯形图，使得在电动机过载引起热继电器 FR 动作时，将过载信号送入可编程序控制器内部（梯形图），同样可以从可编程序控制器内部使其停止工作。

3. 输出端负载的并联

对于可编程序控制器几个不同的输出点，若是同步动作的，即执行的是同一个动作内容，就可以考虑将它们并联于同一个输出点，以减少使用输出点数。例如，前述内容中接于输出端 01001 上的信号灯 HL，是显示接触器 KM 动作情况的，也就是说它与 KM 同步，如果将它们二者并联于同一个输出端 01000 上，可以减少输出点数的使用。

对于从同步动作角度来看可以并联的负载，在实际操作时，要注意输出接点的容量是否满足要求，特别要提醒的是，负载的启动电流应引起注意。一般情况下，像接触器线圈、白炽灯以及容量较大的容性负载，启动电流都远远大于其额定电流，此时应按它们的启动电流来校验输出触点是否满足要求，安全可靠应该是考虑的重点，而节省输出点数应该放在第二位。

节省输出点，除了采用并联负载的方式以外，还可以借用接触器 KM 的动合触点连接信号灯 HL，如图 10.14 所示，这种在可编程序控制器外部电路上处理指示灯，也是节省输出点数的方法之一。

4. 点动环节的外部处理

由图 10.12 梯形图可知，通过可编程序控制器的程序对电动机进行点动控制时，显得很复杂。在实际应用中，可将点动环节直接设置在可编程序控制器输出端的外部电路中，如图 10.15 所示。由图可知，点动环节可以不经过可编程序控制器的程序控制，而是在可编程序控制器输出端外部，经适当的连接线路也能进行点动环节的处理。按下点动按钮

SB_3，即可实现点动控制，这种处理方式的明显缺点是增加外部配线的工作量。

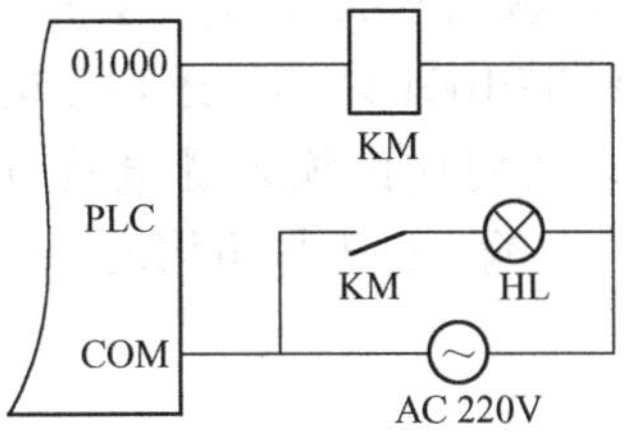

图 10.14　可编程序控制器外部信号灯

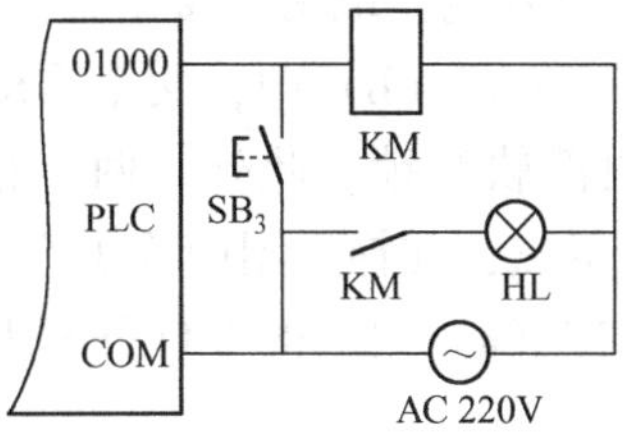

图 10.15　点动环节的外部处理

10.3　三相异步电动机的正、反转控制

10.3.1　继电器－接触器控制电路

在电动机正、反转控制过程中，防止主电路的电源相间短路必须作为一个重要问题来考虑，引起短路的原因：一是正、反转对应的两个接触器同时通电动作；二是主触点之间的电弧引起短路，这种情况的发生是因电弧尚未熄灭，使断开的触点仍然处于通电状态，而另一接触器又通电，其触点闭合。解决这类问题的有效方法之一是使用互锁环节。

图 10.16 所示为可以防止正、反转接触器同时动作引起短路的控制电路，其中 SB_1 为停止按钮，在进行正、反转切换时必须先按一下 SB_1。由于接触器 KM_1 和 KM_2 的动断触点串联在对应线圈支路中，起到互锁作用，这种互锁称为电气互锁。

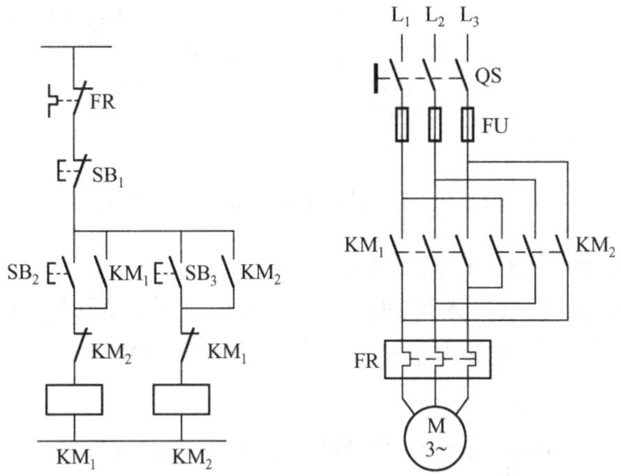

（a）主电路　　（b）控制电路

图 10.16　电气互锁控制电路

图 10.16 所示电路电动机由正转过渡到反转必须先按 SB_1，使其停车后才能进行反转控制，由于接触器 KM_1 和 KM_2 电气互锁，所以该电路可防止两接触器同时接通引起的短路。

10.3.2　可编程序控制器控制的 I/O 配线图

若要将图 10.16 所示继电器－接触器控制改为可编程序控制器控制，就应将接触器的动作状态作为负载信号引入可编程序控制器输入端，如图 10.17（a）所示，在可编程序控制器输入端接有接触器 KM_1 和 KM_2 的动合触点。为了可靠地对正、反转接触器进行互锁，在可编程序控制器输出端两个接触器之间仍然采用动断触点构成互锁，这种互锁称为外部硬互锁。在图 10.17（b）中，两个输出继电器 01000 和 01001 之间，还相互构成互锁，这种互锁称为内部软互锁。此外，两个接触器动合触点所对应的输入继电器对应 00003 和 00004 的动断触点，在梯形图中除了作为互锁条件外，对输出继电器也构成一种软互锁。

与图 10.17（a）对应的 I/O 分配表为：

输入端：

停止按钮 SB_1——00000

正转按钮 SB_2——00001

反转按钮 SB_3——00002

接触器动合触点 KM_1——00003

接触器动合触点 KM_2——00004

输出端：

接触器线圈 KM_1——01000

接触器线圈 KM_2——01001

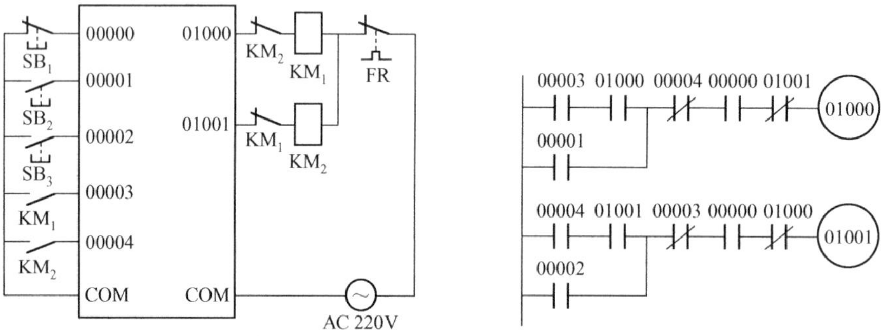

（a）I/O 配线图　　（b）梯形图

图 10.17　三相异步电动机正、反转控制

图 10.17（b）所示梯形图工作情况为：

停止按钮 SB_1 采用动断触点接入可编程序控制器输入端，所以在未按启动按钮前，可编程序控制器第一个扫描周期输入继电器 00000 的动合触点就接通了。

正转。按下正转按钮 SB_2：

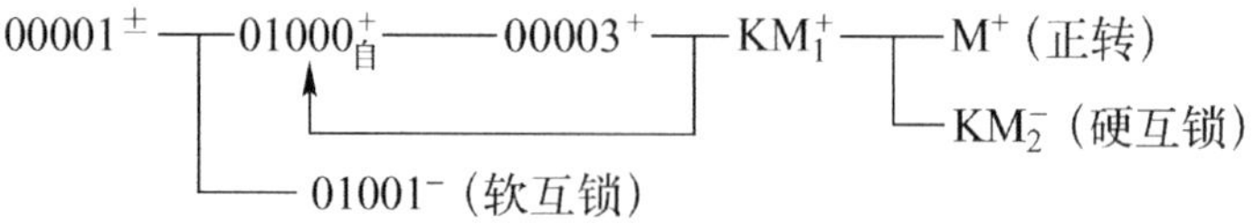

停车。按下停止按钮 SB_1：

$00001^{\pm}$——01000^{-}——KM_1^{-}——M^{-}（停车）

反转。按下反转按钮 SB_3：

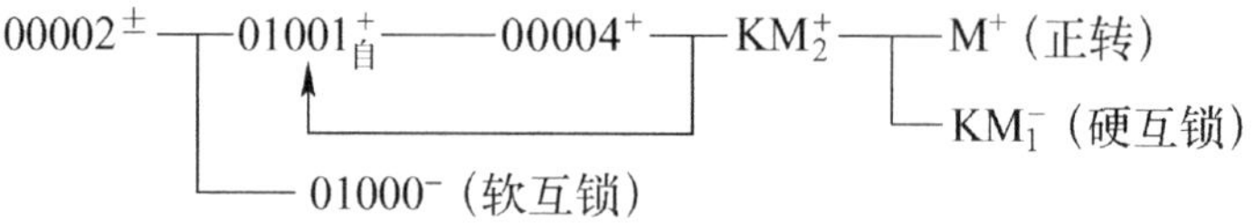

图 10.17 中为了防止两个接触器同时动作引起短路，设置了软互锁和硬互锁，它们作用的对象并不完全相同。

（1）软互锁作用。防止因触点熔焊烧死等外部故障时，本应打开的那只接触器因故障而未打开，可编程序控制器又对另一个接触器发出了动作信号，使两只接触器同时处于通电动作状态。设置软互锁后，利用软互锁不接通另一个输出继电器，从而防止主电路短路。

（2）硬互锁作用。防止因噪声在可编程序控制器内部引起运算处理错误，导致出现两个输出继电器同时有输出，使正、反转接触器同时通电动作，造成主电路短路。

总之，使用可编程序控制器进行正、反转控制时，应该同时使用软互锁和硬互锁，完全避免发生电源相间短路事故，以确保安全。

10.3.3　防止电弧短路的控制电路

图 10.18 所示电路为可以防止电弧短路的控制电路，它们的共同点是都设置电弧互锁电路。其中，图 10.18（a）增设了中间继电器 KA_1 和 KA_2 构成电弧互锁电路，图 10.18（b）利用复合按钮实现电弧互锁。

图 10.18（a）利用中间继电器从线圈得电到触点动作所构成的动作固有延时特性，待电弧熄灭后，另一只接触器才会通电动作。若将这种方法改换用可编程序控制器控制，要注意到可编程序控制器内部继电器的动作基本上都是瞬时完成的，并无这种延时特性，如果在外部电路用中间继电器构成延时，其配线显得较复杂。行之有效的方法是使用可编程序控制器内部计时器，使两个接触器切换动作之间有一个小的时间差来模糊中间继电器触点延时特性。

图 10.18（b）为复合按钮正、反转控制电路，这是一种常见的控制电路。它是利用复合按钮动合和动断触点动作的时间差工作的，若将其改成可编程序控制器控制，按钮的互锁功能可用内部软件实现，可编程序控制器的输出端可以不安排硬互锁。使用可编程序控制器控制时的 I/O 配线图如图 10.19 所示。

与图 10.19 对应的 I/O 配线表为：

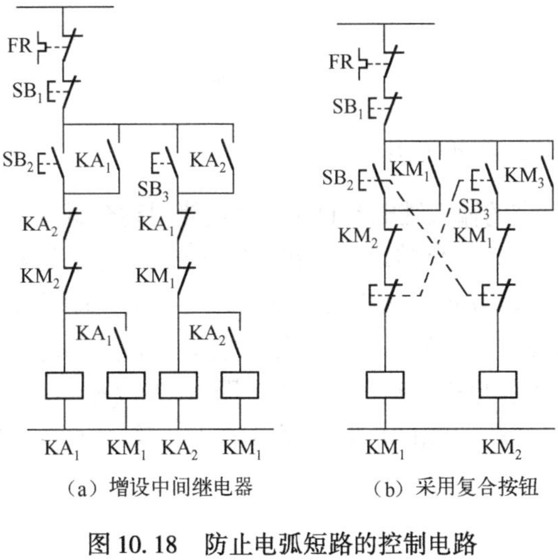

（a）增设中间继电器　　（b）采用复合按钮

图 10.18　防止电弧短路的控制电路

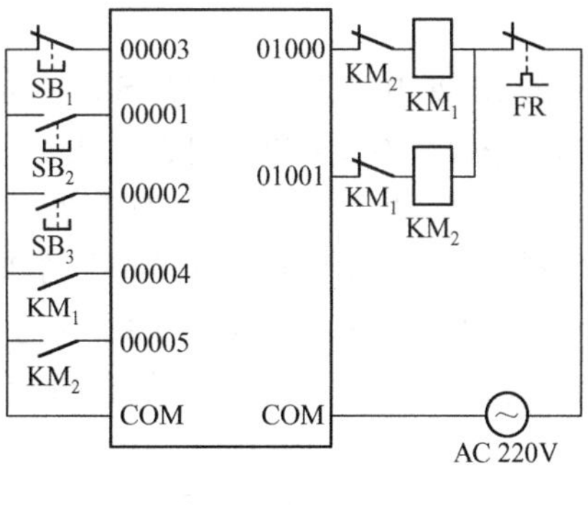

图 10.19　三相异步电动机正、反转控制 I/O 配线图

（1）输入端：
停止按钮 SB_1——00003
正转按钮 SB_2——00001
反转按钮 SB_3——00002
接触器动合触点 KM_1——00004
接触器动合触点 KM_2——00005
（2）输出端：
接触器线圈 KM_1——01000
接触器线圈 KM_2——01001

10.3.4 梯形图设计

由于可编程序控制器内部触点的动作，相对继电器－接触器系统来说是瞬时完成的，所以在梯形图中，就要利用内部计时器，强制性地使输出继电器的切换有一定的延时时间，如图 10.20 所示。

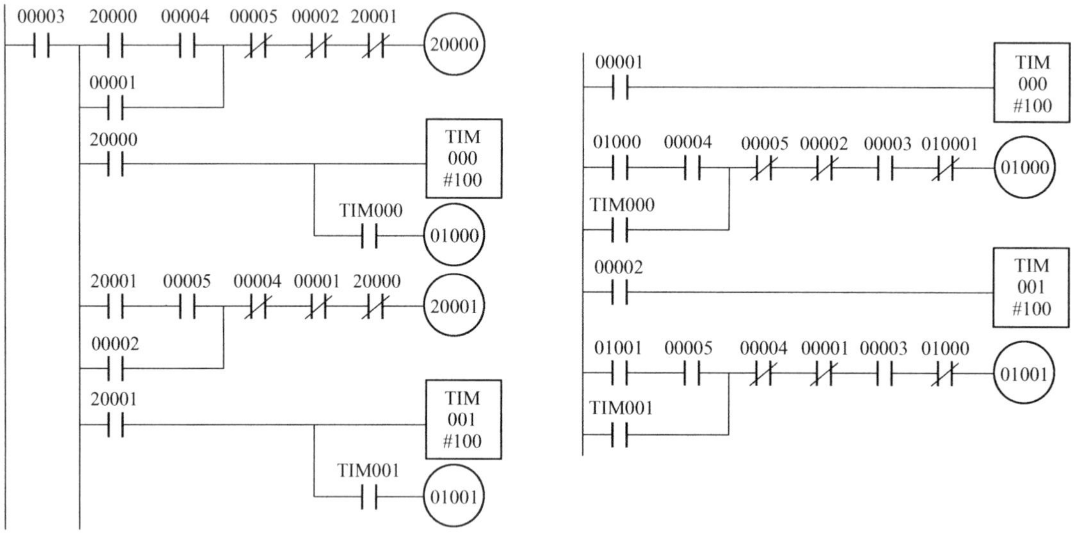

（a）梯形图一　　（b）梯形图二

图 10.20 电动机正、反转梯形图

图 10.20 中，与停止按钮 SB_1（动断）相对应的输入继电器 00003 触点使用动合触点，在可编程序控制器接入电源时，它就变为闭合状态。正、反转启动按钮 SB_2 与 SB_3 相对应的输入继电器 00001 和 00002，构成具有按钮互锁功能的软互锁。构成具有输出软互锁的是驱动输出继电器 01000 与 01001 的内部继电器 20000 和 20001。另外，与两个接触器动合触点相对应的输入继电器 00004 和 00005，除了作为自锁条件外，也构成互锁。可见，图 10.20（a）所示梯形图中，为了提高安全性，保证输出继电器 01000 和 01001 不会同时输出，采用了三种软互锁。

图 10.20（a）所示梯形图的工作过程为：

（1）正转。按下正转按钮 SB_2：

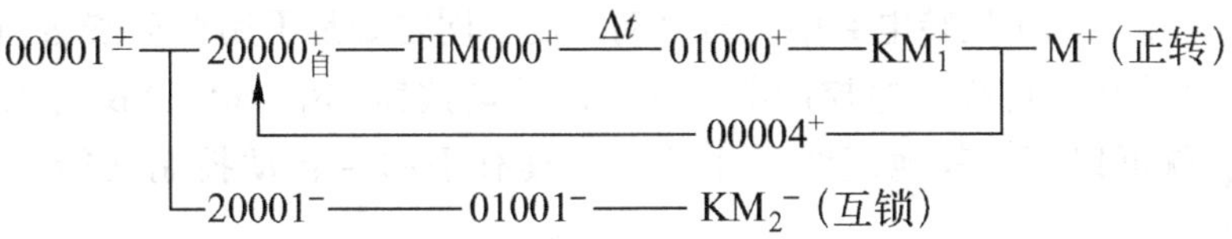

注：Δt 不能太长，以免影响 1000 自锁。

（2）反转。按下反转按钮 SB_3：

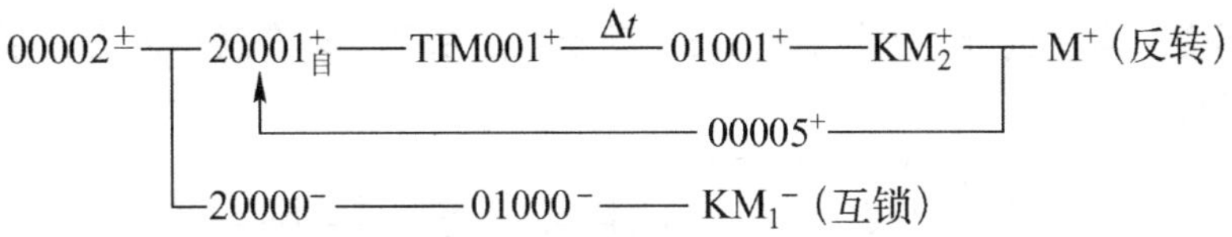

在分析上述工作过程时，要注意定时器 TIM000 和 TIM001 起电弧互锁作用，它们分别作用在电动机由正转过渡到反转，或由反转过渡到正转过程中，保证正、反转切换时输出继电器 01000 和 01001 的输出变换有一定的时间差，防止接触器 KM_1 和 KM_2 切换引起电弧短路。

为了便于编程，也可以改用图 10.20（b）所示梯形图，它所能完成的功能与图 10.20（a）完全一致，但它的程序步数明显地少一些。

图 10.20（b）所示电路工作过程为：

正转。按下正转按钮 SB_2：

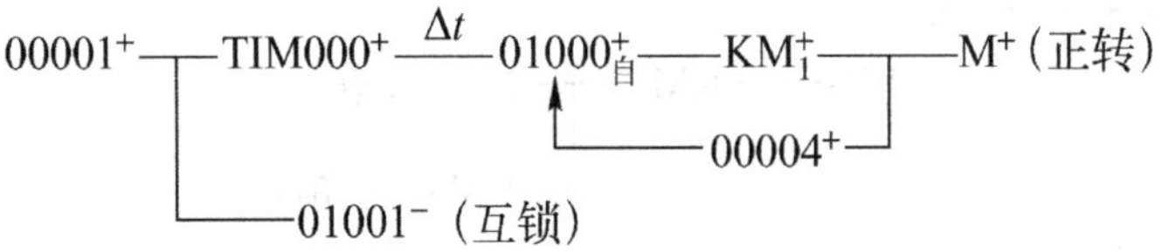

松开正转按钮 SB_2：

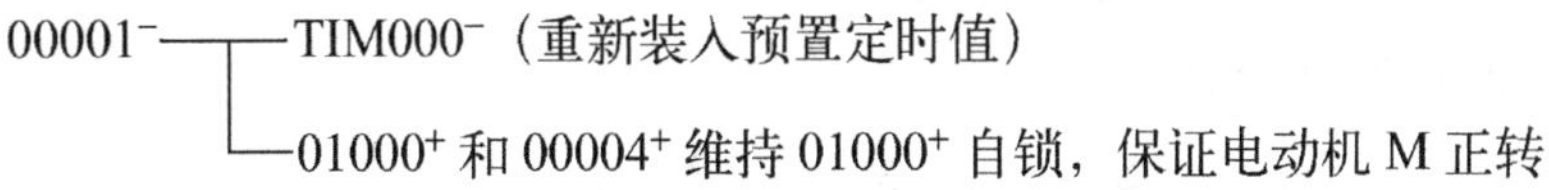

停机。按下停机按钮 SB_1：

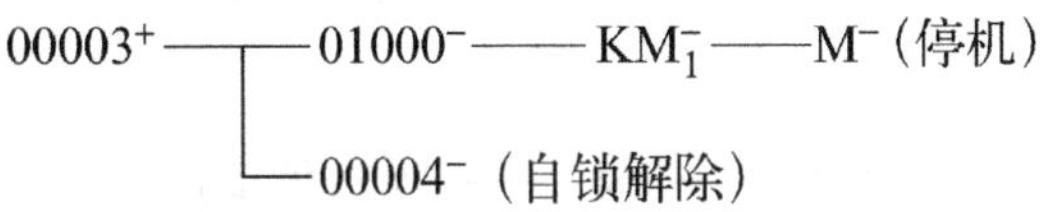

反转（设电动机在正转状态）。按下反转按钮 SB_3：

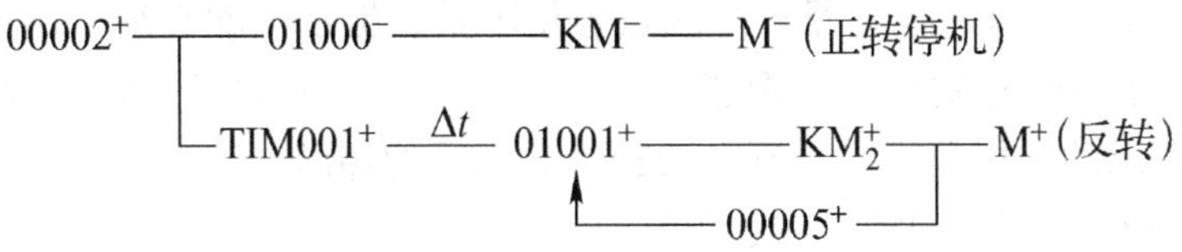

松开反转按钮 SB_3：

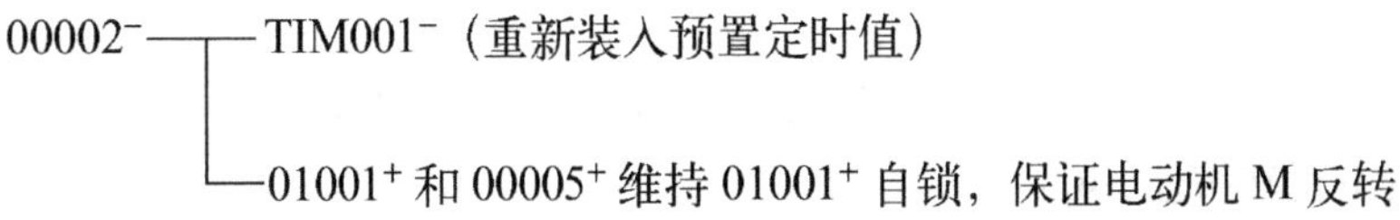

自动控制的电动机正反转电路中，与手动控制不同之处是不用按动按钮而是利用行程开关代替，只要将接于可编程序控制器输入端的手动按钮 SB_1，SB_2，SB_3 置换成行程开关 SQ_3，SQ_1，SQ_2 就可以了，其他配线不用改变。具有手动－自动控制功能 I/O 配线图如图 10.21 所示。

图 10.21 中保留手动控制功能，是因为在可编程序控制器停机或设备维修时，还是要具有手动运转功能。手动－自动控制切换由开关 SA 完成。自动工作时 SA 动断触点不动作，其工作原理不变。当要进行手动控制时，SA 动断触点断开；动合触点闭合。手动控制为点动，其工作过程为：

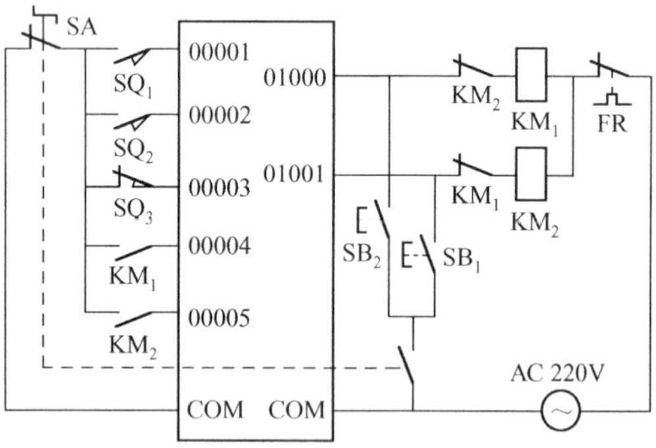

图 10.21　手动－自动控制功能 I/O 配线图

正转。按下正转按钮 SB_2：

SB_2——KM_1^+——M^+（正转）
　　　　　└KM_2^-（互锁）

松开正转按钮 SB_2：

SB_2——KM_1^-——M^-（停车）

反转。按下反转按钮 SB_3：

SB_3——KM_2^+——M^+（反转）
　　　　　└KM_1^-（互锁）

松开反转按钮 SB_3：

SB_3——KM_2^-——M^-（停车）

如果可编程序控制器输出触点容量足够大，可将指示灯与接触器线圈并联，接在同一个输出触点上。若可编程序控制器输出触点容量不足，指示灯就必须占用一个输出接点。例如要利用三个指示灯分别显示电源正常、电动机正转、电动机反转三种状态，可采用图 10.22（a）所示的 I/O 配线图和图 10.22（b）所示的梯形图。

图 10.22 中指示灯部分电路工作过程为：

电动机未启动，电源正常，因可编程序控制器已启动，但输出继电器 01000 和 01001 没有输出：

01000^-，01001^-——01002^+——HL_1^+（电源正常，指示灯亮）

正转。按下正转按钮 SB_2：

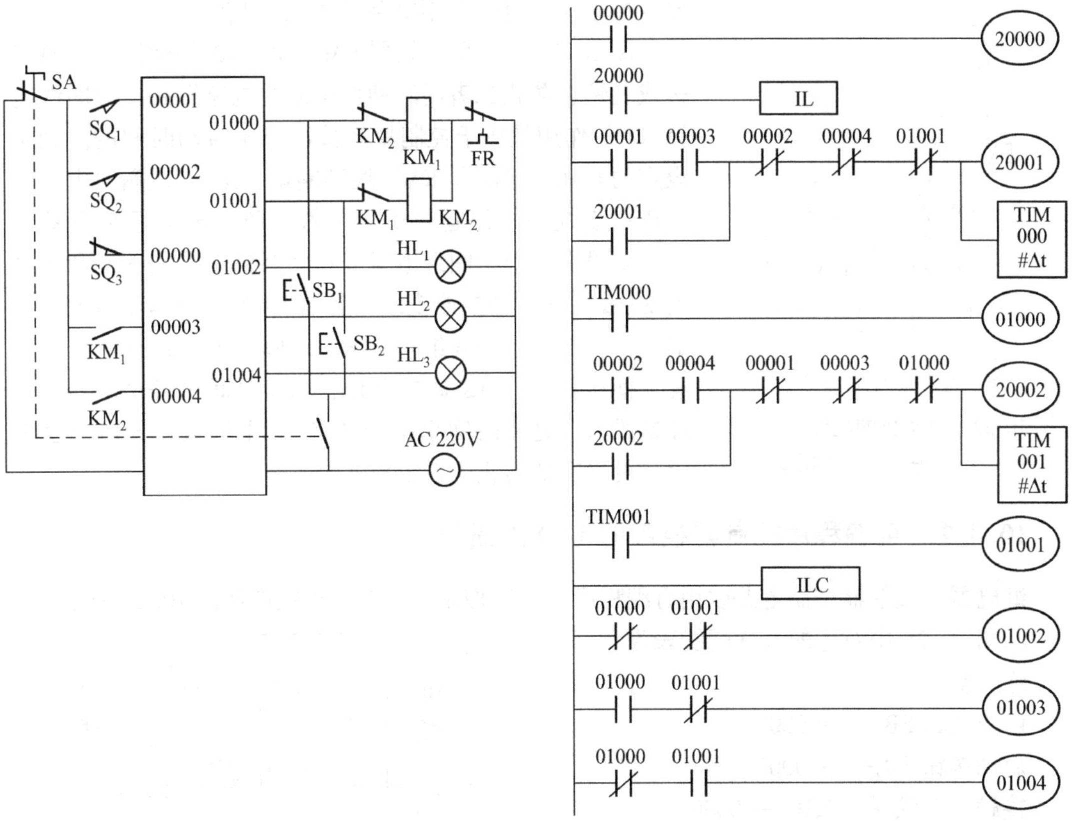

（a）配线图　　　　（b）梯形图

图 10.22　加装指示灯时的可编程控制器控制

$00001^{\pm}$ —— $20001^{+}_{自}$ —— $TIM000^{+}\xrightarrow{\Delta t}$ 01000 ┬ 01002^{-} — HL_1^{-}（电源指示灯灭）

├ 01003^{+} — HL_2^{+}（正转指示灯亮）

└ 01004^{-} — HL_3^{-}（反转指示灯灭）

反转。按下反转按钮 SB_3：

$00002^{\pm}$ —— $20002^{+}_{自}$ —— $TIM001^{+}\xrightarrow{\Delta t}$ 01001^{+} ┬ 01002^{-} — HL_1^{-}（电源指示灯灭）

├ 01003^{-} — HL_2^{+}（正转指示灯亮）

└ 01004^{+} — HL_3^{-}（反转指示灯灭）

10.4　三相异步电动机的星形 - 三角形降压启动控制

10.4.1　继电器 - 接触器控制电路

星形 - 三角形降压启动是针对容量较大的电动机降压启动的常用方法之一，其继电器－接触器系统的控制电路如图 10.23 所示。

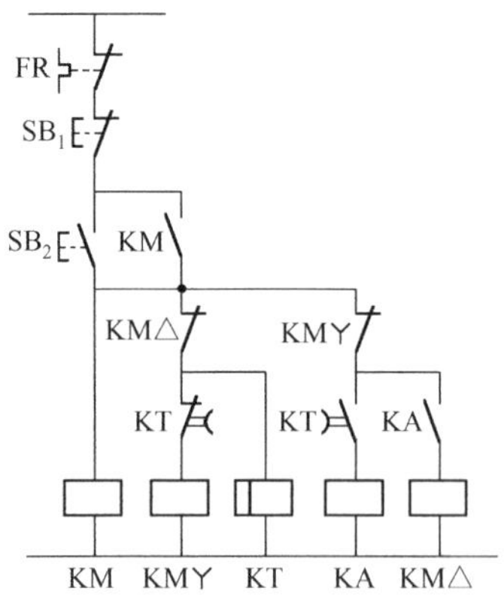

图 10.23　电动机的星形－三角形降压启动控制电路

图 10.23 中，用接触器 KMY 和 KMΔ 的辅助动断触点构成互锁，防止二者同时动作引起主电路短路。时间继电器 KT 的作用是用于控制星形接法降压启动时间的。到达设定的时间，接触器 KMY 线圈断电，KMΔ 线圈通电。为了进一步提高电路运行的可靠性，防止电弧短路现象发生，增设了一个中间继电器 KA，它将接触器 KMY 和接触器 KMΔ 之间的切换改变成接触器 KMY 和继电器 KA 之间的切换，然后经中间继电器 KA 线圈得电、触点闭合的过程，使接触器 KMΔ 通电动作，这个过程约需 20～30ms，在这段人为延时时间里接触器 KMY 主触点上的电弧已熄灭，可以有效防止电弧短路。

10.4.2　可编程序控制器控制的 I/O 配线图

继电器－接触器控制电路改用可编程序控制器控制，其 I/O 配线图如图 10.24 所示。

与图 10.24 中对应的 I/O 配线表为：

输入端：

停止按钮 SB_1——00000

启动按钮 SB_2——00001

接触器互锁触点 KM——00002

接触器互锁触点 KMΔ——00003

输出端：

接触器线圈 KM——01000

接触器线圈 KMY——01001

接触器线圈 KMΔ——01002

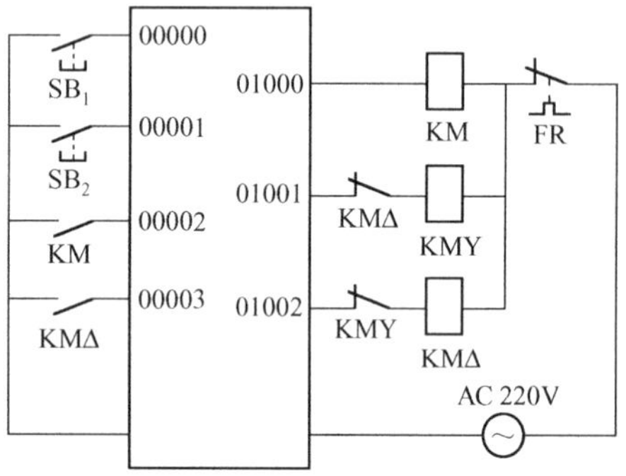

图 10.24　星形－三角形降压启动 I/O 配线图

在 I/O 配线图中，电路主接触器 KM 和三角形全压运行接触器 KMΔ 的动合触点作为负载信号接于可编程序控制器的输入端。输出端外部保留星形和三角形接触器线圈的硬互锁环节，程序中另设软互锁。

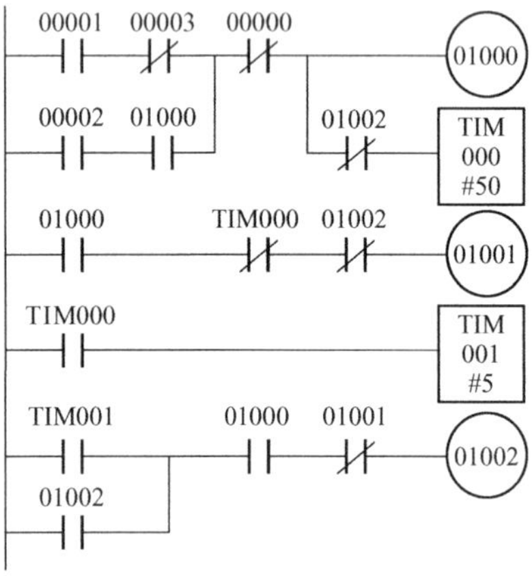

图 10.25　星形－三角形降压启动梯形图

10.4.3　可编程序控制器控制的梯形图

与图 10.24 所示的 I/O 配线图对应的梯形图如图 10.25 所示。

在图 10.25 所示的梯形图中，与输入信号 KMΔ 触点对应的动断触点输入继电器 00003，串接于与启动按钮 SB_2 对应的输入继电器 00001 动合触点之后，构成启动条件，也称启动自锁。当接触器 KMΔ 发生故障，例如主触点烧死或衔铁卡死打不开时，输入端 KMΔ 触点就处于闭合状态，相应的输入继电器 00003 触点则为断开状态。这时即使按下启动按钮

SB_2（00001 闭合），输出继电器 01000 也不会有输出，作为负载的 KM 就无法通电动作，从而有效防止了电动机出现三角形直接全压启动。

在正常工作情况下，通过星形－三角形启动程序在电动机启动结束后，转入正常运转时，梯形图中 00002 和 01000 触点构成自锁环节，保证输出继电器 01000 有输出，此时输入端 KMΔ 触点为闭合状态，动断触点 00003 处于断开状态。

图 10.25 所示的梯形图工作过程为：

启动。按下启动按钮 SB_2：

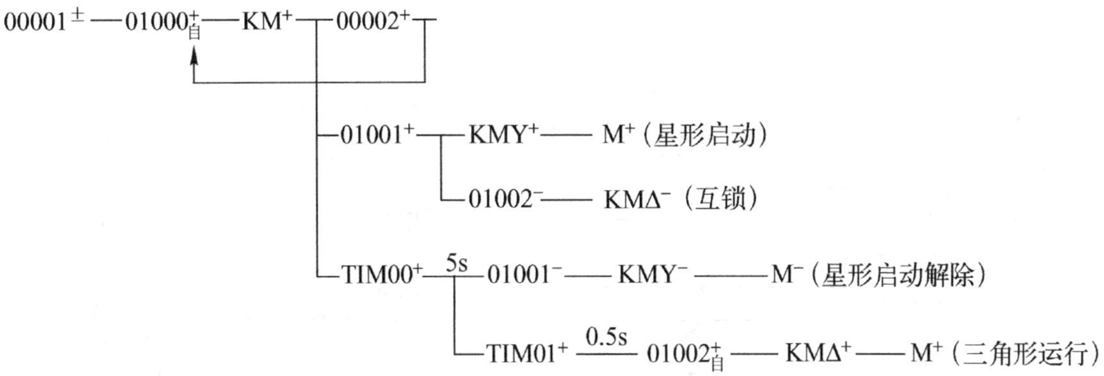

停止。按下停止按钮 SB_1：

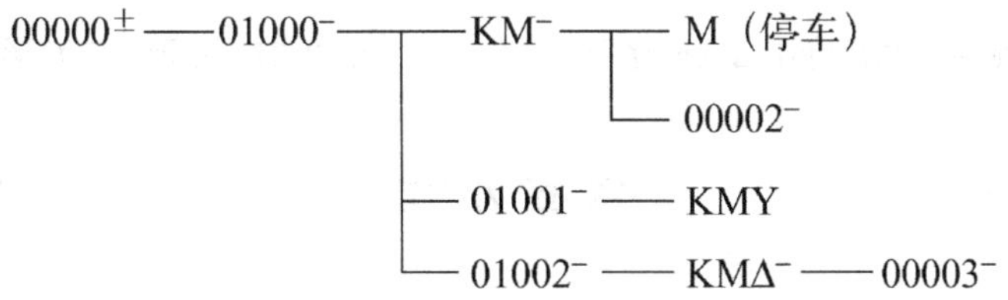

在上述程序执行过程中，定时器 TIM000 延时 5s，为星形启动所需的时间；定时器 TIM001 延时 0.5s，用以消除电弧短路。在梯形图中还设置了 01001 和 01002 之间的软互锁，电动机在全压正常运行时，TIM0000、TIM001 和 01001 都停止工作，只有 01000 和 01002 有输出，保证外电路只有 KM 和 KMΔ 通电工作。

图 10.26 为图 10.25 梯形图的时序图，图 10.26 中箭头表示各触点动作顺序，启动从 00001（SB_2）上升沿开始，停止从 00000（SB_1）下降沿开始。

在图 10.25 所示梯形图和图 10.24 所示 I/O 配线图中，设置了电动机过载保护电路，当热继电器触点因过载而动作时，除电动机自动停止外，可编程序控制器也会自动停机。因为电路中主接触器 KM 状态信号对应的输入继电器 0002 触点，与输出继电器 01000 自锁触点串联，构成自锁条件。当电动机过载时，其动断触点 FR 断开，主接触器 KM 断电复位，并将它作为可编程序控制器输入信号的 KM 触点也会断开，对应的触点 0002 断开，01000 断电，使可编程序控制器停止输出。对于可编程序控制器来说，其梯形图编程方式是多样的，即使在图 10.24 所示 I/O 配线图不变的情况下，也可将可编程序控制器梯形图设计成图 10.27 所示。

图 10.27 所示梯形图特点为：使用了三个定时器。由星形接法转换为三角形接法时，主接触器 KM 为断电状态，即电动机是脱离电源的，转换过程时间取决于计数器 TIM00 的

设定时间。由星形转换为三角形之后，还要经过 TIM02 设定的延时时间，才能使 TIM00 再接通输出，投入 KM，电动机被加全压运行。这种控制方式在电动机从星形启动到三角形运行的过程中，电动机是完全脱离电源的，所以它更加安全可靠。

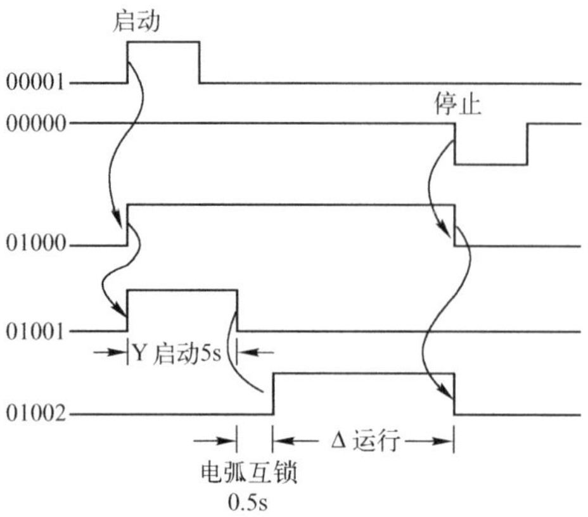

图 10.26　星形 - 三角形降压启动时序图

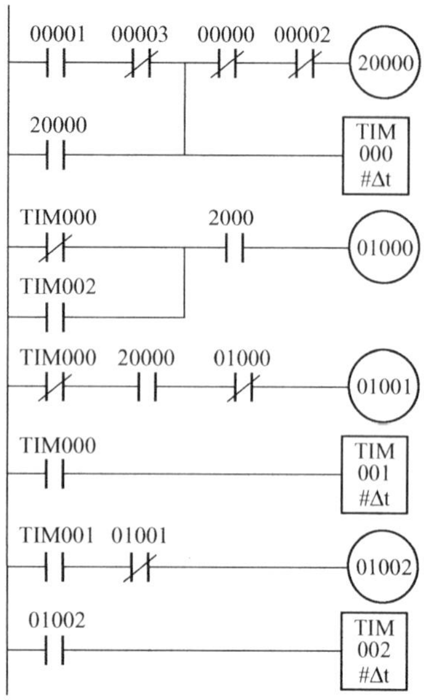

图 10.27　星形 - 三角形降压启动梯形图

本 章 小 结

梯形图编程的格式限定了梯形图的基本构成，它是由多个梯级组成的，每个梯级由一个或多个支路组成，并且对应一个输出单元。

梯形图编程规则对继电器触点的使用、线圈的连接位置、线圈的使用次数、触点的安置位置都进行了详实地描述，必须遵守这些规则，否则所编程序在可编程序控制器中不能执行。编程按“上重下轻，左重右轻”的原则是为了减少指令条数，减少占用内部存储器的空间。

三相异步电动机单相启动、点动控制，三相异步电动机正、反转控制、三相异步电动机星形 - 三角形降压启动控制三节内容中，可编程序控制器对电动机控制是从继电器 - 接触器系统转换成梯形图，这对于可编程序控制器初学者十分重要，它便于对梯形图的深入理解。

习　题　10

10.1　设计满足“电动机 M_1 启动后 3s，M_2 自动启动”的梯形图和 I/O 配线图。

10.2　设计满足“电动机 M_1 和 M_2 互锁控制" 的梯形图和 I/O 配线图。

10.3　设计满足三相交流异步电动机星形 - 三角形降压启动控制的梯形图和 I/O 配线图。

10.4　什么是“软互锁”和“硬互锁”？它们的特点是什么？

10.5　热保护在可编程序控制器中有几种设置方法？各有什么特点？

10.6　有三个执行机构轮流工作。机构 1 工作 5s 后停止，机构 2 开始工作。机构 2 工作 4s 后停止，机构 3 开始工作。机构 3 工作 3s 后停止，机构 1 开始工作，循环进行。试编程实现它。

10.7　有 6 只灯泡轮流亮，每次只有一只灯泡亮，亮 1s。试分别用定时器和移位寄存器指令实现它。

10.8　某自动化生产车间中有一自动输送小车，用于在集散货台和各工作岗位间输送物品，如图 10.28 所示。每个工作岗位有一要车按钮，按下要车按钮，小车自动运行到该岗位，停 1 分钟后，运行到集散货台，停 1 分钟。小车的当前位置和目的位置用数码管显示。试实现此任务。

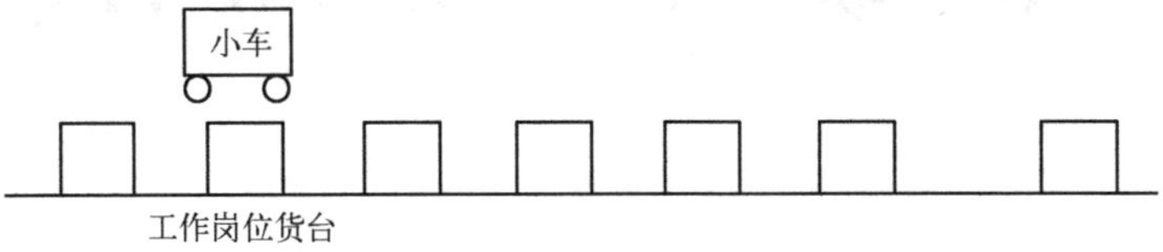

图 10.28　自动输送小车示意图

第 11 章　编程软件 OMRON CX-Programmer

内容提要

CX-Programmer 软件的安装；CX-Simulator 软件安装；CX-Programmer 的编程使用；CX-Simulator 仿真软件的使用。

11.1　OMRON CX-Programmer 软件的安装

11.1.1　CX-Programmer

CX-Programmer 是一个用来对 OMRON PLC 进行编程和对 OMRON PLC 设备配置进行维护的工具，它将取代 OMRON 应用软件 SYSWIN 和 SYSMAC-CPT。

以下列出了 CX-Programmer 中所实现的重要特性：

- 支持新的 CS1 系列 OMRON PLC。
- 支持 C 系列和 CV 系列 OMRON PLC。
- 通过 OMRON CX-Server 应用支持全面通信。
- 在单个工程中支持多个应用程序。
- 在单个工程中支持多个 PLC。
- 符号数据类型。此特性允许声明 PLC 内部地址的格式，程序就能够对错误的地址使用进行检查（数据类型示例：带符号的和不带符号的：BCD 码，整型，字，位，双字长整数或者双字长 BCD）。
- 多处梯形图在线编辑。
- 工作符号的随意自动寻址。
- 以工程层次的形式分层显示一个工程的内容（例如，符号、I/O 表、PLC 设置、记忆卡、错误日志、PLC 内存），这些内容能够被直接访问。

11.1.2　CX-Programmer 标准软件包的安装

开始安装之前，启动 PC 的操作系统。如果在 PC 上安装了比 CX-Programmer 低的版本，最好在安装 CX-Programmer 新版本之前卸载旧版本。

把载有 CX-Programmer 的光盘放进 PC 光驱里，为了加快安装速度，可以先把光盘的 CX-Programmer 软件临时复制到硬盘中，再安装。

在文件夹 Disk1 里找到“setup. exe”，双击该文件图标，如图 11.1 所示，自动弹出“选择设置语言”对话框，如图 11.2 所示。

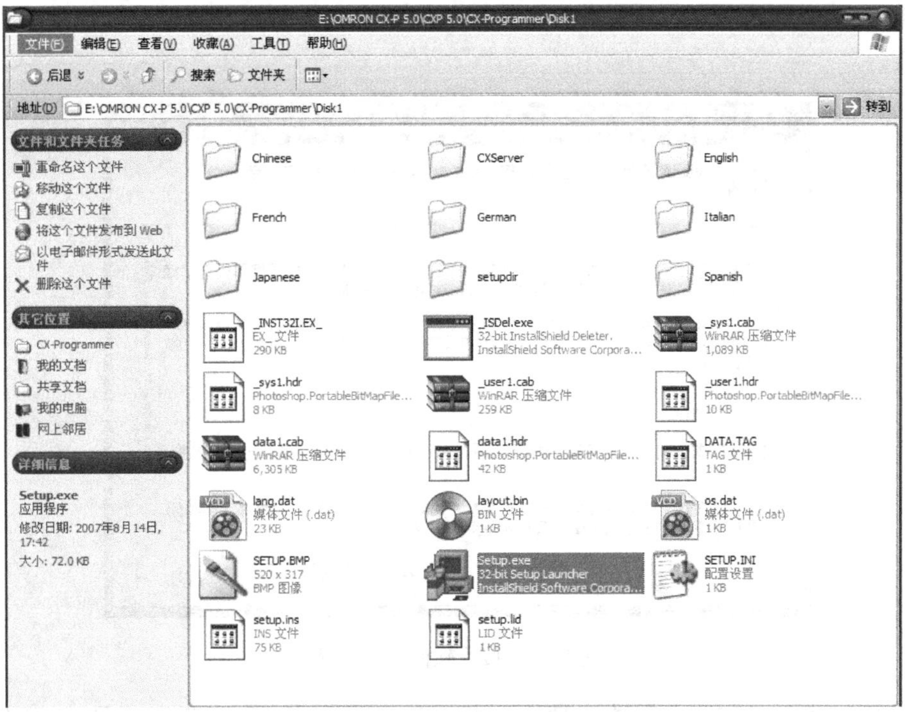

图 11.1　安装 CX-Programmer 应用程序

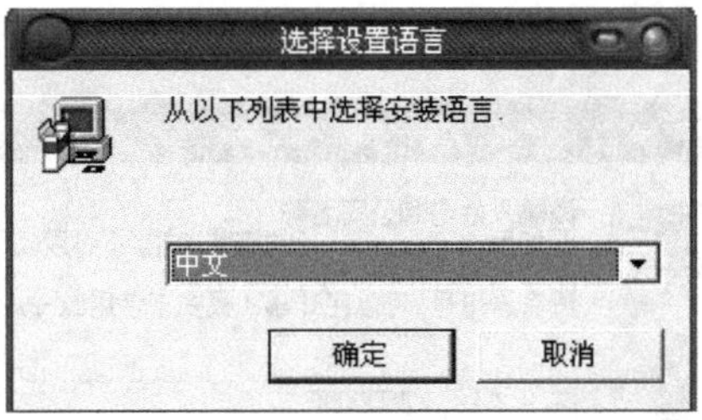

图 11.2　“选择设置语言”对话框

“选择设置语言”对话框里，可以选择合适的安装界面语言（本例选择中文），然后单击“确定”，将自动弹出安装向导，如图 11.3 所示，单击“下一步”。

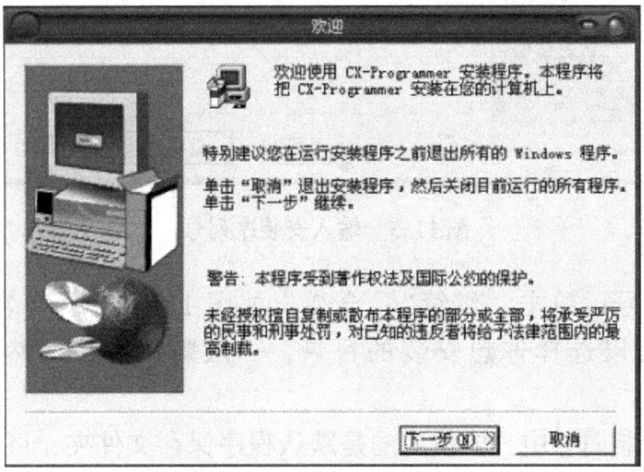

图 11.3　安装向导

在图 11.4 所示的安装向导中，浏览关于软件安装和使用的一些信息，然后单击“是”继续安装。

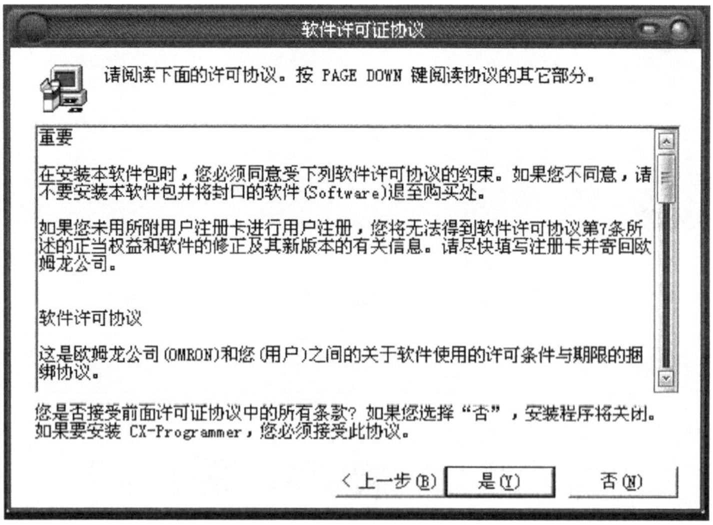

图 11.4　接受软件许可协议

在图 11.5 所示的安装向导中，填入“姓名”、“公司”和正版序列号，填完后单击“继续”，进行下一步安装。

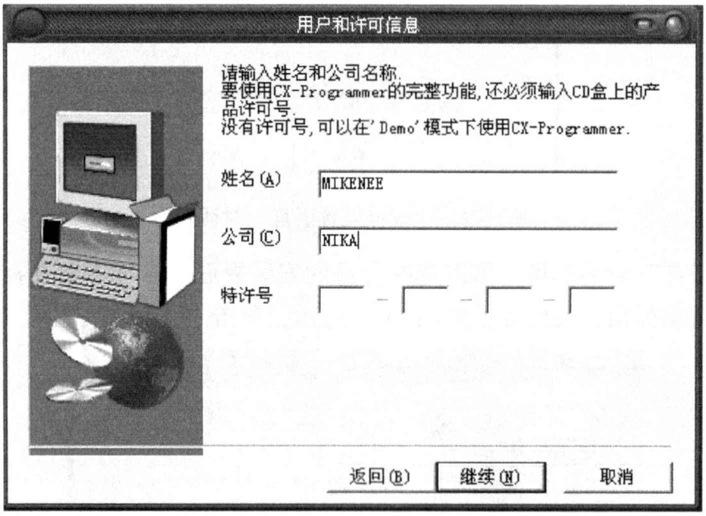

图 11.5　输入安装序列号

在正确填好序列号后单击“继续”，会弹出如图 11.6 所示安装向导，此向导为选择软件安装目录，可以选择你想安装的目录，一般默认即可，然后单击“下一步”，继续安装。

在图 11.7 所示安装向导中，要填入的是默认程序保存文件夹，可随自己爱好修改，一般默认向导目录地址，填好后单击“下一步”，继续安装。

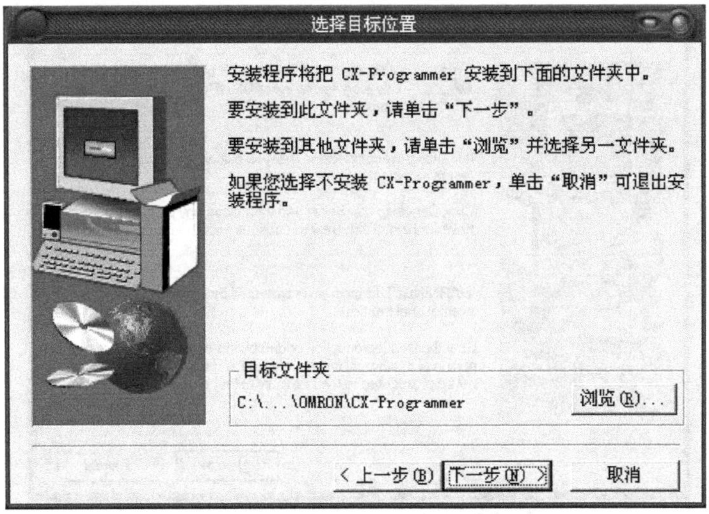

图 11.6　选择目标位置

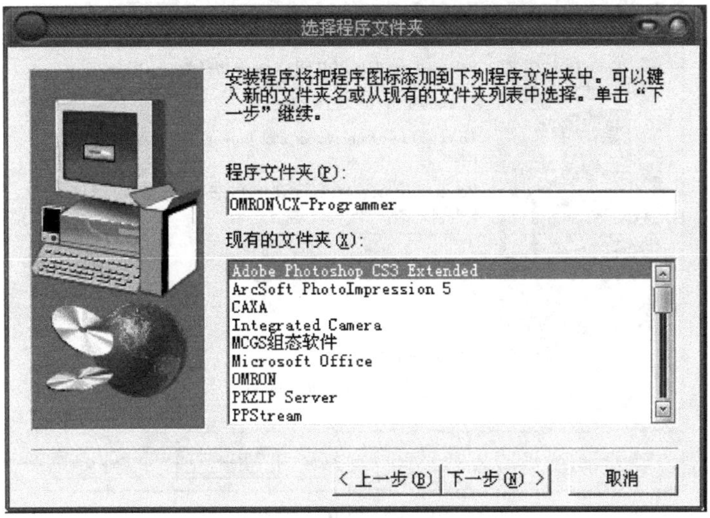

图 11.7　选择程序文件夹

上一步安装完成后，会弹出图 11.8 所示安装向导，是否现在安装 OMRON FB 库，选择“是”，继续安装。

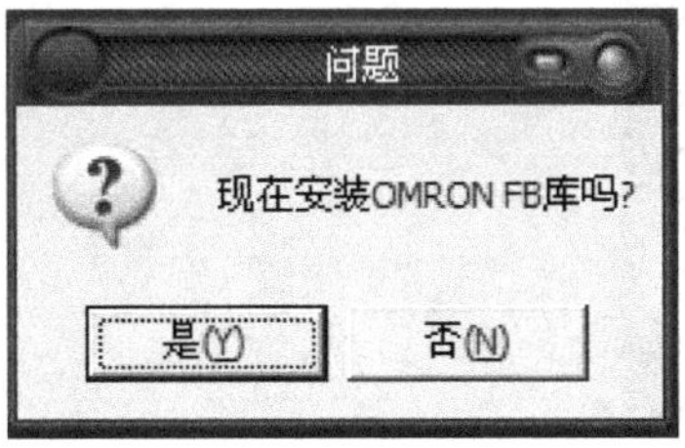

图 11.8　选择安装 FB 库

图 11.9 所示向导是 OMRON FB 库安装的向导，单击“Next”，继续安装。

如图 11.10 所示，选择安装目录，一般默认即可，然后单击“Next”。

图 11.11 所示向导表示 OMRON FB 库已经安装完成，单击“Finish”，继续安装。

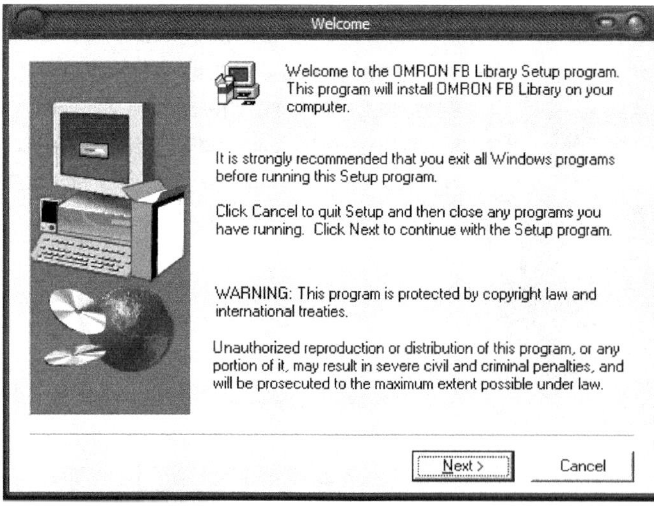

图 11.9　安装欢迎界面

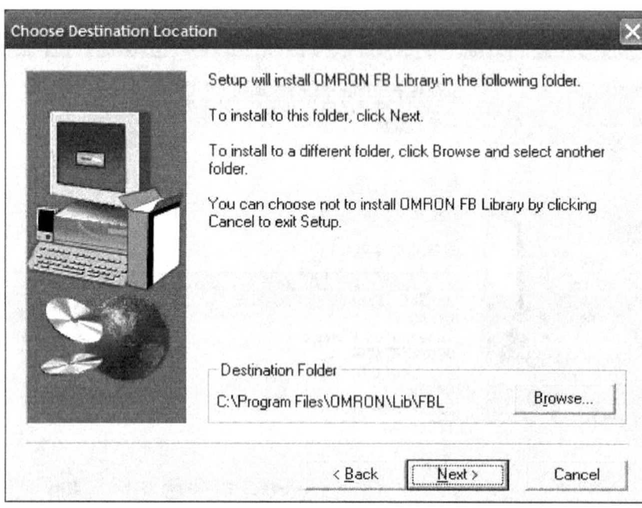

图 11.10　确认 FB 库安装目录

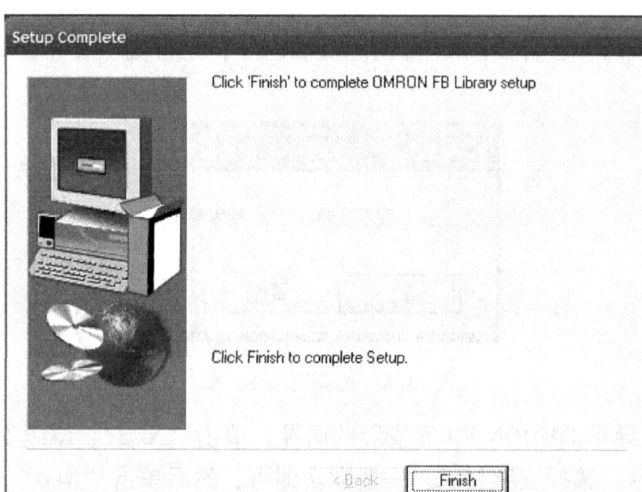

图 11.11　完成安装 FB 库

在图 11.12 所示向导中，是否安装 OMRON CX-Server，一般单击“是”，继续安装。

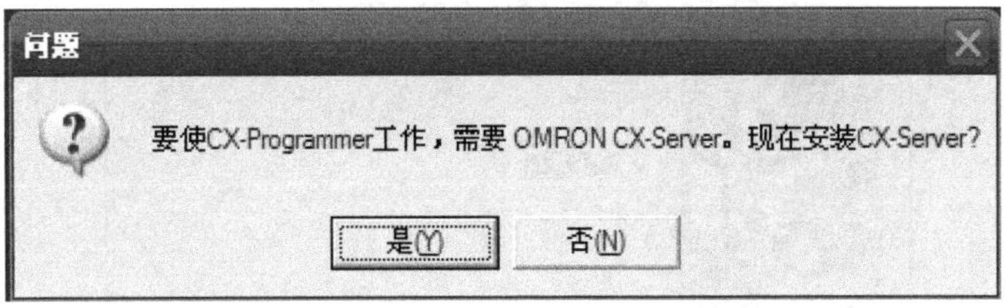

图 11.12　选择安装 OMRON CX-Server

如图 11.13 所示的是 OMRON CX-Server 的安装向导，单击“下一步”，继续安装。

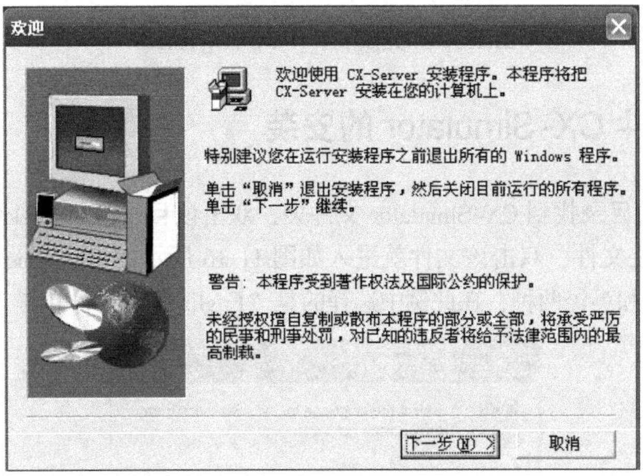

图 11.13　安装向导

如图 11.14 所示的是选择安装 OMRON CX- Serve 目录，一般默认即可，单击“下一步”，继续安装。

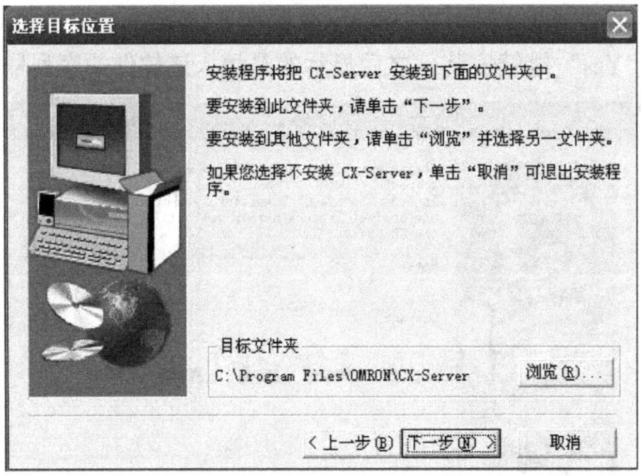

图 11.14　选择安装 OMRON CX-Serve 目录

图 11.15 所示向导表示，CX- Programmer 软件已经安装完毕，单击“完成”，完成安装。

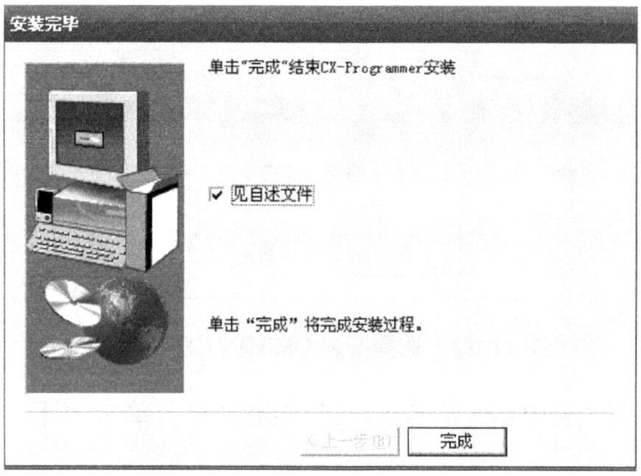

图 11.15　完成安装，CX-Programmer

11.2　仿真软件 CX-Simulator 的安装

打开光盘复制的目录找到 CX-Simulator 文件夹，双击该目录找到 Disk1 文件夹，双击该目录找到 Setup. exe 安装文件，双击该文件就进入如图 11.16 所示的 CX-Simulator 安装语言向导。选择安装语言有日语和英语两种，在此例中选择的是“English”，然后单击“OK”，继续安装。

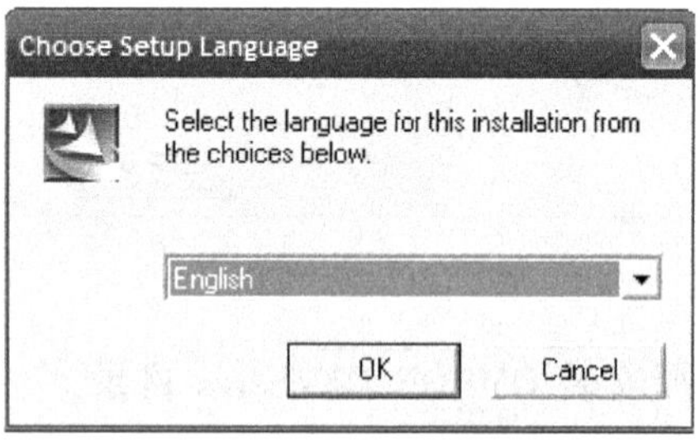

图 11.16　CX-Simulator 安装语言向导

选择好安装语言后，出现的是 CX-Simulator 的安装向导，单击“Next”，之后显示软件的声明，然后单击“Yes”继续安装，之后显示的是填入该软件的序列号，如图 11.17 所示，

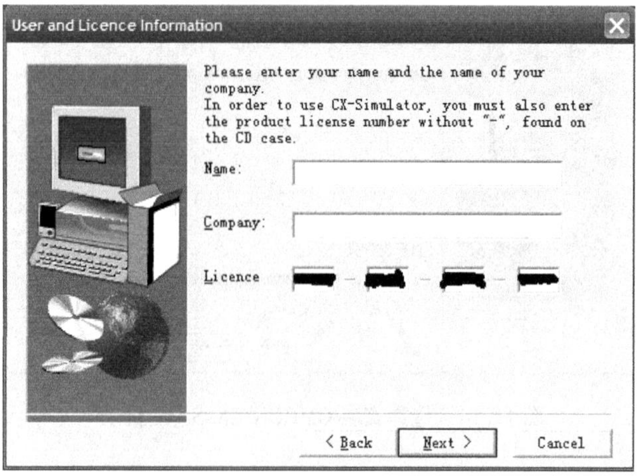

图 11.17　输入 CX-Simulator 序列号

填好正版序列号后，单击“Next”，显示确认所填信息，确认无误后单击“Yes”如果有错误单击“No”，返回上一步重新填写，直到无误后继续安装。

安装好上一步后，会出现如图 11.18 所示的向导，单击“Next”，继续安装，然后单击“Next”，文件复制完成后，在弹出的对话框中单击“Finish”，表示 CX-Simulator 软件已经安装好了。

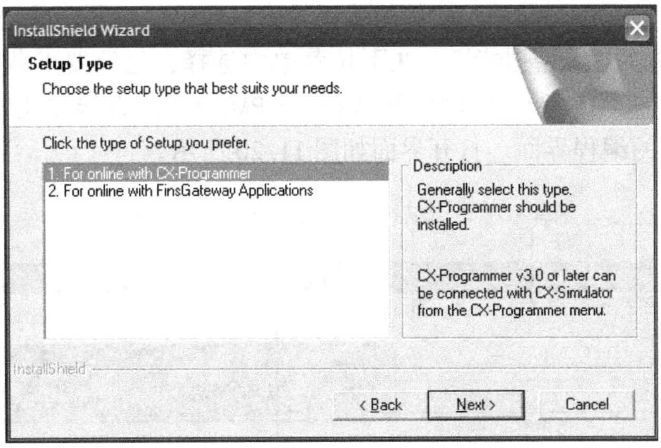

图 11.18　完成 CX-Simulator 软件安装

11.3　OMRON CX-Programmer 软件的使用

11.3.1　CX-Programmer 编程软件概述

CX-Programmer 是 OMRON 公司新的编程软件，适用于 C、CV、CS1 系列 PLC，它可完成用户程序的建立、编辑、检查、调试以及监控，同时还具有完善的维护等功能，使得程序的开发及系统的维护更为简单、快捷。

单击开始菜单→所有程序→OMRON→CX-Programmer →CX-Programmer，打开软件，如图 11.19 所示界面。

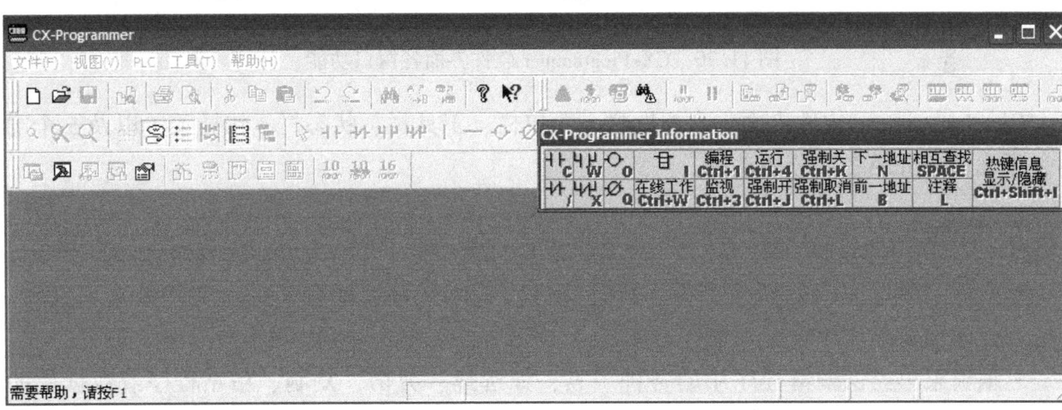

图 11.19　CX-Programmer 运行界面

在菜单栏中找到“文件”，单击“新建”或者直接在工具栏中单击“新建”图标 □，弹出更改 PLC 对话框，在“设备名称”填入栏中随便填入自己想填的名称或者默认不改，在“设备类型”下拉菜单中选择“CS1G/CJ1G”型号，这表示的是仿真时选择的 PLC 型号，同时还要修改“设备类型”所对应的“设定”按钮，在“CPU 型号”下拉菜单中选择“CPU45”，然后单击“确定”，返回更改 PLC 对话框，在“网络类型”下拉菜单中选择“Controuer link”，然后单击“网络类型”所对应的“设定按钮”，打开网络设定对话框，在 FINS 目的地址中将“节”对应的数值改成 10，然后单击“确定”，返回更改 PLC 对话框，单击“确定”，打开 CX-Programmer 软件的编程界面。如果想将所写的程序下到 PLC 中，则相似更改 PLC 对话框的“设备类型”，在下拉菜单中选择自己所要下载的 PLC 型号，例如 OMRON SYSMAC CPM2AH 型号的 PLC 就选择“CPM2 *”，直接单击“确定”即可打开 CX-Programmer 软件的编程界面。打开界面如图 11.20 所示。

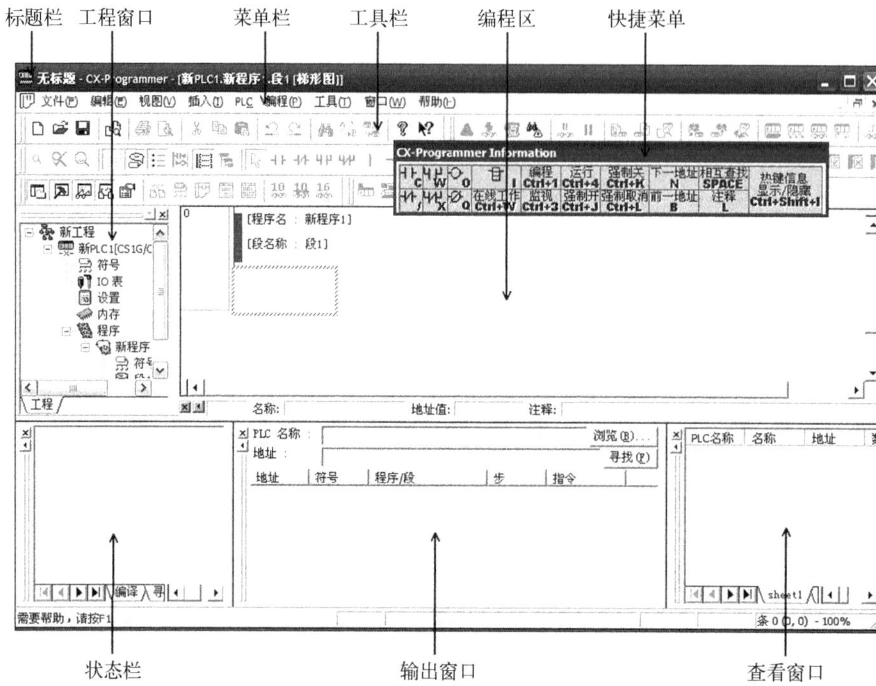

图 11.20　CX-Programmer 软件界面各窗口功能

CX-Programmer 软件界面包含标题栏、菜单栏、工具栏、状态栏、快捷菜单以及 5 个窗口，下面简单介绍各部分的功能。

1. 菜单栏

- 文件菜单可完成如新建文件、打开文件、关闭文件、保存文件、文件的页面设置、打印预览和打印设置等操作。
- 编辑菜单提供编辑程序用的各种工具，如选择、剪切、复制、粘贴程序或数据块的操作，以及查找、替换、插入、删除和跳转等功能。
- 视图菜单可以设置编程软件的开发环境，如选择梯形图或助记符编程窗口，打开或关闭其他窗口（如工程窗口、查看窗口、输出窗口等），显示全局符号表或本地符号表等。

- 插入菜单可以在梯形图和助记符程序中插入行、列、指令等功能。
- PLC 菜单用于实现 PC 与 PLC 的联机时的一些操作，如设置 PLC 在线或离线工作方式以及编程、调试、监视和运行 4 种工作模式；程序的在线编辑；上载与下载；查看 PLC 的信息等。
- 程序菜单实现梯形图与助记符程序的编辑。
- 工具菜单用于设置 PLC 的型号和网络工具、创建快捷菜单以及改变梯形图的显示内容。
- 窗口菜单用于设置窗口的排放方式。
- 帮助菜单可以方便地搜索各种帮助信息，而且在软件操作过程中，可随时按 F1 键来显示在线帮助。

2. 工具栏

工具栏是将 CX-Programmer 软件中最常用的操作以按钮的形式显示，提供更快捷的鼠标操作。可以用“视图”菜单中的“工具栏”选项来显示或隐藏各种按钮。

3. 快捷菜单

提供各个常用按钮的键盘快捷键地址，以方便地使用快捷键来编程，节约编程时间。

4. 工程窗口

在工程窗口中，以分层树状结构显示与工程相关的 PLC 和程序的细节。一个工程可以包含多个 PLC，每个 PLC 包含全局符号表、设置、内存、程序等内容，而每个程序又包含本地符号表和程序段。工程窗口可以实现快速编辑符号、设定 PLC 以及切换各个程序段的显示。

5. 图表工作窗口

用于编辑梯形图程序或语句表程序，并可显示全局变量或本地变量等。

6. 查看窗口

在查看窗口中，可以同时显示多个 PLC 中的某个地址编号的继电器的内容，以及它们的在线工作情况。

7. 地址引用工具窗口

地址引用工具窗口用于显示具有相同地址编号的继电器在 PLC 程序中的位置和使用情况。

8. 状态栏

在编程时，状态栏将提供一些有用的信息，如及时帮助、PLC 在线或离线状态、PLC 工作模式、连接 PLC 和 CPU 类型、PLC 连接时的循环时间及错误信息等 。

9. 输出窗口

输出窗口可显示程序编译结果以及程序传送结果等信息。

10. 编程区

编程区是编写程序的主体，可以通过工具栏编写程序，也可以使用快捷键来编写程序。

11.3.2 快速使用 CX-Programmer 软件

下面通过一个例题来表现编程、编译、下载等过程。

例 11.1 设计一个抢答器，要求：场上有一位主持人和三位队员，当主持人按下抢答开关 000 时，开始抢答显示灯 1000 点亮，哪组先抢到就显示哪组灯亮，其他组按下按钮对应的灯不亮，只有当主持人关闭抢答开关后抢到的那组灯才灭；甲组队员抢答按钮 001，显示按钮 1001；乙组队员抢答按钮 002，显示按钮 1002；丙组队员抢答按钮 003，显示按钮 1003。

解：第一步 新建工程。选择 PLC 类型（本例为 OMRON SYSMAC CPM2AH 型号）选择“CPM2 *”。

第二步 仔细审题。利用工具栏指令按钮编写程序（梯形图），程序如图 11.21 所示。

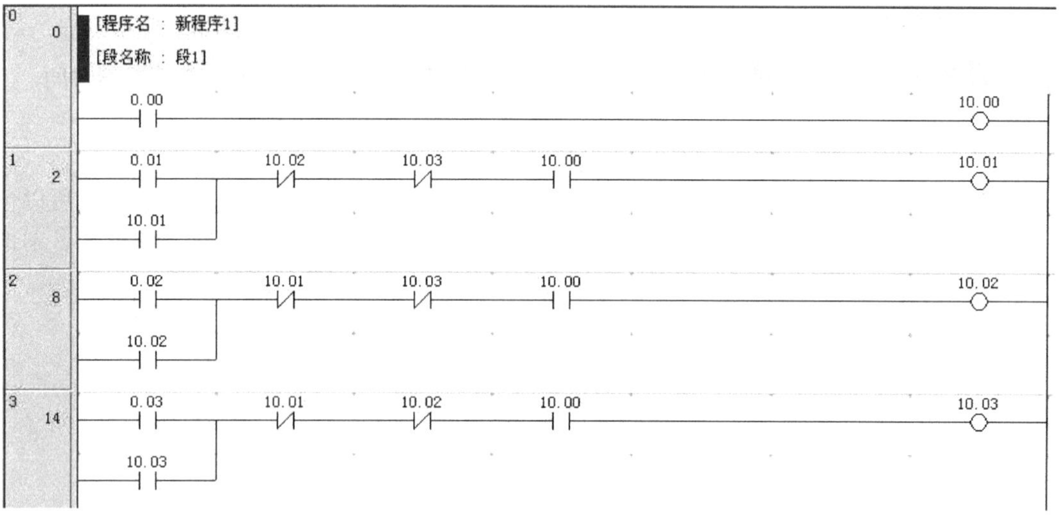

图 11.21 梯形图程序

第三步 编译程序。在菜单栏编程菜单中单击“编译”或者在工具栏中单击“编译”按钮或者使用快捷键 Ctrl + F7 进行编译，直到状态栏中显示“0 错误，0 警告”提示。

第四步 下载到 PLC。首先在菜单栏 PLC 菜单中单击“在线工作”或者在工具栏中单击在线工作按钮或者使用快捷键 Ctrl + W，连接上后在 PLC 菜单中单击“传送”中的“到 PLC…”或者使用快捷键 Ctrl + T 进行下载，选择打开监视模式。

第五步 调试程序。使程序完全符合题目的要求。

11.3.3 使用 CX-Simulator 仿真软件调试程序

CX-Simulator 仿真软件是 OMRON 公司为其 PLC 开发的一款仿真软件，其使用非常简单且实用，特别在程序调试时非常实用，安装时必须先装好 CX-Programmer 软件之后才能集成到 CX-Programmer 软件之中，在使用时不用单独打开，只要在编程软件单击仿真按钮即可打开。

使用 CX-Simulator 仿真软件对上例抢答器进行仿真，在第一步中选择在“设备类型”下拉菜单中选择“CS1G/CJ1G”型号，这表示的是仿真时选择的 PLC 型号，同时还要修改“设备类型”所对应的“设定按钮”，单击打开在“CPU 型号”下拉菜单中选择“CPU45”，然后单击“确定”，返回更改 PLC 对话框，在“网络类型”下拉菜单中选择“Controuer link”，然后单击“网络类型”所对应的“设定按钮”，打开网络设定对话框，在 FINS 目的地址中将“节”对应的数值改成 10。第二、三步不变，第四步在工具栏中单击工作在线仿真按钮，会出现模拟下载界面，单击下载完成后出现如图 11.22 所示，单击开始按钮，即可在线仿真。

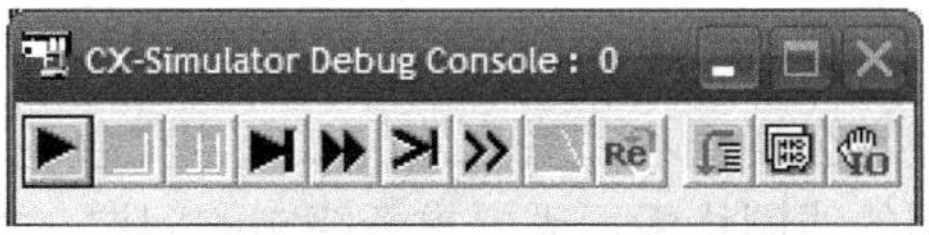

图 11.22　仿真运行窗口

双击梯形图中的常开或常闭触电输入 1 或者 0，即可模拟在线状态对程序进行调试，调试结束后，双击工程窗口中的新PLC1[CS1G] 停止/程序模式即可更改 PLC 型号。通过这种方法可以很方便地在程序下载之前进行调试，等调试结束后更改 PLC 型号下载到 PLC 之中，不仅为编程提供了很大的方便，也大大提高了编程的效率。

本 章 小 结

本章主要介绍 PLC 编程软件 CX-Programmer 和仿真软件安装，编程 CX-Programmer 的使用，使同学对编程有大致的了解。CX-Programmer 是一个用来对 OMRON PLC 进行编程和对 OMRON PLC 设备配置进行维护的工具。通过对软件的编程控制 PLC 来实现软件对硬件的控制。通过使用 CX-Simulator 仿真软件大大提高了编程的效率。

习　题　11

11.1　安装 PLC 编程软件 CX-Programmer 和 CX-Simulator 仿真软件。

11.2　使用 CX-Programmer 软件将本章例题 11.1 进行编写，编译，下载，调试。

11.3　使用 CX-Simulator 仿真软件将本章例题 11.1 进行仿真。

第 12 章　项目实训与综合实训

12.1　小型单相变压器的制作与测试

【任务描述】

在电气设备维护中，经常会碰到小型变压器的线圈、交直流接触器的线圈、各种继电器的线圈、电磁铁及电磁阀的线圈烧毁而需要重新绕制的问题。本任务是根据所给的材料，按小型变压器绕制工艺绕制绕组，绕制结束后，先插片，紧固铁芯，焊接引出线，检验后再进行浸漆，烘干。最后进行空载试验，测量空载电压及空载电流。

1. 任务要求

按照变压器绕制的工艺绕制变压器的线圈和装配变压器。

（1）变压器额定参数。一次侧额定电压为 220V，额定电流为 0.6A；二次侧额定电压为 17V，额定电流为 6A；二次侧额定电压 30V ×2（中心抽头），额定电流为 0.2A。

（2）测量二次侧空载电压允许误差在 ±5%，中心抽头电压允许误差在 ±2%。

（3）测量变压器的空载电流，使其在额定电流的 5% ~8%。

（4）测量绕组间及对地绝缘电阻，其值应 >1MΩ。

2. 所需设备、材料、工具

（1）E 形硅钢片，其尺寸为 $a=38$mm、$c=19$mm、$h=57$mm、$H=95$mm、$L=116$mm，见图 12.1 所示，叠成厚度 48mm。

（2）一次侧绕组最大外径为 0.67mm，Q 型漆包线绕 534 匝。二次侧 17V，6A 的绕组用最大外径 1.64mm，Q 型漆包线绕 41 匝。二次侧 30V ×2（中心抽头），0.2A 绕组用最大外径为 0.33mm，Q 型漆包线绕 146 匝。

（3）绕线芯子用厚 1mm 的玻璃纤维制成活络框架结构。对铁芯绝缘用厚 0.07mm 的两层电缆纸、一层厚 0.14mm 的黄蜡布。

（4）17V 层间绝缘用厚 0.12 mm 的两层电缆纸，其他绕组间绝缘用厚 0. 07mm 的一层电缆纸，绕组间绝缘用厚 0.07mm 的两层电缆纸，厚 0.14mm 的一层黄蜡布。

（5）绕线机、木锤、常用电工工具、万用表、兆欧表、自耦调压器。

【任务实施】

工作子任务 1　绕制前的准备工作

（1）选择漆包线及绝缘材料。依据计算结果选用相应规格的漆包线。对于层间绝缘应按2倍层间电压的绝缘强度选用绝缘材料。对铁芯绝缘及绕组间的绝缘，按对地电压2倍的绝缘强度来选用。漆包线和绝缘材料选定以后，应根据已知绕组匝数、线径和绝缘层厚度来核算变压器绕组所占铁芯窗口面积，核算出来的面积应小于铁芯实际窗口面积（$h \times c$），如图12.1所示，否则会因绕好的线圈装不进铁芯而返工。

（2）制作木芯。木芯是用来套在绕线机转轴上，支撑绕组骨架，以便进行绕制，当线圈绕好后，再把它从线框中取出。通常用杨木或杉木按比铁芯中心柱截面积 $a \times b$ 稍大些的尺寸 $a' \times b'$制成，如图12.2所示。木芯的长边 h'应比铁芯窗口高度 h 短一些，木芯的中心孔径为10mm，孔必须钻得平直。木芯的四边必须相互垂直，否则绕线时会发生晃动，绕组不易平齐。木芯的边角用砂纸磨成圆角，以便套进或抽出骨架。

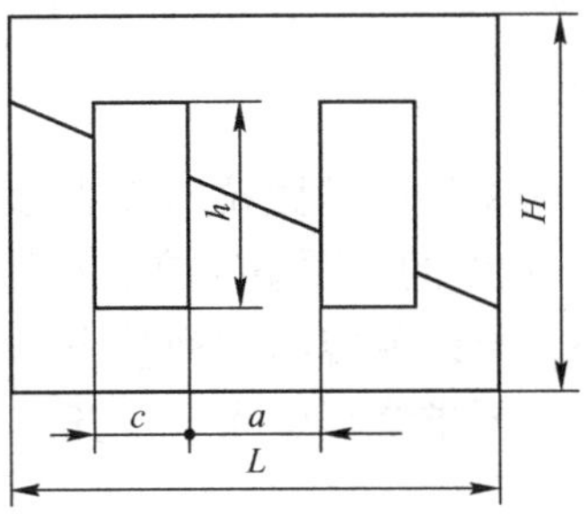

图12.1　小型变压器硅钢片尺寸

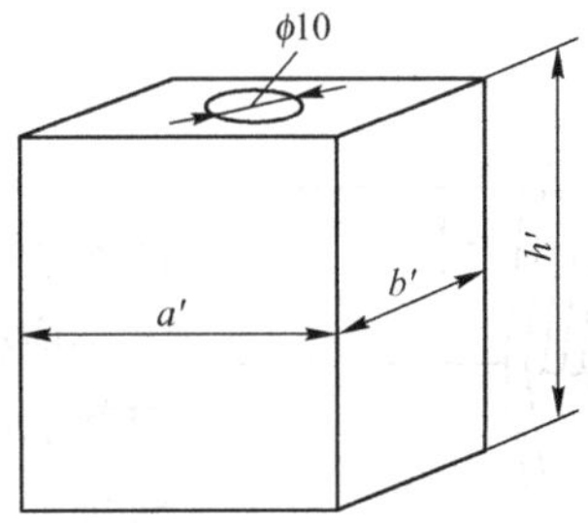

图12.2　木芯

（3）制作绕组框架。目前变压器框架多采用有框框架，其结构如图12.3所示。绕组框架除支撑绕组外，还对铁芯起到绝缘作用。做框架的板材不宜过厚，过厚则会减小铁芯窗口的有效绕线面积。框架由两端的两块框板和四侧的两种形状的夹板拼合成为一个完整的骨架。在制作框板和夹板时，几何形状要求规范，尺寸误差要尽量小，以免拼合时出现骨架松垮或拼合不上的现象。

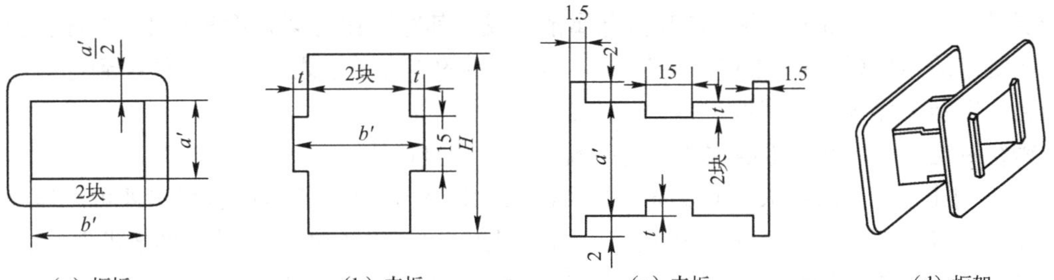

（a）框板　（b）夹板　（c）夹板　（d）框架

图12.3　绕组框架结构

工作子任务2　线圈绕制

（1）裁剪绝缘纸。绝缘纸的宽度应稍长于骨架或绕线芯子的长度，而长度就稍大于骨架或绕线芯子的周长，还应考虑到绕组匝数增加后所需的裕量。

（2）起绕线圈。绕制前，先在套好木芯的骨架上垫好对铁芯的绝缘层，然后将木芯中心孔穿入绕线机轴紧固，如图12.4（a）所示。将绕线机上的计数转盘调零。若采用的是绕线芯子，起绕时在导线引线头压入一条绝缘带的折条，以便抽紧起始线头，如图12.4

(b) 所示。导线起绕点不可过于靠近绕线芯子的边缘，以免在绕线时漆包线滑出，防止在插入硅钢片时碰伤导线的绝缘。若采用有框架，导线要紧靠边框板，不必留出空间。

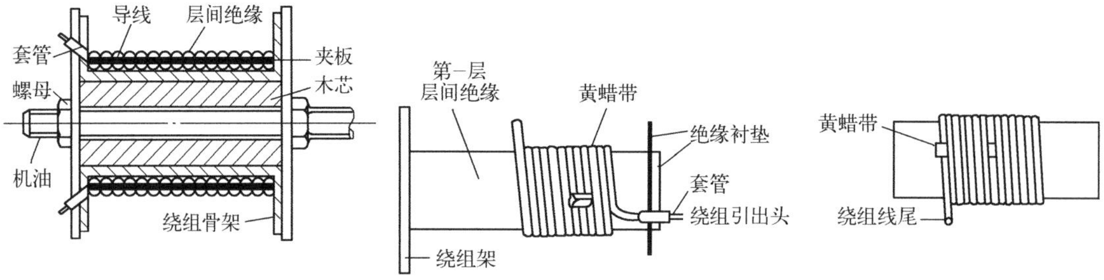

(a) 绕组框架的安装　(b) 绕组线头的固定　(c) 绕组线尾的固定

图 12.4　绕组的绕制

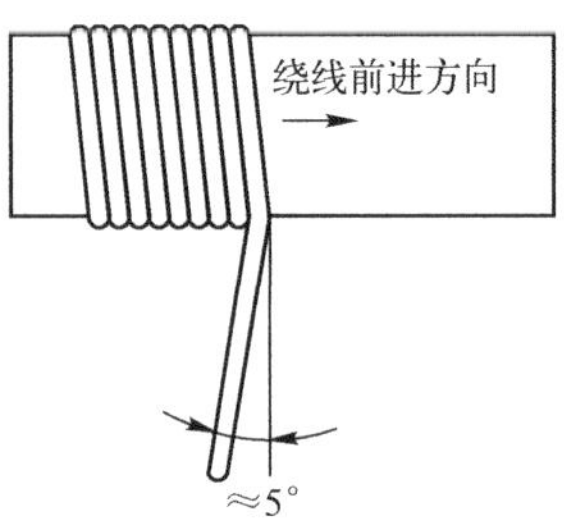

图 12.5　绕线时的持线方法

(3) 绕线方法。绕线时将导线稍微拉向绕线前进的相反方向约 5°，如图 12.5 所示。拉线的手顺绕线前进方向移动，拉力大小应根据导线粗细掌握，导线就容易排列整齐，每绕完一层要垫层间绝缘。注意：导线要求绕得紧密、整齐，不允许有叠线现象。

(4) 线圈的层次。绕线时应先绕一次绕组，再绕静电屏蔽层，然后二次绕组按高压绕组至低压绕组依次叠绕。每绕完一组后，要衬垫绕组间绝缘。当一次绕组数较多时，每绕好一组后用万用表检查是否正确。

(5) 线尾的固定。当一组绕组绕制近结束时，要垫上一条绝缘带的折条，继续绕线到结束，将线尾插入绝缘带的折缝中，抽紧绝缘带，线尾便得以固定，如图 12.4 (c) 所示。

(6) 静电屏蔽层的制作。由于是电源变压器，需在一、二次绕组间放置静电屏蔽层。屏蔽层可用厚约 0.1 mm 的铜箔或其他金属箔制成，其宽度比骨架长度稍短 1 ~ 3mm，长度比一次绕组的周长短 5mm 左右，夹在一、二次绕组的绝缘衬垫之间，但不能碰到导线或自行短路，铜箔上焊接一根多股软线作为引出接地线。如无铜箔，可用 0.12 ~ 0.15mm 的漆包线密绕一层，一端埋在绝缘层内，另一端引出作为接地线。

(7) 引出线。当线径大于 0.2mm 时，绕组的引出线可利用原线绞合引出即可。当线径小于 0.2mm 时，应采用多股软线焊接后引出。引出线的套管应按耐压等级的要求选用。

(8) 外层绝缘。绕组绕制好后，外层绝缘用铆好焊片的青壳纸缠绕 2 ~ 3 层，用胶水粘牢。将各绕组的引出线焊在焊片上。

工作子任务 3　线圈的绝缘处理

绕组绕好后，为防潮和增加绝缘强度，应做绝缘处理。处理方法是：将绕组在烘箱内加温到 70℃ ~ 80℃，预热 3 ~ 5h 取出，立即浸入绝缘清漆中约 0.5h，取出后在通风处滴干，然后在 80℃烘箱内烘 8h 左右即可。

工作子任务 4　变压器铁芯的装配

(1) 插片要求。铁芯插片要求紧密、整齐，不能损伤绕组，否则会使铁芯截面积达不到计算要求，造成磁通密度过大而发热，以及变压器在运行时硅钢片会产生振动噪声。

（2）插片方法。插片应从绕组两边一片一片地交叉对插，插到中部时则要两片对插，当余下最后几片硅钢片时，比较难插，俗称紧片。紧片需用旋具撬开两片硅钢片的夹缝才能插入，同时用木锤轻轻敲入，切不可硬性将硅钢片插入，以免损伤框架或绕组。

工作子任务5　变压器的测试

（1）绝缘电阻值的测定。用500V兆欧表测量各绕组间和各绕组对铁芯的绝缘电阻。400V以下的变压器其绝缘电阻值应大于1MΩ。

（2）各绕组电压值的测量。将被测变压器一次绕组接入可调电源，并调至额定电压值，再测量二次绕组电压值，应符合原变压器电压值，误差应在任务要求范围内。

（3）空载电流的测试。当一次电压加到额定值时，其空载电流约为5%～8%的额定电流值。如空载电流大于额定电流10%时，变压器损耗较大；当空载电流超过额定电流的20%时，它的温升将超过允许值，就不能使用。

【提交材料】

（1）任务实施计划书。

（2）具体使用材料清单。

（3）变压器制作过程及测试记录。

（4）《小型单相变压器的制作与测试》的实训报告。

12.2　三相交流异步电动机的拆装

【任务描述】

通过对三相交流异步电动机拆装与测试了解电机的结构及拆装工艺；了解转速表、兆欧表及钳形电流表的使用方法；掌握电机的简单测试和常见故障的排除。

1. 任务要求

（1）三相异步电动机的拆装及认识结构。

（2）三相异步电动机绕组间绝缘电阻的测试。

（3）三相异步电动机的接线与运转。

（4）三相异步电动机启动电流、工作电流及转速的测试。

2. 所需设备、材料、工具

（1）三相笼型异步电动机1台。

（2）万用表、钳形电流表、兆欧表各1只。

（3）三相负荷开关1只。

（4）木板1块、导线若干。

（5）电工工具1套。

【任务实施】

在修理或维护保养电动机时，须把电动机拆开。拆卸应按正确的方法进行，在拆卸中不能使电动机的各个零部件受到不应有的应力，否则会损坏零部件。拆卸前，应预先在线头、端盖、刷握等处做好标记，以便于修复后的装配，各归原位。经过维护保养后的电动机须重新进行装配，装配步骤与拆卸步骤相反。安装完毕后，用手转动转轴，转子应转动灵活、均匀，无停滞或偏重现象；用兆欧表检查三相绕组对机壳之间、三相绕组之间的绝缘电阻，其阻值不应低于0.5MΩ。根据以上任务要求，每个实训小组制定具体工作计划并根据任务要求记录相关实训数据。

工作子任务6　拆装三相异步电动机

在拆装过程中注意观察各部件的结构，了解各部件的作用，严格按下面的操作步骤进行操作。

1. 拆卸前的准备工作

(1) 用压缩空气吹净电动机表面灰尘，并将电动机表面擦拭干净。
(2) 清理施工现场环境。
(3) 熟悉电动机结构和检修技术要求。
(4) 准备好解体电动机的工具和设备。
(5) 拆除电动机外部接线，做好记录。

2. 电动机拆卸工序

(1) 拆卸连接件。
(2) 拆卸外风扇罩。
(3) 拆卸外风扇。
(4) 拆下后轴承外盖与内盖固定的三颗螺钉，取下后轴承外盖。
(5) 拧下固定后端盖的固定螺钉。
(6) 拧下固定前端盖的固定螺钉。
(7) 将前、后端盖与机座配合的部位做好原始记录标志，然后用扁铲伸入机座与后端盖的配合面缝隙中撬开后端盖，取下后端盖。
(8) 用木板垫在转子后轴端用铁锤向前端方向打击，则可将前端盖连转子一起移出。
(9) 拆卸前轴承外盖与内盖的螺钉后，可检查轴承。

3. 电动机的装配

装配的工序大致与拆卸的顺序相反，需注意下列几点：
(1) 清除浸漆留下的漆瘤，特别是机座和端盖止口上的漆瘤和污垢要用刮刀和铲刀铲除干净，否则会影响电动机的装配质量。
(2) 铁芯通风沟要清理干净。

(3) 检查齿压板、槽楔、绕组绑扎和绝缘垫块是否松动和脱落，槽楔和绑扎的无纬带是否高出铁芯表面。

(4) 检查装配零部件是否齐全，电动机内是否留有异物和工具。

(5) 测量绝缘电阻，其值不应低于规程的规定。

(6) 清理电动机内外表面，用压缩空气吹净电动机铁芯和绕组上的灰尘。

(7) 端盖的固定螺钉要均匀对称拧紧，敲打端盖时要垫上木板。

工作子任务7　测试三相异步电动机绕组间的绝缘电阻

用兆欧表测量电动机各绕组间的绝缘电阻，并将测量结果记录在表12.1中。

表12.1　绕组间的绝缘电阻

各相绕组间的绝缘电阻值（MΩ）			绕组与机壳间的绝缘电阻值（MΩ）		
U－V	V－W	W－U	U－地	V－地	W－地

工作子任务8　测试三相异步电动机的启动电流和工作电流

(1) 将三相异步电动机按要求连接好，接入三相电源，观察电动机的运转情况。若电动机运转不正常或出现异常情况，应立即断开电源，进行检测及故障排除。

(2) 利用钳形电流表测量三相异步电动机的启动电流和工作电流，并将结果记录在表12.2中。

表12.2　三相异步电动机的启动电流和工作电流

	电动机正转时	电动机反转时
启动电流（A）		
工作电流（A）		

工作子任务9　测试三相异步电动机的转速

利用转速表测量三相电动机的转速，并将结果记录在表12.3中。

表12.3　三相电动机的转速

电源线电压（V）	电动机转向	空载转速（r/min）
380	正转	
380	反转	

【提交材料】

(1) 任务实施计划书。

(2) 具体使用材料清单。

(3) 三相电动机拆装记录及测试数据。

(4)“交流电动机拆装”实训报告。

12.3 直流电动机的拆装与控制

【任务描述】

在维护、修理和保养直流电动机时，往往需要拆装直流电动机。修好后，再重新将电动机装配好。如拆装步骤和方法不当，就会使部分零部件受到不应有的应力而损坏，因此掌握正确的拆装步骤和方法是十分必要的。本项目要求按照直流电动机的拆装工艺和操作规程，对Z4－100－1型1.5kW的直流电动机进行拆装，完成直流电动机的刷架的调整及参数测试，启动、调速控制线路的接线与调试。

1. 任务要求

(1) 通过拆装仔细观察直流电动机的基本结构并了解主要部件的作用。
(2) 学会直流电动机的拆装方法及工艺。
(3) 能正确连接直流电动机的控制线路。
(4) 能掌握直流电动机启动、调速的操作方法。
(5) 文明实训，注意安全，不发生违纪和实训事故。

2. 所需设备、材料、工具

(1) Z4－100－1型1.5kW直流电动机。
(2) 拉具、活络扳手、手锤、木槌、扁凿、常用电工工具1套。
(3) 3V直流电源。
(4) 直流毫伏表（万用表）。
(5) 并励直流电动机启动、调速控制设备。

【任务实施】

工作子任务10 直流电动机的拆装

在进行拆卸前要对直流电动机进行全面检查，熟悉有关情况，做好有关记录，做好拆装的准备工作。折卸步骤具体如下：

(1) 拆除直流电动机上的所有接线，做好复位标记和记录。

(2) 拆除换向器端的端盖螺栓和轴承盖的螺栓，并取下轴承外盖。

(3) 打开端盖两侧的通风窗，从各刷握中取出电刷，然后再拆下接在刷杆上的连接线，并做好电刷和连接线的复位标记。

(4) 拆卸换向器端的端盖。拆卸时先在端盖与机座的接缝处打上复位标记，然后在端盖边缘处垫上木楔，用铁锤沿端盖的边缘均匀地敲打，使端盖止口脱开机座及轴承外圈。记好刷架的位置，取下刷架。

(5) 用厚纸或布把换向器包好，妥善存放。

(6) 拆除轴伸出端的端盖螺钉，将连同端盖的电枢从定子内小心地抽出或吊出，操作中不要擦伤绕组。把连同端盖的电枢放在木架上，用纸或布包裹好。

(7) 拆除轴伸端的轴承盖螺钉，取下轴承外盖和端盖。轴承只在有损坏时才需取下来更换，一般情况下不要拆卸。

直流电动机的装配步骤按拆卸的相反顺序进行。操作中，各部件应按复位标记和记录进行装配，并校正电刷位置。

工作子任务 11 直流电动机的检查与测试

直流电动机经过拆装后，需要进行检查与测试，其内容主要是将电动机试运转若干小时，观察电动机出力、火花及转速等情况。目的是为了确定每台装配完成的电动机在电气或机械方面是否都符合要求。

1. 装配后的一般检查

装配或检修后的直流电动机，欲投入运行的电动机，需将所有紧固螺钉拧紧，使电动机转动灵活。此外还应检查下列内容：

(1) 电动机接线的检查。要求检查出线是否正确，接线是否与端子的标号一致，电动机内部的接线是否有碰触转动的部件。

(2) 换向器表面的检查。要求换向器表面应平滑、光洁，不得有毛刺、裂纹、裂痕等缺陷。换向片间的云母片不得高出换向器的表面，凹下深度为 1 ~ 1.5mm。

(3) 刷握的检查。要求刷握应牢固而精确地固定在刷架上，各刷握之间的距离应相等，刷距偏差不超过 1mm。

(4) 间距及尺寸的检查。要求检查刷握的下边缘与换向器表面的距离、电刷在刷握中装配的尺寸要求、电刷与换向片的吻合接触面积。

(5) 电刷压力弹簧压力的检查。同一电机内各电刷的压力与其平均值的偏差不应超过 ±10%。

(6) 电动机气隙的不均匀程度的检查。当气隙在 3mm 以下时，其最大容许偏差值不应超过其算术平均值的 20%；当气隙在 3mm 以上时，偏差不应超过算术平均值的 10%。测量时可用塞规在电枢的圆周上检测各磁极下的气隙，每次在电动机的轴向两端测量。

2. 直流电动机刷架中性线位置的调整方法

(1) 松开刷架的紧固螺钉。

(2) 将励磁绕组通过开关接到 3V 直流电源上。

(3) 将毫伏表接到相邻两绕组的电刷上。

(4) 频繁合上和打开开关，同时将刷架左右慢慢移动，观察直流毫伏表的摆动情况，当毫伏表指针不动或摆动很微弱时，刷架位置就是中性线位置。

(5) 紧固刷架后，要复测一次。

3. 绝缘电阻的测试

对 500V 以下的电动机，用 500V 的兆欧表分别测量各绕组对地及各绕组与绕组之间的绝缘电阻，其阻值应大于0.5MΩ。

4. 空载试验

在直流电动机上述检查测试完成后，将电动机接入电源并励磁，使其在空载下运行一定时间，观察各部位，看是否有过热现象、异常噪声、异常振动或出现火花等，初步鉴定电动机的接线、装配是否合格。

工作子任务12　并励直流电动机启动、调速控制线路

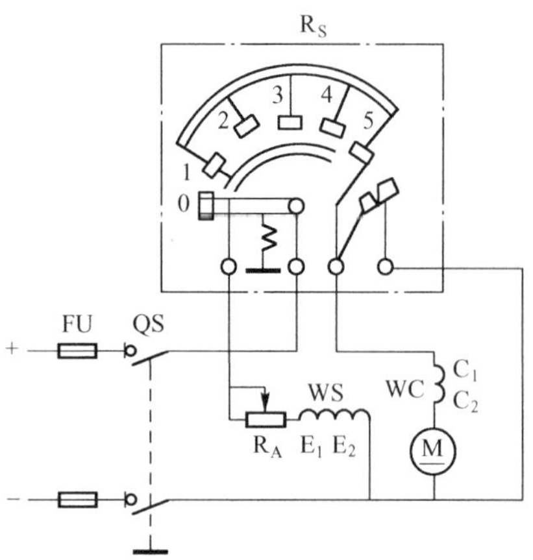

图12.6　并励直流电动机启动、调速控制线路

并励直流电动机启动、调速控制线路如图12.6所示。直流电动机启动、调速的操作方法和注意事项如下。

1. 操作方法

(1) 在合上电源开关之前要检查启动电阻器 R_S 及调速电阻器 R_A 是否置于零位，即应使 R_S 的阻值为最大，R_A 的阻值为零。

(2) 合上电源开关QS。

(3) 扳动启动电阻器手柄，逐渐切除启动电阻，要注意每切除一级电阻要稍停留数秒。

(4) 调节调速电阻器 R_A，在逐渐增大励磁绕组串接电阻的同时，要测量电动机的转速，注意不能超过电动机的弱磁转速2000r/min。

(5) 停转时断开电源开关QS，将 R_A 扳到零位并检查启动电阻器是否自动返回起始位置。

2. 注意事项

(1) 接线时要注意励磁回路的连接必须可靠，防止电动机在运行时出现励磁回路开路，否则电动机在运行时会产生“飞车”事故。

(2) 电动机应在满磁情况下启动，且启动电阻 R_S 不能一扳到底。

【提交材料】

(1) 任务实施计划书。

(2) 设备及材料清单。

(3) 直流电动机拆装记录。

(4) 直流电动机检查与测试记录。

(5) 并励直流电动机启动、调速控制线路操作记录。

(6) “直流电动机拆装与控制”的实训报告。

12.4 三相交流异步电动机正、反转控制

【任务描述】

根据所给器材在实训板上安装并操纵三相交流异步电动机正、反转控制电路。通过实践认识交流接触器与辅助触头的连接方法及所起到的作用；理解互锁的含义、作用以及实现互锁的方法；学会实现三相交流异步电动机正、反转的方法以及注意事项。

1. 任务要求

(1) 检查并测试各电器。
(2) 设计电气控制安装图并把低压电器按一定的规律安装在操作板上。
(3) 按照工艺要求连接双重互锁正、反转控制线路并使设备走线合理、美观。
(4) 利用仪器仪表检查电路连接是否正确。
(5) 检查无误后进行通电调试。

2. 所需设备、材料、工具

(1) 实训操作板 1 块、三相笼形异步电动机 1 台、万用表 1 台、电工工具 1 套。
(2) 低压断路器、热继电器各 1 只，交流接触器 2 只，LA19 系列控制按钮 3 只。
(3) 各色铜芯线、号码管、线卡、标签若干。

【任务实施】

工作子任务 13 绘制电路图

(1) 根据以上任务要求，绘制双重互锁正、反转控制线路图，如图 12.7 所示。

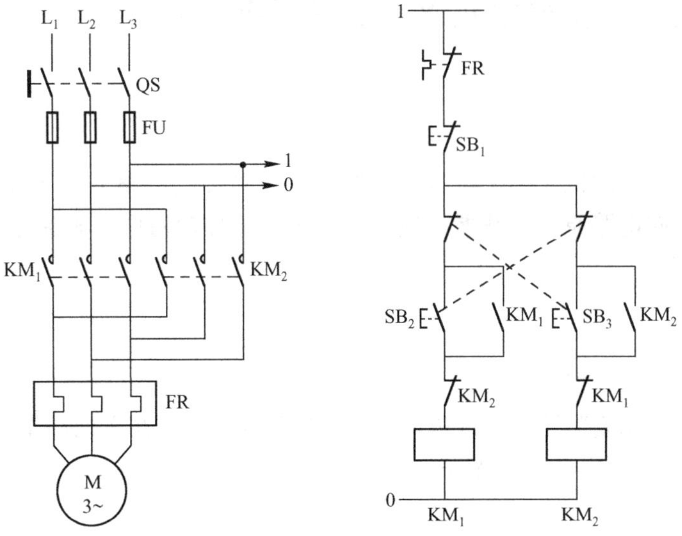

图 12.7 双重互锁正、反转控制电线图

（2）分析双重互锁正、反转控制线路的工作原理。其工作过程如下：

合上电源开关 QS。

正转：$SB_2^{\pm}$ —— KM_2^{-}（互锁）

└ $KM_{1自}^{+}$ —— M^{+}（正转）

反转：$SB_3^{\pm}$ —— KM_1^{-}（互锁）—— M^{-}（停车）

└ $KM_{2自}^{+}$ —— M^{+}（反转）

按下停止按钮 SB_1→控制电路断路→所有控制线圈断电→电动机 M 停止运转。

工作子任务 14　电气控制线路的安装与调试

（1）根据电气原理图，自己设计实训电路安装图。

（2）将低压电器按照所需的实训接线图按对应位置固定在实训操作板上。

（3）把接线端子排按一定的顺序固定在实训操作板上。

（4）在实训操作板上把低压电器的各接线端按标号接到对应的接线端子排的内层。

（5）按接线图对号接线，线接在接线端子排的外层，注意编号不能遗漏。

（6）主电路和控制电路全部接好后，先自行检查，再经老师检查确认无误后，接通三相电源进行验证。

（7）如电动机不能按设计要求动作，先自行检查主电路和控制电路，分析原因，找出故障点进行排除，并对出现的故障和排除方法进行记录。

【提交材料】

（1）“三相交流异步电动机正、反转控制”实训报告。

（2）调试运行记录。

12.5　三相交流异步电动机 Y－Δ 降压启动控制

【任务描述】

通过对三相异步电动机 Y－Δ 降压启动控制电路的接线与操纵，掌握时间继电器的基本结构及原理；了解电路原理，掌握接线方法；进一步加深对电气控制电路的理解并学会正确排除电路故障。

1. 任务要求

（1）检查并测试各电器。

（2）设计电气控制安装图并把低压电器按一定的规律安装在实训操作板上。

（3）按照工艺要求连接三相异步电动机 Y－Δ 降压启动控制电路并使设备走线合理、美观。

（4）利用仪器仪表检查电路连接是否正确。

(5) 检查无误后进行通电调试。

2. 所需设备、材料、工具

(1) 实训操作板一块、三相笼形异步电动机 1 台、万用表一台、电工工具 1 套。

(2) 低压断路器、热继电器、时间继电器各 1 只，交流接触器 3 只，LA419 系列控制按钮 2 只。

(3) 各色铜芯线、号码管、线卡、标签若干。

【任务实施】

工作子任务 15　绘制电路图

(1) 根据以上任务要求，绘制三相异步电动机 Y－Δ 降压启动控制线路图，如图 12.8 所示。

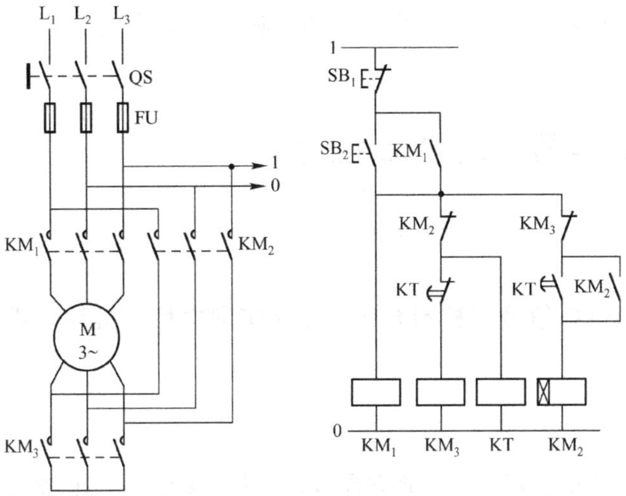

图 12.8　三相异步电动机 Y－Δ 降压启动控制电路原理图

(2) 分析三相异步电动机 Y－Δ 降压启动控制线路的工作原理。其工作过程如下，合上总电源开关 QS 后：

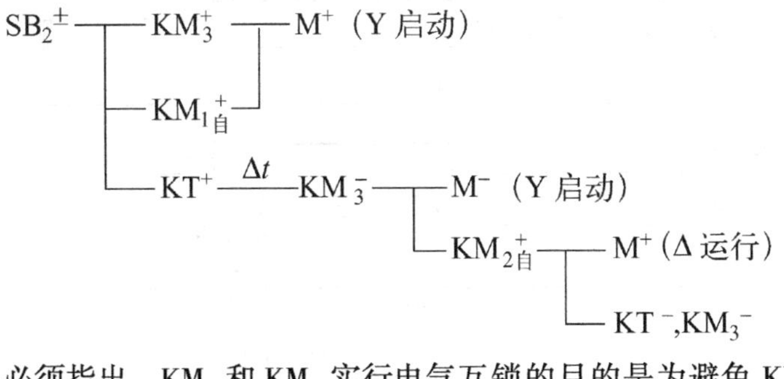

必须指出，KM_2 和 KM_3 实行电气互锁的目的是为避免 KM_2 和 KM_3 同时通电吸合而造成严重的电源短路事故。接线时一定要加以注意。

工作子任务 16　电气控制线路的安装与调试

(1) 根据电气原理图，设计电器的安装布置图。

(2) 将低压电器按照设计好的安装布置图固定在实训操作板上。

(3) 把接线端子排按一定的顺序固定在实训操作板上。

(4) 在实训操作板上把低压电器的各接线端按标号接到对应的接线端子排的内层。

(5) 按接线图对号接线，线接在接线端子排的外层，注意编号不能遗漏。

(6) 主电路和控制电路全部接好后，先自行检查，特别注意 KM_2 和 KM_3 两个互锁触头是否正确接入，经老师检查确认无误后，接通三相电源进行验证。

(7) 调整时间继电器的整定时间，观察接触器 KM_2、KM_3 的动作时间的变化并记录下来。

(8) 如电动机不能按设计要求动作，先自行检查主电路和控制电路，分析原因，找出故障点进行排除，对出现的故障和排除方法进行记录。

【提交材料】

(1) “三相交流异步电动机 Y－Δ 降压启动控制” 实训报告。

(2) 调试运行记录。

12.6 交通道口信号灯的 PLC 控制

【任务描述】

按要求设计交通道口信号灯控制系统，并在实训模块上接线，调试程序，观察控制效果。

1. 控制要求

在城市十字路口的东、西、南、北方向装设了红、绿、黄三色交通信号灯，为了交通安全，红、绿、黄灯必须按照一定时序轮流发亮。交通灯示意图和交通灯时序图如图 12.9 (a)、(b) 所示。

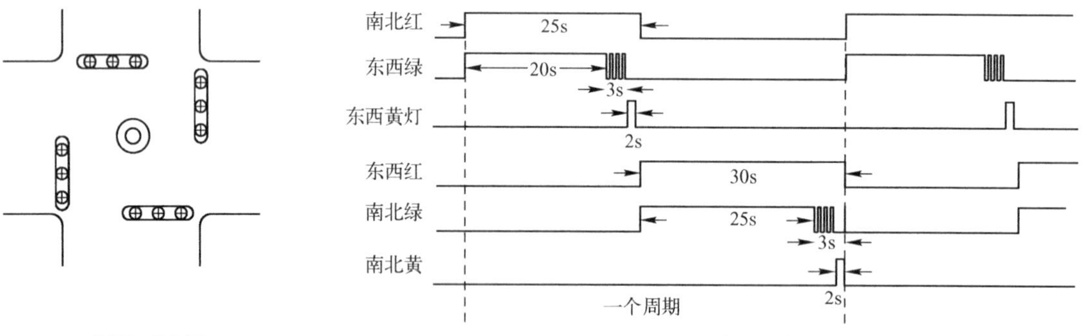

(a) 交通灯示意图　　(b) 交通灯时序图

图 12.9　交通灯示意图、交通灯时序图

按下启动按钮时，信号灯系统开始工作，按下停止按钮时，信号灯系统停止工作。信号灯正常时序为信号灯系统开始工作时，南北红灯亮，同时东西绿灯亮。南北红灯亮维持

25s，在南北红灯亮的同时东西绿灯也亮并维持20s，20s后，东西绿灯闪亮3s（亮0.5s，熄0.5s），绿灯闪亮3s后熄灭，东西黄灯亮并维持2s，2s后，东西红灯亮，南北绿灯亮。东西红灯亮维持30s，南北绿灯亮维持25s，到25s时南北绿灯闪亮3s后熄灭，南北黄灯亮，并维持2s，到2s时，南北黄灯熄，南北红灯亮，同时东西红灯熄，东西绿灯亮，开始第二个周期的动作。以后周而复始地循环，直到停止按钮被按下为止。

2. 任务要求

（1）分析控制要求，熟悉实训模块各元件及作用。
（2）合理分配PLC的I/O地址，并正确画出PLC外部控制电路。
（3）根据控制要求编写控制程序。
（4）按照工艺要求连接电路的导线，使设备走线合理、美观。
（5）下载并调试程序，使模块能够按照控制要求正常、可靠地工作。

3. 所需设备、材料、工具

（1）OMRON CPM2A－40CDR－A　PLC 1台。
（2）交通道口红绿灯控制单元1台。
（3）安装了OMRON CX－Programmer编程软件的计算机1台。
（4）通信线1根，连接导线若干。

【任务实施】

根据以上任务要求，每个实训小组先制订一个工作实施计划，并根据任务要求设计程序，连接电路，观察效果。

工作子任务17　PLC的I/O分配

（1）统计I/O点数，分配I/O地址。分析控制要求可知，该系统需设置启动与停止2个输入信号，6个输出信号，即南北方向红、绿、黄3色指示灯和东西方向红、绿、黄3色指示灯。根据PLC的硬件端口分配I/O地址并画出I/O分配表。
（2）根据分配好的地址，绘制PLC的I/O接线图。

工作子任务18　程序设计及调试

（1）根据控制要求，绘制流程图或顺序功能图。
（2）在计算机上利用PLC编程软件OMRON CX－Programmer设计梯形图程序。
（3）连接电路，用RS－232C通信电缆，将计算机与PLC主机单元相连接，再用导线将PLC与交通道口红、绿灯控制单元点对点相连接，最后接通电源。
（4）下载并调试程序，将梯形图程序直接下载到PLC中，并把程序输入到PLC后即可进行程序调试，直到信号灯显示逻辑符合控制要求为止。记录调试过程。

【提交材料】

（1）任务实施计划书。

（2）I/O 分配表及 PLC 外部接线图。

（3）PLC 控制程序。

（4）调试运行记录。

（5）“交通道口信号灯的 PLC 控制”实训报告。

12.7　全自动洗衣机的 PLC 控制

【任务描述】

按要求设计全自动洗衣机控制系统，并在实训模块上接线，调试程序，观察控制效果。

1. 控制要求

全自动洗衣机的示意图如图 12.10 所示。

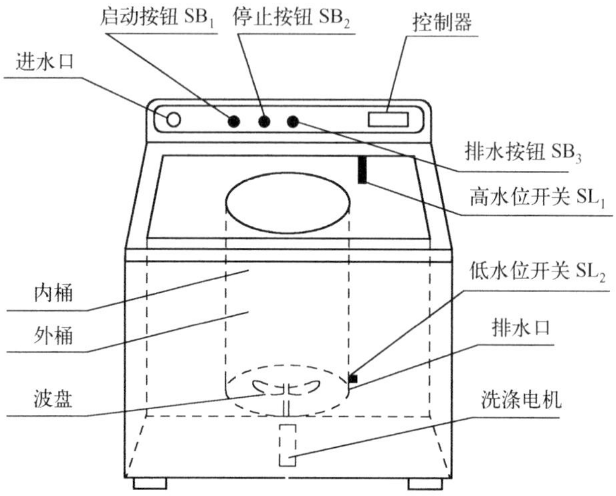

图 12.10　洗衣机示意图

（1）按下启动按钮 SB_1，进水电磁阀打开，向洗衣机内注水，当水位到达上限值时，进水电磁阀关闭。然后开始洗涤，洗衣机搅轮正转 5 秒，停转 2 秒，再反转 5 秒，停转 2 秒，如此循环运转三次之后，排水电磁阀打开，将洗衣机内污水排出，当水位到达下限值时甩干桶旋转 3 秒，将水甩出，排水电磁阀关闭。以后再自动进水……，重复上述顺序三次后，蜂鸣器呼叫 5 秒，自动停机。

（2）在洗衣机运转时，可按“停止”按钮 SB_2，洗衣机将停止运行。

（3）按下“手动排水”按钮 SB_3，洗衣机将执行排水动作。

2. 任务要求

（1）分析控制要求，熟悉实训模块各元件及作用。

（2）合理分配 PLC 的 I/O 地址，并正确画出 PLC 外部控制电路图。

（3）根据控制要求编写控制程序。

（4）按照工艺要求连接电路的导线，使设备走线合理、美观。

(5) 下载并调试程序，使模块能够按照控制要求正常、可靠地工作。

3. 所需设备、材料、工具

(1) OMRON CPM2A－40CDR－A PLC 1 台。
(2) 全自动洗衣机控制单元 1 台。
(3) 安装了 OMRON CX－Programmer 编程软件的计算机 1 台。
(4) 通信线 1 根，连接导线若干。

【任务实施】

根据以上任务要求，每个实训小组先制订一个工作实施计划，并根据任务要求设计程序，连接电路，观察效果。

工作子任务 19　PLC 的 I/O 的分配

(1) 统计 I/O 点数，分配 I/O 地址。分析控制要求可知，该系统需设置启动、停止、手动排水以及上、下限水位 5 个输入信号；进水阀、排水阀、洗衣机搅轮正转、反转、甩干桶及蜂鸣器 6 个输出信号。根据 PLC 的硬件端口分配 I/O 地址并画出 I/O 分配表。

(2) 根据分配好的地址，绘制 PLC 的 I/O 接线图。

工作子任务 20　程序设计及调试

(1) 根据控制要求，绘制流程图或顺序功能图。

(2) 在计算机上利用 PLC 编程软件 OMRON CX－Programmer 设计梯形图程序。

(3) 连接电路，用 RS－232C 通信电缆，将计算机与 PLC 主机单元相连接，再用导线将 PLC 与全自动洗衣机控制单元点对点相连接，最后接通电源。

(4) 下载并调试程序。将梯形图程序直接下载到 PLC 中。调试程序时需注意，首先打开 PLC 主机单元的开关，将 PLC 置于运行状态，观察全自动洗衣机的运行过程。洗衣机搅轮的正、反转，甩干桶的转动，进水、排水电磁阀的开/关及蜂鸣器的呼叫均以发光二极管亮/灭表示。洗衣机的上、下水位传感器由按钮开关代替，操作者可以通过按动开关向 PLC 传递水位的信息。按一下水位上限开关，表示水位已到上限高度，反之表示水位未达到上限高度；按一下水位下限开关，表示水位已达到下限水位，反之表示未达到下限水位。反复调试直到洗衣机的工作逻辑符合控制要求为止。记录调试过程。

【提交材料】

(1) 任务实施计划书。
(2) I/O 分配表及 PLC 外部接线图。
(3) PLC 控制程序。
(4) 调试运行记录。
(5) “全自动洗衣机的 PLC 控制”实训报告。

12.8 综合实训1 PLC对C650型普通卧式车床电气控制系统的改造

【任务描述】

车床是机械生产中主要的加工机床，可用来切削各种回转类工件。某工厂机械加工车间有一批使用年限较久的C650型卧式车床，专门用来加工某型号发动机的零配件，此类车床加工精度和生产效率低，其原有电气部分采用继电器控制系统，继电器线路接线复杂，可靠性不高，生产适应性差，但由于种种原因又不能立即淘汰，因此考虑将其改用可编程序控制器控制，形成PLC控制普通车床的控制系统，以提高系统的可靠性。

1. 控制要求

具体控制要求如下：

(1) 主轴具有正、反转启、停功能和正转点动功能。

(2) 主轴具有点动功能，点动时主轴电机为Y接法。

(3) 主轴正转、反转启动时采用Y/Δ启动。

(4) 主轴制动时采用Y接法。

(5) 冷却泵电机具有启、停控制功能。

(6) 快进电机具有点动功能。

2. 任务要求

用PLC改造C650型卧式车床原有的继电器/接触器控制系统，改造任务的要求如下：

(1) 原车床的工艺加工方法不变。

(2) 不改变原控制系统电气操作方法和按钮、手柄等操作元件的功能。

(3) 将原继电器控制中的硬件接线改为PLC编程实现。

(4) 有完善的限位保护、电机过流保护等保护功能。

(5) 在原有控制功能不变的情况下，把主轴电机启动改为Y/Δ启动，取消降压电阻。

3. 所需设备、材料、工具

(1) 欧姆龙CPM1A－30CDR型PLC 1台。

(2) 计算机及OMRON CX－Programmer编程软件1套。

(3) RS－232C通信电缆1根。

(4) 控制柜、接触器、按钮、热继电器、控制变压器、速度继电器、时间继电器、导线等常用低压电器。

(5) 万用表、兆欧表各1台、常用电工工具1套。

4. 相关资料

(1) C650型卧式车床主要参数。C650型卧式车床属于中型车床，用于切削工件外圆、内孔和端面等，其主要参数为：最大工件回转直径：1020mm；导轨长度：3000mm；主轴电机功率：30kW；主轴转速：18级，30～1500rpm。

（2）C650 型卧式车床电气控制分析。C650 型卧式车床由主轴运动和刀具进给运动完成切削加工。主轴由三相异步电动机拖动，进给是由主轴运动经齿轮传给进给箱来实现的。为减少辅助工作时间，刀架由一台三相异步电动机单独拖动，来实现刀架的快速移动。另外用一台交流电动机拖动冷却泵，用以实现切削时刀具的冷却。C650 型卧式车床电气控制原理图如图 12.11 所示。

图 12.11 中，M_1 为主轴电动机，拖动主轴旋转并通过进给机构实现进给运动，主要有正转与反转控制、停车制动时快速停转、加工调整时点动操作等电气控制要求。M_2 是冷却泵电动机，驱动冷却泵电动机对零件加工部位进行供液，电气控制要求是加工时启动供液，并能长期运转。M_3 是刀架快速移动电动机，拖动刀架快速移动，要求能够随时手动控制启动与停止。

◆ 主电路分析。

① 主轴电动机电路。

电源引入与故障保护：三相交流电源 L_1、L_2、L_3 经隔离开关 QS 引入 C650 车床主电路，主电动机电路中，FU_1 熔断器为短路保护环节，FR_1 是热继电器的热元件，对电动机 M_1 起过载保护作用。

主轴电动机正、反转控制：KM_1 与 KM_2 分别为交流接触器 KM_1 与 KM_2 的主触点，根据电气控制基本知识分析可知，KM_1 主触点闭合、KM_2 主触点断开时，M_1 主电动机将正转；反之，当 KM_1 主触点断开、KM_2 主触点闭合时，三相交流电源的相序发生了改变，使主轴电动机反转。

主轴电动机全压与减压状态：当 KM_3 主触点断开时，三相交流电源电流将流经限流电阻 R 而进入电动机绕组，电动机绕组电压将减小；如果 KM_3 主触点闭合，则电源电流不经限流电阻 R 而直接接入电动机绕组中，主轴电动机处于全压运转状态。

绕组中电流监控：电流表 A 在电动机 M_1 主电路中起绕组电流监视作用，通过 TA 线圈空套在绕组一相的接线上，当该接线有电流流过时，将产生感应电流，通过这一感应电流显示电动机绕组中当前电流值。其控制原理是当 KT 常闭延时断开触点闭合时，TA 产生的感应电流不经过电流表 A，而一旦 KT 触点断开，电流表 A 就可检测到电动机绕组中的电流。

电动机转速监控：KS 是和 M_1 主电动机主轴同轴安装的速度继电器检测元件，根据主电动机主轴转速对速度继电器触点的闭合与断开进行控制。

② 刀架快移电动机电路。刀架快移电动机电路中 FU_5 熔断器起短路保护作用。KM_5 主触点闭合时，快移电动机 M_3 启动，KM_5 主触点断开时，快移电动机 M_3 停止。

③ 冷却泵电动机电路。冷却泵电动机电路中 FU_4 熔断器起短路保护作用，FR_2 热继电器则起过载保护作用。当 KM_4 主触点断开时，冷却泵电动机 M_2 停转不供液；而 KM_4 主触点一旦闭合，M_2 将启动供液。

主电路通过变压器 TC 为控制线路和照明灯线路提供电源，变压器 TC 一次侧接入电压为 380V，二次侧有 36V、110V 两种供电电源，其中 36V 给照明灯线路供电，110V 给车床控制线路供电。

◆ 控制线路分析。

① 主轴电动机点动控制。按下 SB_2，KM_1 线圈通电，因此主电路中 KM_1 主触点闭合，由 QS 隔离开关引入的三相交流电源将经 KM_1 主触点、限流电阻 R 接入主轴电动机 M_1 的三

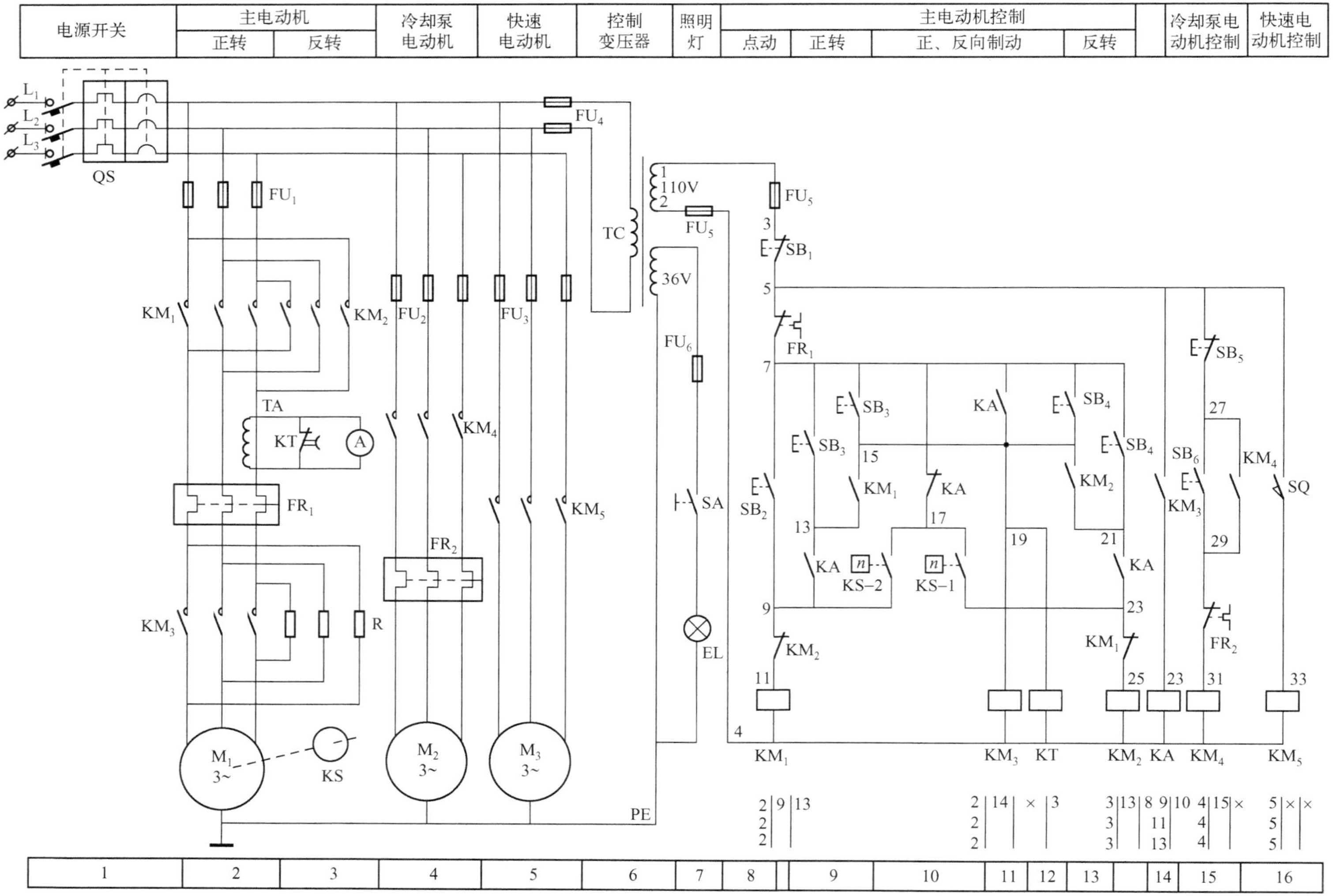

图 12.11　C650 型卧式车床电气控制原理图

相绕组中，主轴电动机 M_1 串电阻减压启动；一旦松开 SB_2，KM_1 线圈断电，电动机 M_1 断电停转。SB_2 是主电动机 M_2 的点动控制按钮。

② 主轴电动机正转控制。按下 SB_3，KM_3 线圈通电与 KT 线圈同时通电，并通过 20 区的常开辅助触点 KM_3 闭合而使 KA 线圈通电，KA 线圈通电又使 11 区中的 KA 常开辅助触点闭合，使 KM_1 线圈通电。而 11 ~ 12 区的 KM_1 常开辅助触点与 14 区的 KA 常开辅助触点对 SB_3 形成自锁，主电路中 KM_3 主触点与 KM_1 主触点闭合，电动机不经限流电阻 R 则全压正转启动。

绕组电流监视电路中，因 KT 线圈通电后延时开始，但由于延时时间还未到，所以 KT 常闭延时断开触点保持闭合，感应电流经 KT 触点短路，造成电流表 A 中没有电流通过，避免了全压启动初期绕组电流过大而损坏电流表 A。KT 线圈延时时间到达时，电动机已接近额定转速，绕组电流监视电路中的 KT 将断开，感应电流流入电流表 A，绕组中电流值就显示在电流表 A 上。

③ 主轴电动机反转控制。按下 SB_4，通过 9、10、5、6 线路使 KM_3 线圈与 KT 线圈通电，与正转控制相类似，20 区的 KA 线圈通电，再通过 11、12、13、14 使 KM_2 线圈通电，主电路中 KM_2、KM_3 主触点闭合，电动机全压反转启动。KM_1 线圈所在支路与 KM_2 线圈所在支路通过 KM_2 与 KM_1 常闭触点实现电气控制互锁。

④ 主电动机反接制动控制 。正转制动控制：KS_2 是速度继电器的正转控制触点，当电动机正转启动至接近额定转速时，KS_2 闭合并保持。制动时按下 SB_1，控制线路中所有电磁线圈都将断电，主电路中 KM_1、KM_2、KM_3 主触点全部断开，电动机断电降速，但由于正转转动惯性，需较长时间才能降为零速。一旦松开 SB_1，则经 1、7、8、KS_2、13、14，使 KM_2 线圈通电，主电路中 KM_2 主触点闭合，三相电源电流经 KM_2 使 U_1、W_1 两相换接，再经限流电阻 R 接入三相绕组中，在电动机转子上形成反转转矩，并与正转的惯性转矩相抵消，电动机迅速停车。

在电动机正转启动至额定转速，再从额定转速制动至停车的过程中，KS_1 反转控制触点始终不产生闭合动作，保持常开状态。

反转制动控制：KS_1 在电动机反转启动至接近额定转速时闭合并保持。与正转制动相类似，按下 SB_1，电动机断电降速，一旦松开 SB_1，则经 1、7、8、KS_1、2、3，使线圈 KM_1 通电，电动机转子上形成正转转矩，并与反转的惯性转矩相抵消，使电动机迅速停车。

⑤ 冷却泵电动机启、停控制。按下 SB_6，线圈 KM_4 通电，并通过 KM_4 常开辅助触点对 SB_6 自锁，主电路中 KM_4 主触点闭合，冷却泵电动机 M_2 转动并保持。按下 SB_5，KM_4 线圈断电，冷却泵电动机 M_2 停转。

⑥ 刀架快移电动机点动控制。行程开关由车床上的刀架手柄控制。转动刀架手柄，行程开关 SQ 将被压下而闭合，KM_5 线圈通电，主电路中 KM_5 主触点闭合，驱动刀架快移电动机 M_3 启动；反向转动刀架手柄复位，SQ 行程开关断开，则电动机 M_3 断电停转。

⑦ 照明电路。灯开关 SA 置于闭合位置时，EL 灯亮，SA 置于断开位置时，EL 灯灭。

（3）元件清单。C650 型卧式车床电气原理图中电气元件代号及名称见表 12.4。

表 12.4　C650 型卧式车床电气元件代号及名称

代　号	名　称	代　号	名　称
M_1	主电动机	SB_1	总停按钮
M_2	冷却泵电动机	SB_2	主电动机正向点动按钮
M_3	快速移动电动机	SB_3	主电动机正转按钮
KM_1	主电动机正转接触器	SB_4	主电动机反转按钮
KM_2	主电动机反转接触器	SB_5	冷却泵电动机停转按钮
KM_3	短接限流电阻接触器	SB_6	冷却泵电动机启动按钮
KM_4	冷却泵电动机启动接触器	TC	控制变压器
KM_5	快移电动机启动接触器	$FU_1 \sim FU_6$	熔断器
KA	中间继电器	FR_1	主电动机过载保护热继电器
KT	通电延时时间继电器	FR_2	冷却泵电动机保护热继电器
SQ	快移电动机点动行程开关	R	限流电阻
SA	开关	EL	照明灯
KS	速度继电器	TA	电流互感器
A	电流表	QS	隔离开关

【任务实施】

C650 型卧式车床电路比较复杂，直接让学生设计 PLC 控制线路有一定难度。所以学生在改造前必须先熟悉 C650 型卧式车床的运行，有条件的话可以让学生操作一下车床。然后分析电气控制线路，理解车床的电气控制线路。在这个前提下，将学生分成若干组，进行改造方案的讨论，再进行主电路和 PLC 控制系统的设计。在任务实施过程中，教师要适当加以引导。改造任务的实施步骤如下。

工作子任务 21　了解改造要求及 C650 型卧式车床的情况

本任务实施前，要彻底理解改造要求，深入了解被改造对象的状况，如电机的参数（决定控制电器的参数、规格）、控制电路有多少个控制量（决定 PLC 需多少个 I/O 点）、哪些元件可以继续使用、哪些元件必须更换等；车床控制的特殊要求等。可以进行现场观察、检测，并与使用人员或设备管理人员交流，或者调取设备的相关记录等。需要了解的内容包括：分析机床原有控制线路原理图；机床各驱动电机的型号及参数；检测各电机的参数，判断其状况；机床的操作、动作流程；现有电气元件、线路的状况。

工作子任务 22　制定和讨论改造方案

在准确地理解改造任务书和详细了解改造对象的基础上，控制方案尽量选择简单、易行并经过工程实践证明是可靠的方案；尽量选择在工业现场广泛使用的控制部件和电气元件。在改造方案中要说明用何种控制设备、何种方法实现机床控制要求和技术指标，具体内容是：用何种控制设备实现控制要求；具体功能实现方法；确定主要控制元件、部件；进行初步预算；改造进度安排等。

工作子任务 23　主电路和控制系统设计

在此过程中要安排小组成员间相互审核对方的图纸，主要包括以下工作内容：

(1) 设计主电路和控制系统原理图、元件安装图、接线图等图纸。

(2) 选择元器件。

(3) 列出元件清单。

(4) 编写控制程序。

(5) 编写实施工艺文件。

工作子任务 24　安装接线及通电调试

安装接线时要注意遵守相关国家标准和工艺规范，在本过程中要进行质量监控和检查，保证设备的可靠性。在安装接线完成后需进行一次全面的核查。

通电调试时，由于系统首次通电，可能出现意外情况，因此通电前需进行必要的安全检查（如接地电阻、绝缘电阻等），并采取必要的安全防护措施（如先把重要部件和电机断开）。通电时从总闸开始，逐级通电，每级通电后都要对相关电压进行测试后才能接通下级电源开关。通电调试阶段必须遵守安全操作规程，对首次进行这项工作的学生必须进行安全培训。

通电调试中可能会发现一些设计缺陷，调试人员和设计人员须进行修正设计。

工作子任务 25　检查验收

检查验收由学生、指导老师和设备使用及管理人员共同参与，可参考的国家标准有 GB/T 5226.1—1996 工业机械电气设备第一部分，通用技术条件；GB/50171—92 电气装置安装工程盘、柜及二次回路结线施工验收规范；GB/3797—89 装有电子器件电控箱技术条件。在本项目中，由于只进行控制系统改造，因此验收只针对机床控制部分进行。整个验收过程的数据要进行详细记录，参加验收的人员要在记录上签字，并最终得出改造后的设备是否达到要求的结论。

【提交材料】

(1) 任务实施计划书。

(2) 电气线路设计的图纸（原理图、安装图、接线图）。

(3) 元器件清单。

(4) 调试运行记录。

(5) PLC 程序清单。

(6) 改造后的机床操作说明书。

(7) 检查验收记录。

(8) 实训报告。

12.9　综合实训 2　YL－335B 型生产线装配单元的 PLC 控制

【任务描述】

利用 YL－335B 型生产线装配单元，按照控制要求完成装配单元的 PLC 控制系统的设计及调试。

1. 控制要求

YL－335B 型生产线装配单元结构如图 12. 12 所示，该单元的功能是将管形料仓内的黑色或白色小圆柱工件嵌入放置在装配台中的待装配工件中的装配过程。

装配单元控制要求如下：

(1) 装配单元各气缸的初始位置为：挡料气缸处于伸出状态，顶料气缸处于缩回状态，管形料仓里已经有足够的小圆柱零件；装配机械手的升降气缸处于提升状态，伸缩气缸处于缩回状态，气动手指处于松开状态；工件装配台上没有待装配工件；急停按钮松开。

设备上电和气源接通后，若各气缸满足初始位置要求，则“正常工作”指示灯 HL_1 常亮，表示设备准备好；否则，该指示灯将以 1Hz 频率闪烁。

(2) 若设备准备好，按下“启动”按钮，装配单元启动，“设备运行”指示灯 HL_2 常亮。如果回转台上的左料盘内没有小圆柱零件，就执行下料操作；如果左料盘内有小圆柱零件，而右料盘内没有小圆柱零件，执行回转台回转操作。

(3) 如果回转台上的右料盘内有小圆柱零件且装配台上有待装配工件，执行装配机械手抓取小圆柱零件，放入待装配工件中的操作。

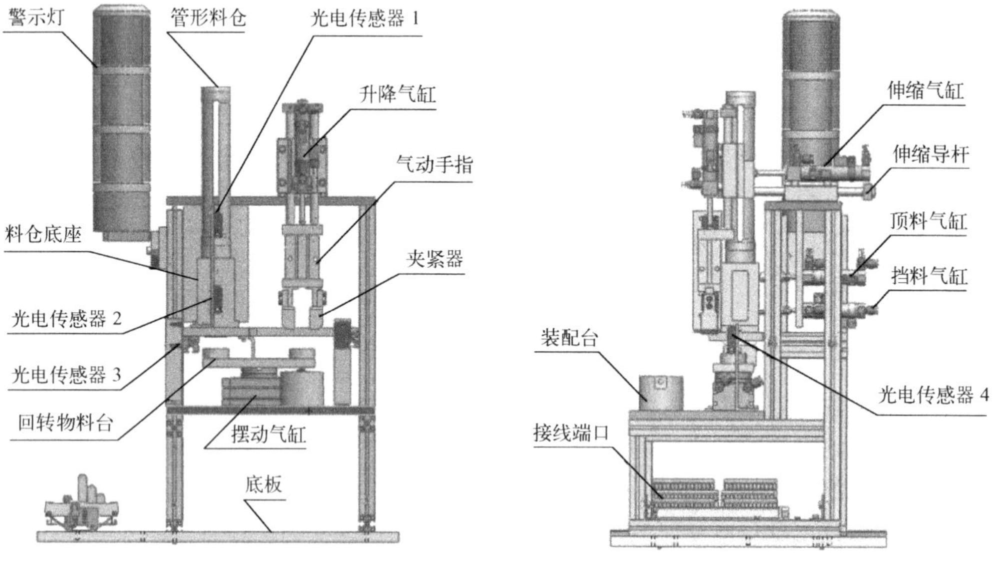

图 12. 12　YL－335B 型生产线装配单元结构图

(4) 完成装配任务后，装配机械手应返回初始位置，等待下一次装配。

(5) 若在运行过程中按下“停止”按钮，则供料机构应立即停止供料，在装配条件满足的情况下，装配单元在完成本次装配后停止工作。

(6) 在运行中发生“零件不足”报警时，指示灯 HL_3 以 1Hz 的频率闪烁，HL_1 和 HL_2 灯常亮；在运行中发生“零件没有”报警时，指示灯 HL_3 以亮 1 秒，灭 0. 5 秒的方式闪烁，HL_2 熄灭，HL_1 常亮。

（7）在设备运行中，按下“急停”按钮，本单元所有机构应立即停止运行；“急停”按钮复位后，则恢复原来的工作。

2. 任务要求

（1）熟悉装配单元各单元部件及作用。
（2）合理分配 PLC 的 I/O 点，并正确画出 PLC 外部控制电路。
（3）根据控制要求编写装配单元控制程序。
（4）下载程序并调节装配单元各部件，使之能够按照控制要求平稳、可靠地工作。
（5）按照工艺要求连接电路的导线，使设备走线合理、美观。

3. 所需设备、材料、工具

（1）YL－335B 型自动化生产线 1 套。
（2）OMRON CPM2A－40CDR－A PLC 1 台。
（3）内六角扳手 1.5～10mm 1 套。
（4）钟表起子 1 套。
（5）导线、插针、号码套管若干。

4. 相关资料

（1）装配单元的结构组成。如图 12.12 所示，装配单元的结构组成包括：管形料仓、供料机构、回转物料台、机械手、待装配工件的定位机构、电磁阀组等。

① 管形料仓。管形料仓用来存储装配用的金属、黑色和白色小圆柱零件，它由塑料圆管和中空底座构成。工件竖直放入料仓的空心圆管内，由于二者之间有一定的间隙，使其能在重力作用下自由下落。为了能对料仓供料不足和缺料时报警，在塑料圆管底部和底座处分别安装了 2 个漫反射光电传感器，并在料仓塑料圆柱上纵向铣槽，以使光电传感器的红外光斑能可靠照射到被检测的物料上，如图 12.13 所示。光电传感器的灵敏度调整应以能检测到黑色物料为准则。

② 落料机构。见图 12.13 落料机构剖视图，在图中料仓底座的背面安装了两个直线气缸，上面的气缸称为顶料气缸，下面的气缸称为挡料气缸，系统气源接通后，顶料气缸的初始位置在缩回状态，挡料气缸的初始位置在伸出状态，当从料仓上面放下工件时，工件将被挡料气缸活塞杆终端的挡块阻挡而不能落下。

需要进行落料操作时，首先使顶料气缸伸出，把次下层的工件夹紧，然后挡料气缸缩回，工件掉入回转物料台的料盘中。之后挡料气缸复位伸出，顶料气缸缩回，次下层工件跌落到挡料气缸终端挡块上，为再一次供料做准备。在两个直线气缸上均装有检测气缸活塞杆伸出与缩回的磁性开关，当活塞处于相应位置时，对应的磁性开关上的红色指示灯会点亮，并将检测到的信号送到 PLC。

③ 回转物料台。该机构由气动摆台和两个料盘组成，气动摆台由摆动气缸驱动料盘旋转 180°，从而实现把从供料机构落下到料盘的工件移动到装配机械手正下方的功能。如图 12.14 所示，图中的光电传感器 1 和光电传感器 2 分别用来检测左面和右面料盘是否有零件，两个光电传感器均选用 CX－441 型，摆动气缸摆动的左右位置可以由磁性开关送到 PLC。

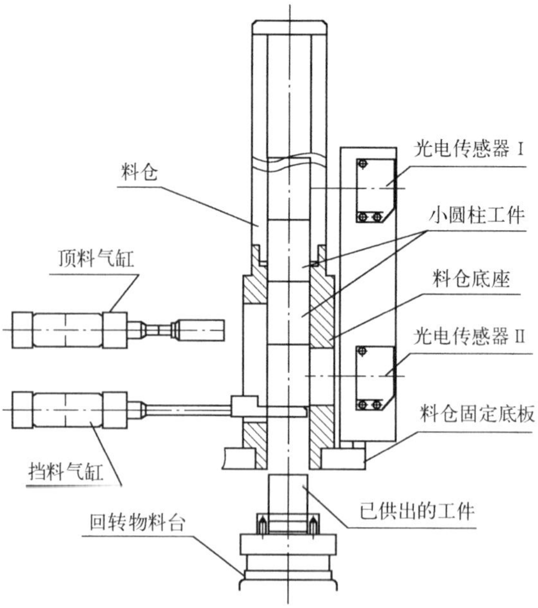

图 12.13　管形料仓及落料机构剖视图

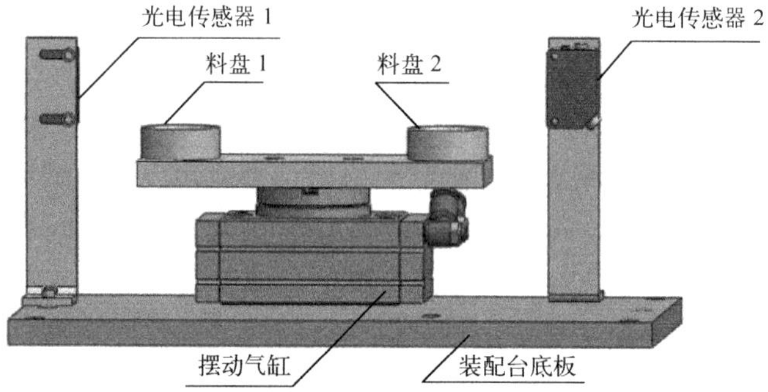

图 12.14　回转物料台

④ 装配机械手。装配机械手装置由水平方向移动和竖直方向移动的 2 个导向气缸和气动手指组成。装配机械手整体外形如图 12.15 所示，当装配机械手正下方的回转物料台料盘上有小圆柱零件，当装配台侧面的光纤传感器检测到装配台上有待装配工件时，机械手从初始状态开始执行装配操作过程。

在整个机械手动作过程中，除气动手指松开到位无传感器检测外，其余动作的到位信号检测均采用与气缸配套的磁性开关，将采集到的信号输入 PLC，由 PLC 输出信号驱动电磁阀换向，使由气缸及气动手指组成的机械手按程序自动运行。

⑤ 装配台料斗。待装配工件直接放置在该机构的料斗定位孔中，由定位孔与工件之间的较小的间隙配合实现定位，从而完成准确的装配动作和定位精度。如图 12.16 所示，为了确定装配台料斗内是否放置了待装配工件，使用了光纤传感器进行检测，料斗的侧面开了一个 M6 的螺孔，光纤传感器的光纤探头就固定在螺孔内。

⑥ 警示灯。本工作单元上安装有红、橙、绿三色警示灯，它是作为整个系统警示用的。警示灯有五根引出线，其中黄绿交叉线为“地线”，红色线为红色灯控制线，黄色线为

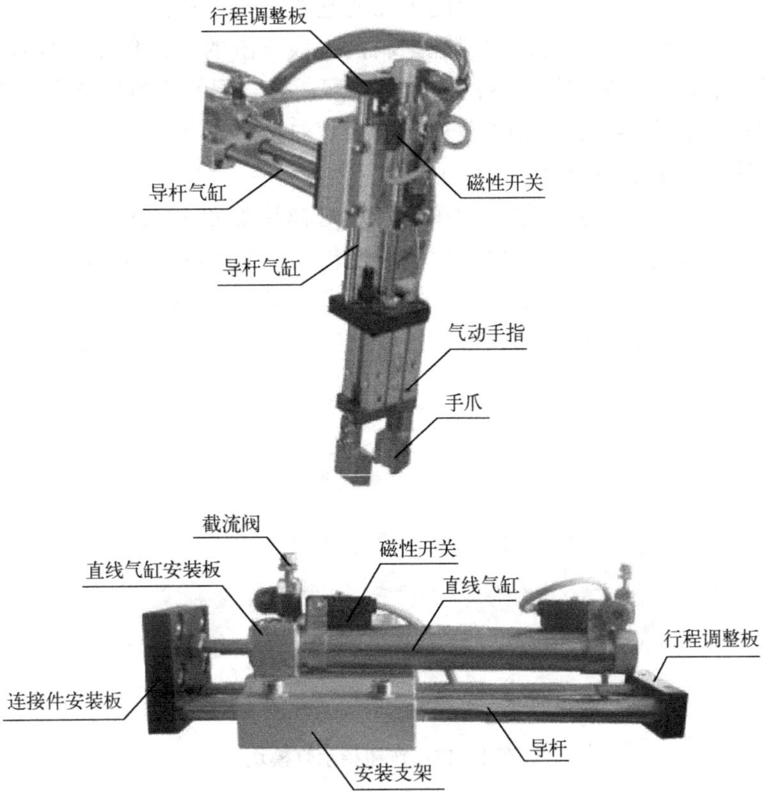

图 12.15　装配机械手组件

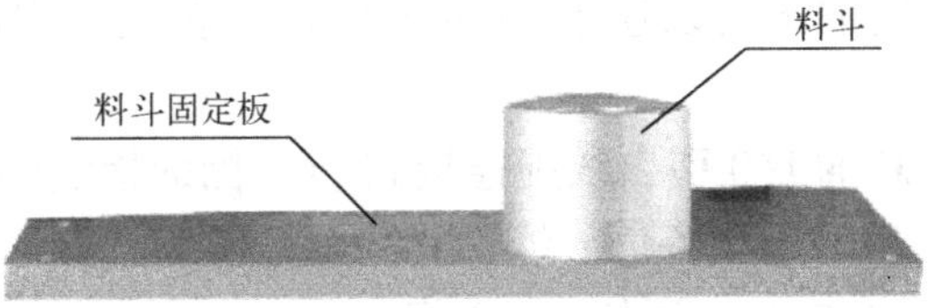

图 12.16　装配台料斗

橙色灯控制线，绿色线为绿色灯控制线，黑色线为信号灯公共控制线，接线如图 12.17 所示。

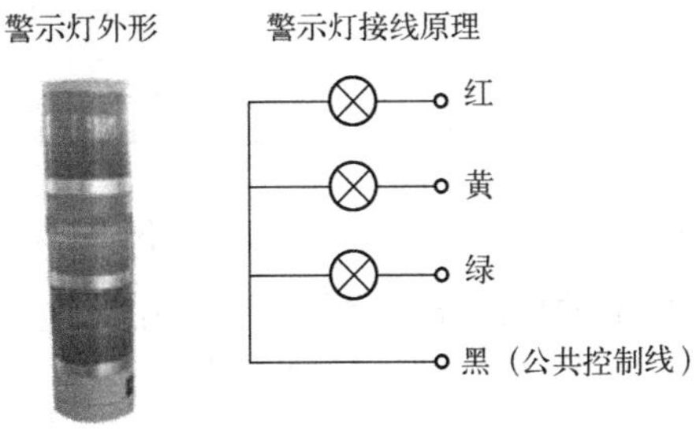

图 12.17　警示灯外形及接线

（2）装配单元的基本工作过程。装配单元的基本工作过程是管形料仓中的黑白物料在重力作用下自动下落到底层，通过顶料和挡料两直线气缸的共同作用，分别对底层相邻两物料进行夹紧与松开，完成连续下落的物料的分配。被分配的物料按指定的路径落入料盘，摆台完成180°的位置变换后，由伸缩气缸、升降气缸、气动手指所组成的机械手夹持并移动物料，然后插入已定位的半成品工件中。

（3）按钮指示灯模块。装配单元的按钮指示灯模块如图 12.18 所示，模块上的指示灯和按钮的端脚全部引到端子排上，模块盒上器件包括：指示灯（24VDC）：黄色灯（HL_1）、绿色灯（HL_2）、红色灯（HL_3）各 1 只。主令器件：绿色常开按钮 $SB_1$1 只，红色常开按钮 $SB_2$1 只，选择开关 SA（1 对转换触点），急停按钮 QS（1 个常闭触点）。

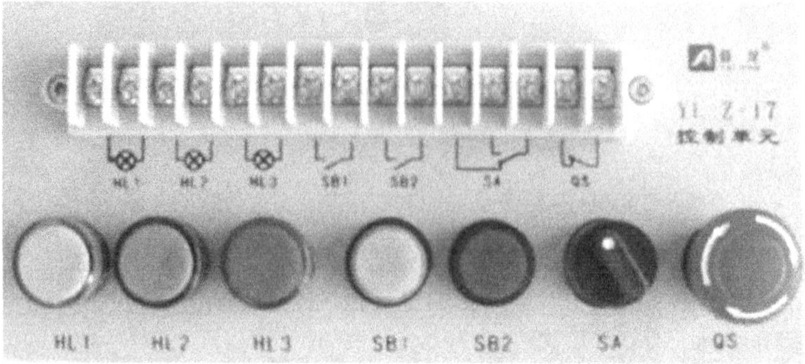

图 12.18　按钮指示灯模块

（4）接线端子。如图 12.19 所示，装配单元机械装置上的各电磁阀和传感器的引线均连接到装置侧的接线端口上，该接线端子采用三层端子结构，上层端子用以连接 DC24V 电源的正极，底层端子用以连接 DC24V 电源的负极，中间层端子用以连接各信号线。

如图 12.20 所示，PLC 的 I/O 引出线则连接到 PLC 侧的接线端口上，该接线端子采用两层端子结构，上层端子用以连接各信号线，其端子号与装置侧的接线端口的接线端子相对应，底层端子用以连接 DC24V 电源的正极和负极。

图 12.19　装置侧的接线端口板

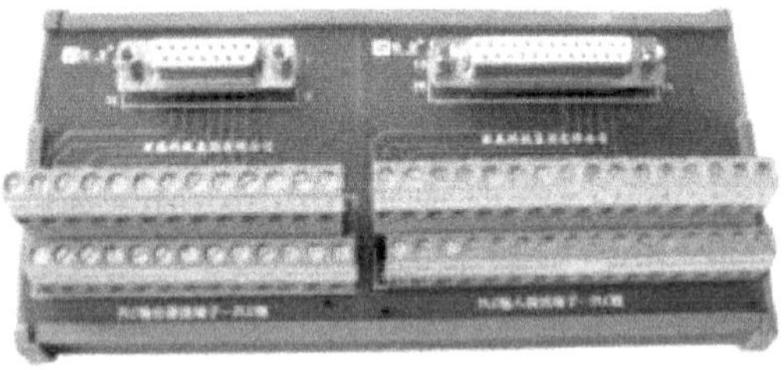

图 12.20　PLC 侧的接线端口板

装置侧的接线端口和 PLC 侧的接线端口之间通过专用电缆连接，其中 25 针接头电缆连接 PLC 的输入信号，15 针接头电缆连接 PLC 的输出信号。

（5）光电传感器。

① 光纤型传感器。光纤型传感器由光纤检测头、光纤放大器两部分组成，光纤放大器和光纤检测头是分离的两个部分，光纤检测头的尾端部分分成两条光纤，使用时分别

插入光纤放大器的两个光纤孔。光纤传感器组件如图 12.21 所示。图 12.22 是放大器的安装示意图。

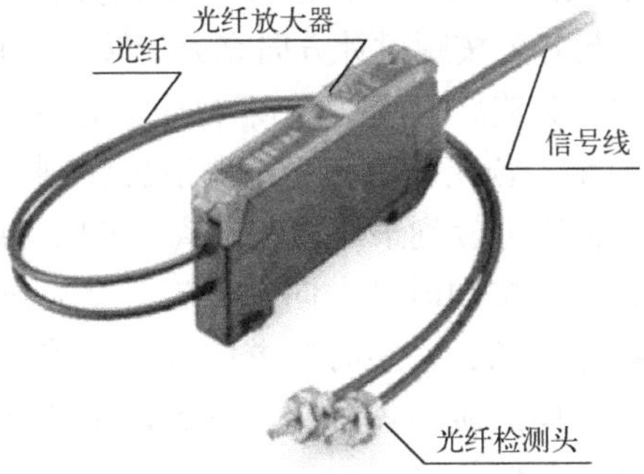

图 12.21　光纤传感器组件

光纤传感器的放大器的灵敏度调节范围较大。当光纤传感器灵敏度调得较小时，对反射性较差的黑色物体，光电探测器无法接收到其反射信号；而对反射性较好的白色物体，光电探测器就可以接收到其反射信号。反之，若调高光纤传感器灵敏度，则即使对反射性较差的黑色物体，光电探测器也可以接收到其反射信号。

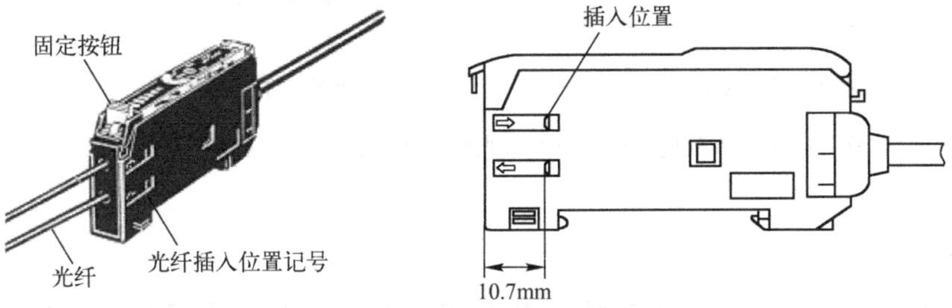

图 12.22　光纤传感器的放大器安装示意图

如图 12.23 所示，调节光纤传感器放大器中部的“8 旋转灵敏度高速旋钮”就能进行放大器灵敏度调节（顺时针旋转灵敏度增大），调节时会看到“入光量显示灯”发光的变化。当探测器检测到物料时，“动作显示灯”会亮，提示检测到物料。

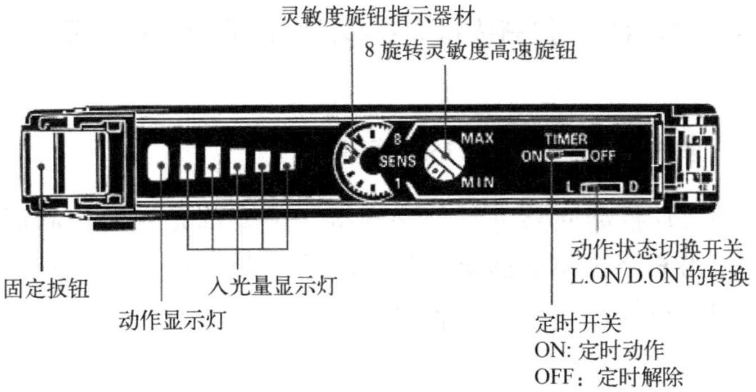

图 12.23　光纤传感器显示、调节示意图

② 漫反射光电开关。如图 12.24 所示为 OMRON 公司的 CX－441 或 E3Z－L61 型放大器内置型漫反射光电开关（细小光束型，NPN 型晶体管集电极开路输出）的外形和顶端面上的调节旋钮及显示灯实物示意图，图中动作选择开关的功能是选择受光动作（Light）或遮光动作（Drag）模式，即当此开关按顺时针方向充分旋转时（L 侧），则进入检测——ON 模式；当此开关按逆时针方向充分旋转时（D 侧），则进入检测——OFF 模式。调整距离时注意逐步轻微旋转距离设定旋钮，若充分旋转距离调节旋钮则会空转。调整的方法是，首先按逆时针方向将距离设定旋钮充分旋到最小检测距离（E3Z－L61 型光电开关约 20mm），然后根据要求距离放置检测物体，按顺时针方向逐步旋转距离设定旋钮，找到该传感器进入检测条件的点；拉开检测物体距离，按顺时针方向进一步旋转该旋钮，找到传感器再次进入检测状态的点，一旦进入，向后旋转该旋钮，直到传感器回到非检测状态的点，两点之间的中点即为稳定检测物体的最佳位置。

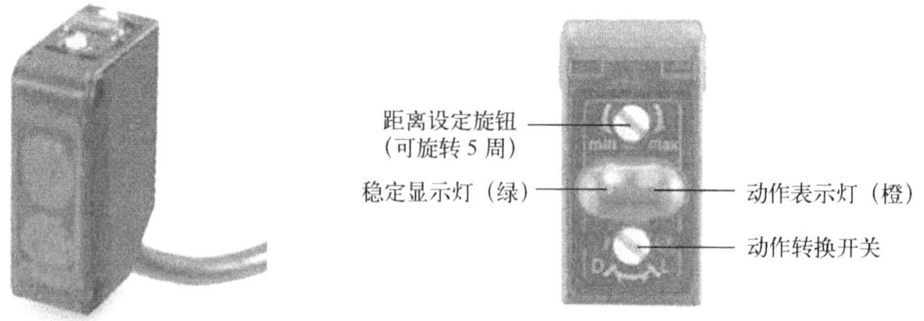

（a）E3Z–L61型光电开关外形　　（b）调节旋钮和显示灯

图 12.24　漫反射 E3Z－L61 型光电开关外形及调节旋钮和显示灯

【任务实施】

根据以上任务要求，将整个工作任务分解成如下几个工作子任务，然后每个实训小组制定具体工作计划来实施工作任务，并根据任务要求设计相关表格及图纸等技术资料。

工作子任务 26　装配单元认知

要求正确理解装配单元的工作过程，并认识装配单元中气缸、光电传感器、磁性开关、接线端子、电磁阀组、警示灯、控制按钮等零部件，搞清楚其在单元中的作用，并记录在元件清单表格中。

工作子任务 27　装配单元气动控制系统连接

要求根据所给的气动控制回路进行气路连接，装配单元气动控制回路如图 12.25 所示，装配单元的阀组由 6 个二位五通单电控电磁换向阀组成，这些阀分别对供料、位置变换和装配动作气路进行控制，以改变各自的动作状态。连接时应注意连接工艺及各阀与气缸的对应关系，以及气缸的初始位置，即挡料气缸处在伸出位置，机械手爪升降气缸处于提升位置。

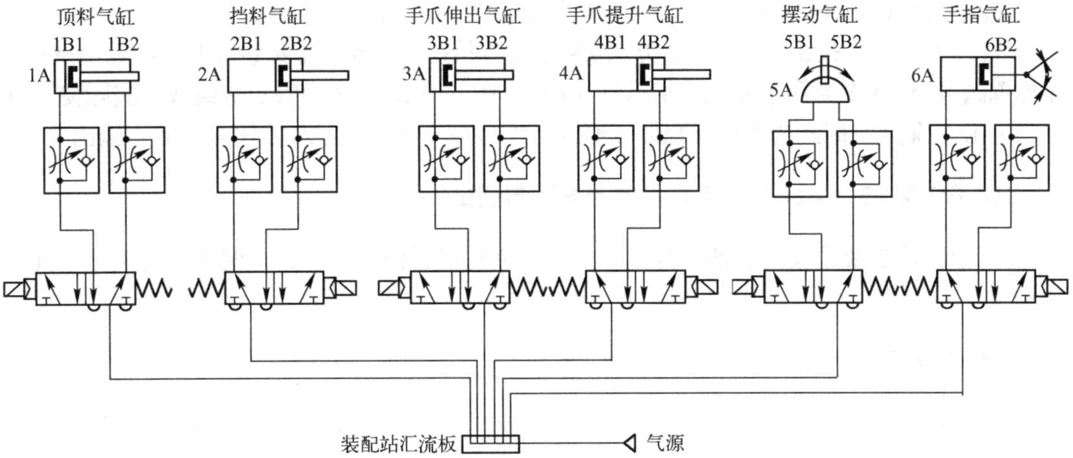

图 12.25 装配单元气动控制回路

工作子任务 28 装配单元的 I/O 分配及 PLC 硬件连接

要求根据控制要求和装配单元所提供的部件，以及装配单元装置侧的接线端口信号端子的分配，合理选用和分配装配单元的 I/O 设备及 PLC 端口，并绘制 PLC 的硬件连接图，按照电工工艺安装 PLC，完成 PLC 侧的导线的连接。装配单元装置侧的接线端口信号端子的分配如表 12.5 所示。

表 12.5 装配单元装置侧的接线端口信号端子的分配

输入端口中间层			输出端口中间层		
端子号	设备代号	信号线	端子号	设备代号	信号线
2	SC_1	零件不足检测	2	1Y	挡料电磁阀
3	SC_2	零件有无检测	3	2Y	顶料电磁阀
4	SC_3	左料盘零件检测	4	3Y	回转电磁阀
5	SC_4	右料盘零件检测	5	4Y	手爪夹紧电磁阀
6	SC_5	装配台工件检测	6	5Y	手爪下降电磁阀
7	$1B_1$	顶料到位检测	7	6Y	手臂伸出电磁阀
8	$1B_2$	顶料复位检测	8	AL_1	红色警示灯
9	$2B_1$	挡料状态检测	9	AL_2	橙色警示灯
10	$2B_2$	落料状态检测	10	AL_3	绿色警示灯
11	$5B_1$	摆动气缸左限检测	11		
12	$5B_2$	摆动气缸右限检测	12		
13	$6B_2$	手爪夹紧检测	13		
14	$4B_2$	手爪下降到位检测	14		
15	$4B_1$	手爪上升到位检测			
16	$3B_1$	手臂缩回到位检测			
17	$3B_2$	手臂伸出到位检测			

装配单元需要送到 PLC 的输入信号由 16 个传感器（4 个漫反射光电开关、1 个光纤传感器、11 个磁性开关）、4 个按钮（启、停、方式切换、急停按钮）组成，需要 PLC 驱动的输出设备由 6 个电磁阀线圈、3 个装配单元状态指示灯（HL_1、HL_2、HL_3）、3 个警示灯组成，实际使用 20 点输入、12 点输出，因此选用 CPM2A - 40CDR - A PLC，此 PLC 为 24 点输入，16 点输出。

工作子任务 29　装配单元控制程序的编写与调试

要求根据控制要求及定义的 I/O，编写装配单元控制程序，并进行调试，使装配单元可靠地工作。

1. 程序编写的思路

（1）整体功能的划分。由装配单元的控制要求可知，控制程序主要有如下四个控制功能：

① 响应启动、停止、急停等信号的控制。

② 小圆柱零件的下料控制。

③ 装配机械手的装配操作控制。

④ 装配单元工作状态指示灯 HL_1 ~ HL_3 的控制。

（2）程序结构。在设计程序时重点考虑装配单元的主要工作过程。即进入系统运行状态后，装配单元的工作过程包括两个相互独立的子过程，一个是供料过程，另一个是装配过程。供料过程就是通过落料机构的操作，使料仓中的小圆柱零件落下到摆台左边的料盘上，然后摆台转动，使装有零件的料盘转移到右边，以便装配机械手抓取零件。装配过程是当装配台上有待装配工件，且装配机械手下方有小圆柱零件时，装配机械手进行装配操作。

在设计程序时可以采用主程序和子程序结构，即在主程序中，当初始状态检查结束，确认单元准备就绪，按下“启动”按钮进入运行状态后，应同时调用供料控制和装配控制两个程序。供料和装配的控制流程图如图 12.26 所示。

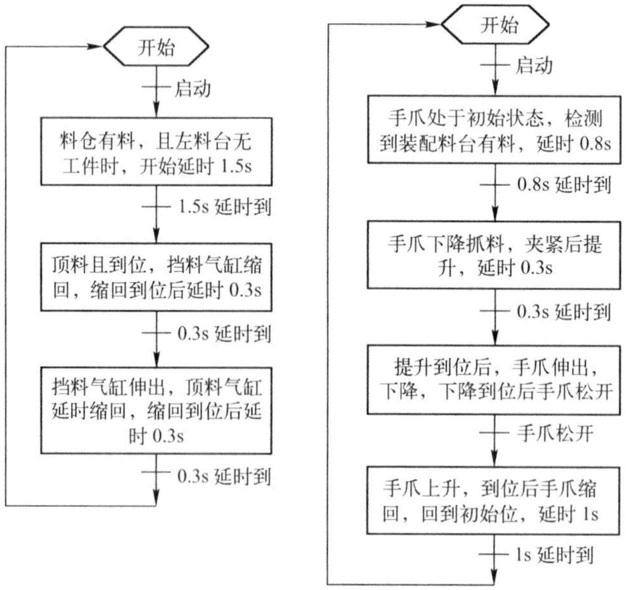

图 12.26　供料和装配的控制流程图

（3）程序的联锁及停止。供料控制过程包含两个互相联锁的过程，即落料过程和摆台转动、料盘转移的过程。在小圆柱零件从料仓下落到左料盘的过程中，禁止摆台转动；反之，在摆台转动过程中，禁止打开料仓（挡料气缸缩回）落料。实现联锁的方法是：当摆台的左限位或右限位磁性开关动作并且左料盘没有料，经定时确认后，开始落料过程；当挡料气缸伸出到位使料仓关闭、左料盘有物料而右料盘为空，经定时确认后，开始摆台转动，直到达到限位位置。

停止运行，有两种情况：一是在运行中按下停止按钮，停止指令被置位；另一种情况是当料仓中最后一个零件落下时，检测物料有无的传感器动作，会发出缺料报警。对于供料过程的落料控制，上述两种情况均应在料仓关闭，顶料气缸复位到位即返回到初始步后停止下次落料，并复位落料初始步。但对于摆台转动控制，一旦停止指令发出，则应立即停止摆台转动。对于装配控制，上述两种情况也应在一次装配完成，装配机械手返回到初始位置后停止。仅当落料机构和装配机械手均返回到初始位置，才能复位运行状态标志和停止指令。停止运行的操作应在主程序中编制。

2. 调试与运行

（1）调整气动部分，检查气路是否正确，气压是否合理，气缸的动作速度是否合理。

（2）检查磁性开关的安装位置是否到位，磁性开关工作是否正常。

（3）检查 I/O 接线是否正确。

（4）检查传感器安装是否合理，灵敏度是否合适，保证检测的可靠性。

（5）放入工件，运行程序，看装配单元动作是否满足任务要求。

【提交材料】

（1）任务实施计划书。

（2）元器件清单。

（3）I/O 分配表及 PLC 外部接线图。

（4）PLC 控制程序。

（5）调试运行记录。

部分习题参考答案

习　题　1

一、填空题

1.1　机械连锁机构，合闸，合闸

1.2　瓷底座的下接线端，金属螺纹壳的上接线端

1.3　线圈，静铁芯，动铁芯

1.4　交变磁场，涡流及磁滞损耗，铁芯过热

1.5　涡流损耗，磁滞损耗，产生热量

1.6　通断电流，灭弧装置

1.7　过电流继电器，欠电流继电器

二、判断题

1.8　√

1.9　×

1.10　×

1.11　×

1.12　×

1.13　×

1.14　√

1.15　√

1.16　×

三、选择题

1.17　B

1.18　C

1.19　A

1.20　B

四、问答题

1.21　图形符号通常是指用于图样或其他文件表示一个设备或概念的图形、标记或字符。文字符号是用于标明电气设备、装置和元器件的名称、功能、状态和特征的，可在电气设备、装置和元器件上或其近旁使用，是用以表明电气设备、装置和元器件种类的字母代码和功能字母代码。

图形符号由符号要素、限定符号、一般符号以及常用的非电气操作控制的动作（如机械控制符号等），根据不同的具体器件情况构成。文字符号分为基本文字符号和辅助文字符号。

1.22　电气原理图是说明电气设备工作原理的线路图，表示各种电气设备在机械设备和电气控制柜中的实际安装位置。电气互连图是用来表明电气设备各单元之间的接线关系的。

电气原理图中不考虑电气元件的实际安装位置和实际连线情况，只是把各元件按接线顺序用符号展开在平面图上，用直线将各元件连接起来。电气设备安装图提供电气设备各个单元的布局和安装工作所需数据的图样。电气互连图一般不包括单元内部的连接，着重表明电气设备外部元件的相对位置及它们之间的电气连接。

1.23　接触器主触点被卡住、触点熔焊在一起可能引启动铁芯不能释放。应立即切断电源。

1.24　中间继电器触点因为通过控制电路的电流容量较小，所以不需加装灭弧装置。当被控电动机启动电流小于中间继电器触点的额定电流时。

1.25　电动机启动时的启动电流很大，启动时热继电器不会动作。因为电动机启动时间短，热继电器来不及动作。

1.26　JS7－A 型时间继电器电磁机构翻转 180°安装后，通电延时型可以改换成断电延时型，那么这种时间继电器就具有四种类型的触点：延时闭合动合触点；延时断开动断触点；延时断开动合触点；延时闭合动断触点。

1.27　按钮互锁正、反转控制线路存在的主要问题是容易产生短路事故。电动机正转接触器主触点因弹簧老化或剩磁的原因而延迟释放时，或者被卡住而不能释放时，如按下反转按钮，则反转接触器又得电，使其主触点闭合，电源会在主电路短路。

1.30　正转和反转。

习　题　2

一、填空题

2.1　定子绕组，接触器主触点，工作电压，切除，全压

2.2　定子绕组，转子绕组

2.3　定子绕组串电阻，星形－三角形启动，自耦变压器降压启动，延边三角形启动

2.4　星形，三角形，三角形

二、判断题

2.5　√

2.6　√

2.7　×

三、问答题

2.8　常用的降压启动方法有定子串电阻、星形－三角形、自耦变压器降压启动线路，转子串电阻、转子串频敏变阻器降压启动。

2.9　电源容量不比电动机容量大许多倍，启动电流可能会明显地影响同一电网中其他电气设备的正常运行，达不到降压启动的目的。

2.10　反接制动时电动机同轴安装有速度继电器，主电路中串有制动限流电阻。

2.11　反接制动的优点是制动迅速，但制动冲击大，能量消耗也大，常用于不经常启动和制动的大容量电动机。能耗制动时制动力矩大小与转速有关，转速越高，制动力矩越大，随转速的降低制动力矩也下降，当转速为零时，制动力矩消失。能耗制动的优点是制动准确、平稳，能量消耗小，但需要整流设备。常用于要求制动平稳、准确和启动频繁的容量较大的电动机。

习　题　3

一、判断题

3.1　√

3.2　×

3.3　√

3.4　√

3.5　√

3.6　×

二、选择题

3.7　D

3.8　B

3.9　B

三、问答题

3.10 在电枢电路串入电阻。利用接触器的主触点将它们短接。

3.11 其一是改变励磁电流的方向，其二是改变电枢电流的方向。在实际应用中，改变励磁电流方向来改变电动机转向的方法使用较少，原因是励磁绕组的磁场在换向时要经过零点，极易引起电动机“飞车”；另外励磁绕组电感量较大，在换向时需要有一个放电过程。

3.13 保护包括短路保护、过压和失压保护、过载保护、限速保护、励磁保护等。过载保护一般是利用过电流继电器来实现的。防止失去励磁或削弱励磁的保护，是采用欠电流继电器来实现的。

习　题　4

一、判断题

4.1 √

4.2 ×

4.3 ×

4.4 ×

二、选择题

4.5 B

4.6 C

4.7 D

4.8 A

4.9 D

4.10 D

三、问答题

4.11 电磁吸盘具有夹紧迅速，不损伤工件，工作效率高，能同时吸持多个小工件，加工过程中工件发热可以自由伸延，加工精度高等优点。因为直流供电的电磁吸盘吸持工件稳定。

4.14 （1）控制电路包括：砂轮电动机 M_1 的控制；冷却泵电动机 M_2 的控制；液压泵电动机 M_3 的控制。（2）电磁吸盘控制电路包括：整流装置、控制装置及保护装置等。

4.16 X62W 卧式万能铣床主轴的变速采用孔盘机构，集中操纵。它既可以在停车时变速，也可以在 M_1 运行时变速。主轴在运行中变速，不需按停止按钮。为压合 SQ_7 时始终是触点 SQ_7（3－5）先断开，使 KM_1 先断电。触点 SQ_7（3－7）后闭合，再使 KM_2 通电，对 M_1 先进行反接制动，电动机转速迅速下降，之后再进行变速操作，变速完成后需重新启动电动机，主轴才在新的转速下运行。

习　题　5

一、填空题

5.1 输入，输出，中央处理单元，存储器

5.2 输入

5.3 可编程序控制器

5.4 内存，CPU，I/O 单元

5.5 继电器，晶体管，晶闸管

5.6 继电器，交流

5.7 实现自动化控制，PLC 的控制精度高，速度快

5.8 输入，程序执行，输出

二、选择题

5.9 A

5.10　B

5.11　C

三、问答题

5.12　由中央处理单元、存储器、输入/输出接口电路和其他一些电路组成。中央处理单元（CPU）是 PLC 的核心部件，它控制着所有部件的操作。存储器用来存放系统程序、用户程序、逻辑变量和一些其他信息。输入/输出（I/O）模块是 PLC 与现场 I/O 设备或其他外部设备之间的连接部件。其他接口包括外存储器接口、A/D 转换接口、D/A 转换接口、远程通信接口、与计算机相连的接口、与 CRT 相连的接口等。

5.13　可编程序控制器的现场输入元件有按钮、限位开关、速度继电器等的状态（通/断）。负载的种类有接触器、电磁阀的线圈和指示灯。

5.14　继电器输出型模块可带交/直流负载，输出响应慢，带负载能力强；双向晶闸管输出型模块只能带交流负载，输出响应快，带负载能力强；晶体管输出型模块只能带直流负载，输出响应快，带负载能力差。

5.15　可分为三个阶段：输入采样、程序执行和输出处理。CPU 将全部现场输入信号如按钮、限位开关、速度继电器等的状态（通/断）经 PLC 的输入端子；CPU 从 0000 地址的第一条指令开始，依次逐条执行各指令，直到执行到最后一条指令；CPU 将输出映像寄存器的状态经输出锁存器和 PLC 的输出端子，传送到外部去驱动接触器、电磁阀和指示灯等负载。

习　题　6

一、判断题

6.1　√

二、问答题

6.2

（1）输入/输出点数（即 I/O 点数）。可编程序控制器外部输入、输出端子总数，小型机的 I/O 点数在 256 以下（无模拟量），中型机的 I/O 点数为 256 ~ 2 048（模拟量 64 ~ 128 路），大型机的 I/O 点数为 2048（模拟量 128 ~ 512 路）以上。

（2）扫描速度。扫描速度一般以执行 1000 步指令所需时间来衡量。

（3）指令条数。可编程序控制器具有的指令种类越多，说明其软件功能越强。

（4）内存容量。可编程序控制器内有效用户程序的存储器容量。

（5）高功能模块。衡量可编程序控制器产品水平高低的重要指标是它的高功能模块的多少、功能的强弱。常见的高功能模块主要是 A/D 模块、D/A 模块、高速计数模块、速度控制模块、温度控制模块、位置控制模块、轴定位模块、远程通信模块、高级语言编辑模块以及各种物理量转换模块等。

6.4

（1）梯形图编程语言。是在继电器 - 接触器控制系统电路图基础上简化了符号而演变来的，沿袭了传统的电气控制图，在简化的同时还加进了许多功能强而又使用灵活的指令，将微机的特点结合进去，使编程容易。

（2）指令语句编程语言。它类似微型计算机中的汇编语言。语句是指令语句表编程的基本单元，每个控制功能由一条或多条语句组成的程序来执行，每条语句是规定可编程序控制器中 CPU 如何动作的指令，它是由操作码和操作数组成的。

（3）逻辑图语言。以逻辑功能符号组成功能块表达命令的图形语言，与数字电路中的逻辑图一样，它极易表现条件与结果之间的逻辑功能。

（4）逻辑表达式编程语言。与数字电路中的逻辑表达式相同。

习　题　7

7.4　欧姆龙 CPM1A 型机输入继电器加装 I/O 扩展单元后最多可占有 10 个输入通道，其编号为 00 ~ 09，10 个输出通道，其编号从 10 ~ 19。

习　题　8

一、绘图题

8.1　（2）程序更加合理。

8.2

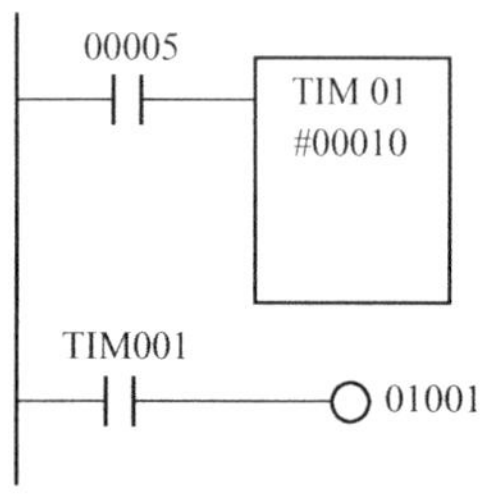

二、问答题

8.3　ANDLD 是块与指令，ORLD 是块或指令。

8.4　CNT 指令按设定值进行计数操作，即预置计数指令。当计数器（CNT）的输入变为 ON（接通）时，开始计数，经过设定数值后，计数器为 ON（计数器触点动作）。R 端优先执行。

8.5　END 指令是结束程序指令，写于全部程序的最后一行。可编程序控制器可以正常工作，但是在运行或监视程序时，显示器将显示“ON END INST”错误信息。

8.6　使用 IL 和 ILC 指令时应注意以下几点：

（1）接在分支母线上的触点都以 LD（或 LD－NOT）指令开始。

（2）IL 和 ILC 指令必须在一段程序的首尾。

（3）ILC 指令可使它后面的 LD（或 LD－NOT）返回到原来的公共母线上。

（4）IL 和 ILC 指令允许嵌套使用，使用次数不受限制，但不能交叉使用。

（5）当 IL 指令前的逻辑关系接通时，IL 和 ILC 指令之间的程序执行；当 IL 指令前的逻辑关系断开时，IL 和 ILC 指令之间的程序不执行。

（6）在 IL 和 ILC 之间的程序不执行时，它们之间的继电器状态是不同的，即：输出继电器、内部辅助继电器：断开；定时器：复位；计数器、移位寄存器、保持继电器：保持当前状态。

8.7　JMP－JME 和 IL－ILC 指令之间的区别：

（1）如图 8.20 所示，0200 从接通到断开，执行 JMP－JME 指令的 0600 保持原状态，而执行 IL－ILC 指令的 0600 恢复原状态。

（2）JMP－JME 之间定时器的当前值在 0200 为断开时，保持不变（40－T），而 IL－ILC 指令之间定时器从当前值在 0200 为断开时复位为 40，如图 8.21 所示。

（3）在程序中，JMP－JME 只可使用 8 次，IL－ILC 使用次数不受限制。

（4）JMP－JME 之间不能使用高速计数指令 FUN（98）。

8.8　一个 SFT 指令指定的继电器必须是同一通道编号相连的继电器。指令允许几个通道串联使用。被移位的继电器通道号必须由小到大设定。

8.9　CNTR 指令符号有 5 个输入端。

（1）N：计数器的编号，其数值范围为 000 ~ 127。

（2）SV：可以是计数值，也可以是内部辅助继电器或保持继电器的内容。

（3）I I：加 1 计数输入端。

（4）DI：减 1 计数输入端。

（5）R：复位端。

8.10 当 CP1 数值 > CP2 数值时，专用内部辅助继电器 25505 为接通；当 CP1 数值 = CP2 数值时，专用内部辅助继电器 25506 为接通；当 CP1 数值 < CP2 数值时，专用内部辅助继电器 25507 为接通。

8.11 源通道（S）中的 4 位二－十进制数（BCD 码）转换为 16 位二进制数（以 4 位十六进制数码表示），并把结果存放到结果通道（R）中。

8.12 MLPX 指令是将源通道（S）的 4 位十六进制数的 1 位或几位，译成 1 个或几个十进制数，并按译码的结果将指定通道（R，R+1，R+2 等）对应的继电器接通。标志位（Di）设置数的后两位决定源通道继电器从哪一位开始译码，以及共有几位需要译码。

标志位 Di 的含义为：

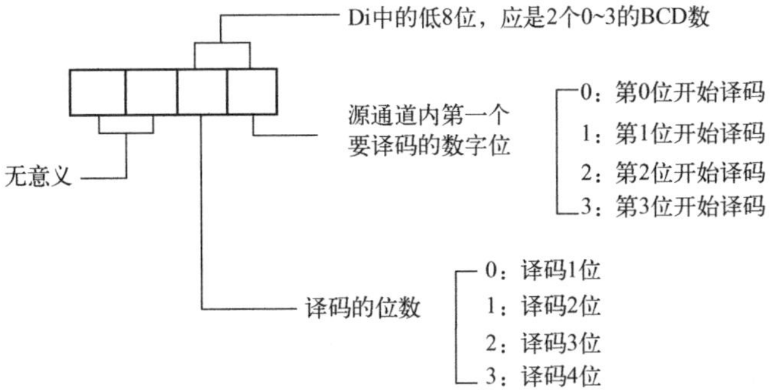

8.13 高速计数指令的计数频率可达 2kHz（每秒 2000 个脉冲），即每个脉冲间隔为 0.25ms。执行 FUN（98）高速计数指令有一个指定的通道（16 个点）可供输出，且有软件和硬件复位功能。

习 题 9

9.2 输入继电器占用 000～009 共 10 个通道，每个通道有 00～15 共 16 位，输入继电器的编号为 00000～00915。输出继电器占用 010～019 共 10 个通道，每个通道有 00～15 共 16 位，输出继电器的编号为 01000～01915。

9.3 顺序控制设计法最基本的思想是将系统的一个工作周期划分为若干个顺序相连的阶段，这些阶段称为步（step），可以用编程元件（例如辅助继电器 M 和顺序控制继电器 S）来代表各步。步是根据输出量的状态变化来划分的，在任何一步之内，各输出量的 ON/OFF 状态不变，但是相邻两步输出量总的状态是不同的，步的这种划分方法使代表各步的编程元件的状态与各输出量的状态之间有着极为简单的逻辑关系。

9.4 转换条件是与转换相关的逻辑条件，转换条件可以用文字语言、布尔代数表达式或图形符号标注在表示转换的短线的旁边。转换条件 X 和 $\overline{X}$ 分别表示在逻辑信号 X 为“1”状态和“0”状态时转换实现。符号↑X 和↓X 分别表示当 X 从 0→1 状态和从 1→0 状态时的转换实现。使用最多的转换条件表示方法是布尔代数表达式，如转换条件 。

9.5 （1）逐步得电同步失电型步进顺序控制系统设计法。

（2）逐步得电逐步失电型步进顺序控制系统设计法。

（3）移位指令型顺序控制系统设计。

上述 3 种 PLC 顺序控制系统设计方法的共同特点是：

（1）由输入继电器控制辅助继电器（包括由置位/复位指令和移位指令定义的辅助继电器），按此构成步进阶梯。

（2）由辅助继电器控制输出继电器，以此构成输出阶梯。

（3）无论步进阶梯还是输出阶梯，都是很有规律的回路结构。不管要设计的顺序控制系统有多少步，也不管其输入输出点数有多少，只要弄清楚各种设计方法所设计的步进阶梯和输出阶梯的回路结构的规律性，根据设计依据，套用其中任一种设计方法的回路结构，就能快速地一次成功设计出较复杂的 PLC 顺序控制系统。

习 题 10

10.1

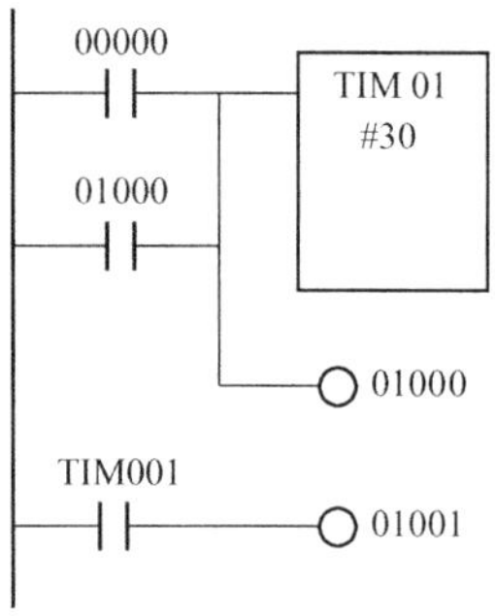

10.2

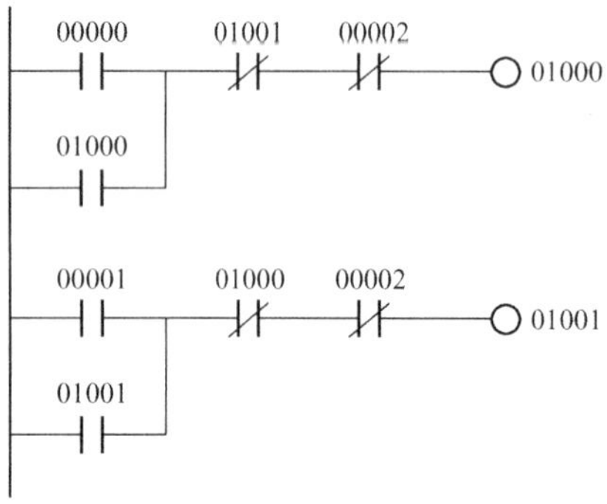

10.4 “软互锁”是通过程序实现的互锁，特点是可靠性高。“硬互锁”是通过继电器、接触器的触点实现互锁，例如电动机正转时，正转接触器的触点切断反转按钮和反转接触器的电气通路。

10.6.

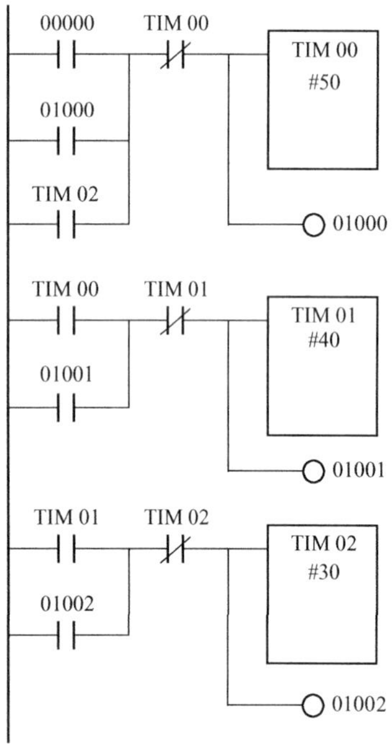

反侵权盗版声明

电子工业出版社依法对本作品享有专有出版权。任何未经权利人书面许可，复制、销售或通过信息网络传播本作品的行为；歪曲、篡改、剽窃本作品的行为，均违反《中华人民共和国著作权法》，其行为人应承担相应的民事责任和行政责任，构成犯罪的，将被依法追究刑事责任。

为了维护市场秩序，保护权利人的合法权益，我社将依法查处和打击侵权盗版的单位和个人。欢迎社会各界人士积极举报侵权盗版行为，本社将奖励举报有功人员，并保证举报人的信息不被泄露。

举报电话：(010) 88254396；88258888
传　　真：(010) 88254397
E-mail：dbqq@ phei. com. cn
通信地址：北京市海淀区万寿路 173 信箱
　　　　　电子工业出版社总编办公室
邮　　编：100036

《电气控制与 PLC 原理及应用(欧姆龙机型)》读者意见反馈表

尊敬的读者：

感谢您购买本书。为了能为您提供更优秀的教材，请您抽出宝贵的时间，将您的意见以下表的方式（可从 http://www.huaxin.edu.cn 下载本调查表）及时告知我们，以改进我们的服务。对采用您的意见进行修订的教材，我们将在该书的前言中进行说明并赠送您样书。

姓名：________________　电话：________________

职业：________________　E-mail：________________

邮编：________________　通信地址：________________

1. 您对本书的总体看法是：

□很满意　□比较满意　□尚可　□不太满意　□不满意

2. 您对本书的结构（章节）：□满意　□不满意　改进意见________________

____

____

3. 您对本书的例题：　□满意　□不满意　改进意见________________

____

____

4. 您对本书的习题：　□满意　□不满意　改进意见________________

____

____

5. 您对本书的实训：　□满意　□不满意　改进意见________________

____

____

6. 您对本书其他的改进意见：

____

____

____

____

7. 您感兴趣或希望增加的教材选题是：

____

____

____

请寄：100036　北京市万寿路173信箱职业教育分社　陈晓明　收

电话：010－88254575　　E-mail：chxm@phei.com.cn